ZeitWerk

Medienwandel – Medienwechsel – Medienwissen

Veröffentlichungen des Nationalen Forschungsschwerpunkts
»Medienwandel – Medienwechsel – Medienwissen.
Historische Perspektiven«

Herausgegeben von CHRISTIAN KIENING und MARTINA STERCKEN

in Verbindung mit JÜRG GLAUSER, BARBARA NAUMANN,
ANDREAS THIER und MARGRIT TRÖHLER

Band 47

ZeitWerk

Die Astronomische Uhr in Straßburg (1574)
Texte aus der Entstehungszeit

Herausgegeben von

CHRISTIAN KIENING, JULIA FRICK UND OLIVER GRÜTTER

CHRONOS

Publiziert mit Unterstützung der Universität Zürich.

Informationen zum Verlagsprogramm:
www.chronos-verlag.ch

Umschlagbild: Ausschnitt aus dem Holzschnitt von Tobias Stimmer zur Astronomischen Uhr (Straßburg 1574); Wolfenbüttel, Herzog August Bibl., H: N 180.2° Helmst. (2).

ISBN 978-3-0340-1776-3

Chronos Verlag
Zeltweg 27 • CH-8032 Zürich
www.chronos-verlag.ch
info@chronos-verlag.ch

Vorwort

Die vielbestaunte Astronomische Uhr in dem jedes Jahr von Millionen besuchten Straßburger Münster, die in ihrem Erscheinungsbild noch großteils auf die 1570er Jahre zurückgeht, ist von der Forschung gründlich in vielerlei Hinsicht untersucht worden. Was bisher fehlte, war eine Bereitstellung der in reicher Zahl erhaltenen originalen Texte aus der Entstehungszeit. Amtliche Dokumente, Gedichte, Beschreibungen, Rechtfertigungsschriften – sie geben ein faszinierendes Bild ebenso von den Absichten, Plänen und Programmen, die bei der Neugestaltung des Uhrwerks wichtig waren, wie von den Wahrnehmungen und Wirkungen der Uhr, die den Zeitgenossen als Modell des Zeitlichen schlechthin galt. Der vorliegende Band versammelt die wichtigsten Texte der Jahre 1571–1580 und bietet unter anderem erstmals eine kommentierte Edition mit deutscher Übersetzung des anspruchsvollen lateinischen Lehrgedichts von Nicodemus Frischlin.

Die Entstehung des Bandes wurde durch Unterstützung von verschiedenen Seiten möglich. Ana Lupu und Anina Steinmann verfertigten Transkriptionen und Kollationen der Auslegung des Uhrwerks durch ihren Konstrukteur Konrad Dasypodius. Ilona Himmelberger und Caterina Ferragina übernahmen die Transkription des Erstdrucks von Frischlins Gedicht, Caterina Ferragina außerdem die Kollation der Drucke und die Zusammenstellung der Varianten. Die Archives de la Ville et de l'Eurométropole de Strasbourg und die Bibliothèque nationale et universitaire de la Ville Straßburg digitalisierten wichtige Dokumente. Petra Barton Sigrist (Kupferstichkabinett Basel) bemühte sich um das Ausfindigmachen von Johann Fischarts und Tobias Stimmers großem Flugblatt über das Uhrwerk. Wilhelm Kühlmann stellte seine noch ungedruckten Aufsätze zu Fischart und Frischlin, Michael Schilling seinen noch ungedruckten Kommentar zu einer weiteren anonymen Uhrwerksbeschreibung vom Ende des 17. Jahrhunderts zur Verfügung. Ihnen allen sei herzlich gedankt.

Zürich, Frühsommer 2024

Christian Kiening
Julia Frick
Oliver Grütter

Inhalt

Wolfenbüttel, Herzog August Bibl., H: N 180.2° Helmst. (2)

Einleitung

CHRISTIAN KIENING

I

Jean-Baptiste Schwilgué (1776–1856) war, folgt man der Familienüberlieferung, schon in Kinder- und Jugendjahren von der über 200 Jahre alten Astronomischen Uhr im Straßburger Münster fasziniert. Er träumte davon, sie, nachdem sie 1786 oder 1788 endgültig zum Stillstand gekommen war, zu erneuern und auch den mechanischen Hahn wieder zum Krähen zu bringen. Magnetisch angezogen von Maschinen und Apparaten erwarb er sich, großteils autodidaktisch, vertiefte Kenntnisse in der Mechanik und der Mathematik, später auch der Astronomie. Er konstruierte Uhren, Rechenmaschinen und andere Geräte (vgl. Bruderer 2018), unterrichtete als Mathematiklehrer am Collège in Schlettstadt, war seit 1807 ›horloger de la ville‹ und von 1808 bis 1825 ›vérificateur des poids et mesures‹. Ab 1815 begann er über einen Mechanismus nachzudenken, der den alten, nur für 100 Jahre gültigen Kalender der Astronomischen Uhr ersetzen könnte; 1821 erhielt er Gelegenheit, den kleinen Apparat, den er entwickelt hatte, in Paris dem König zu präsentieren; in den Folgejahren war er an zahlreichen Erneuerungen oder Neueinrichtungen öffentlicher Uhren im ganzen Elsass beteiligt; er arbeitete mit dem Industriellen Frédéric Rollé zusammen und wurde 1827 dessen offizieller Partner (vgl. Ch. Schmidt 1842 sowie den Lebensbericht des Sohns Charles Schwilgué 1857).

In diese Zeit fällt auch der Auftrag, die Astronomische Uhr in Straßburg zu erneuern – in technisch-mechanischer Hinsicht, um ihr Funktionieren wieder zu gewährleisten, aber auch, wäre es nach Schwilgué gegangen, in optisch-ästhetischer Hinsicht, wollte er doch ein neues zeitgenössisches Gehäuse schaffen aus schwarzweißem Marmor, das die Mechanik so weit wie möglich sichtbar machen sollte. Die Verantwortlichen der Stadt und des Münsters stimmten dem nicht zu. So behielt die zwischen 1836 und 1842 vorgenommene Erneuerung, die 12'000 Francs kostete, am Ende doch das alte Gehäuse bei, allerdings unter Ersetzung des mechanischen Hahns und Anpassung aller Skalen und Zeiger, auch beträchtlicher Veränderung der Malereien; an die Stelle des Porträts von Kopernikus ließ Schwilgué das eigene setzen. Trotz dieser Umgestaltungen blieb im Ganzen das frühneuzeitliche Erscheinungsbild der Uhr erhalten – so dass es bis heute möglich ist, die Uhr nicht nur als komplexen Apparat der Zeitmessung, sondern auch als Verkörperung historischer Zeitschichten wahrzunehmen.

Das Uhrwerk, das Schwilgué umgestaltete, stammte aus dem Jahr 1574. Es hatte seinerseits im Straßburger Münster einen Vorgänger: die 1352–54 an der Westwand des südlichen Querschiffs errichtete sogenannte Dreikönigsuhr, die sich allerdings nur mehr aus späteren Beschreibungen, vor allem derjenigen des Neukonstrukteurs Konrad Dasypodius,

Straßburg, Musée des Arts décoratifs; Foto: Alfred Unger (1920)

erschließen lässt. Auf einem Holzaufbau befand sich zuunterst eine zweiteilige Kalenderscheibe mit den zeitgenössisch üblichen Angaben zur Berechnung der Mondphasen, der Tage, des Osterdatums etc., darüber ein planisphärisches Astrolabium mit Ekliptik, Sonnen- und Mond-, Stunden- und Halbstundenzeiger sowie noch einmal darüber ein Räderwerk, verbunden mit einem Glockenspielwerk – die Hl. Drei Könige bewegten sich zur Mittagsstunde vor Maria, verneigten sich vor ihr, von Glockenspiel begleitet, am Ende krähte der ganz oben angebrachte mechanische Hahn (vgl. Bach/Rieb 1992, 13–22; Oestmann 1993, 15–26; Dengler 2011, 80–106).

War dieser Hahn, der mit den Flügeln schlagen konnte, schon an und für sich den Zeitgenossen ein technisches Wunder par excellence, kann die Uhr im Ganzen als maßstabsetzend gelten für die in der zweiten Hälfte des 14. Jahrhunderts europaweit erfolgende Errichtung astronomischer Uhren, oft mit Turmuhren verbunden (Dohrn-van Rossum 1992). Auch in Straßburg wurde 1373 auf der Turmplattform eine Uhr mit Schlagwerk eingerichtet, die zugleich mit der zeitgenössischen Frömmigkeitspraxis verbunden war: Die Kontemplation und Meditation der Passion Christi ließ sich, auf 24 Stunden verteilt, mit den Schlägen der Münsteruhr synchronisieren (Oliger 1918; Schmidt 2020, 207–211).

Die astronomische Uhr allerdings war wie alle ihrer Art nicht nur zur Darstellung der Zeit geeignet, sondern auch deren Unbilden ausliefert. Ihre Funktionstüchtigkeit dürfte im Laufe des 15. Jahrhunderts deutlich ab-, der Wunsch nach Erneuerung zugenommen haben. Seine Realisation vollzog sich nach Einführung der Reformation in Straßburg, als man begann, in der Uhr ein städtisch-konfessionell-politisches Prestigeprojekt zu sehen. Schon 1533 wurde am Äußeren des Münsters, an der Fassade des Südquerhauses ein neues Zifferblatt angebracht, das die Darstellung der Tierkreiszeichen mit einer Monduhr zur Anzeige der Mondphasen und einer Sonnenuhr kombinierte (vgl. Glory/Ungerer 1932), in der gleichen Zeit mag auch schon ein Ratsbeschluss zur Neuerrichtung des astronomischen Werks gefällt worden sein (Oestmann 1993, 34). Dasypodius erwähnt ihn erst für das Jahr 1547 und stellt fest, in den Folgejahren hätten die Uhrmacher einige Räderwerke und das Gestell, die Steinmetze das Gehäuse und die Mathematiker einen Aufriss des Astrolabiums fertiggestellt. Im Gefolge des Interims, als im Straßburger Münster zwischen 1550 und 1559 wieder katholische Gottesdienste abgehalten wurden, kamen diese Bemühungen zum Erliegen. Danach waren die ursprünglich Beteiligten nicht mehr am Leben. Es dauerte einige Jahre, bis wieder die Voraussetzungen für eine Fortsetzung bestanden.

Sie wurde um 1570 federführend dem herausragenden Straßburger Mathematiker Konrad Dasypodius (1532–1600) übertragen, einem Schüler jenes 1562 verstorbenen Christian Herlin, der bei den Neubauplänen der 1530er oder 1540er Jahre eine tragende Rolle gespielt hatte. Dasypodius hatte sich verschiedentlich mit dem Bau von Instrumenten beschäftigt. Beim Uhrenprojekt wurde er unterstützt von den Schaffhauser Uhrmachern Isaak Habrecht (1544–1620) und Josias Habrecht (1552–1575[?]), die die mechanischen Konstruktionen ausführten (zur Uhrmacherdynastie Habrecht: Marugg 2021), sowie dem ebenfalls aus Schaffhausen stammenden Maler Tobias Stimmer (1539–1584), der Dasypodius' Entwurf des Uhrwerks in eine (nicht mehr erhaltene) ›Visierung‹ überführte, die dem Ausführungsbeschluss zugrunde lag. Nach Vorverhandlungen wurde am 26. Juli 1571 der offizielle Vertrag über die Errichtung des Werks aufgesetzt (Oestmann 1993, 47–49; Dengler 2011, 126–131). Er verzeichnet detailliert die zu schaffenden mechanischen und künstlerischen Partien, für die Stimmer Grisaillevorzeichnungen auf Tuch anfertigte, die großteils erhalten sind (Straßburg, Musées de la Ville; Dupeux 2024; Roegel 2024, 323–426 mit zahlreichen Abbildungen).

Der Vertrag fixierte auch den zeitlichen Rahmen (1 Jahr) und das Kostendach (700 Gulden) für die Errichtung der Uhr. Beides ließ sich nicht einhalten. Überlastet, zog Dasypodius 1572 aus Breslau den Mathematikerkollegen David Wolkenstein (1534–1592) hinzu, mit dem er sich die Oberaufsicht über die Konstruktionsaufgaben teilte. Zugleich Musikprofessor, besaß Wolkenstein auch die Expertise, das Glockenspielwerk der Uhr zu gestalten. Im Jahr 1572 wurden am Giebel der südlichen Außenseite des Münsters drei von den beiden Mathematikern konstruierte Sonnenuhren angebracht, die eine Kontrolle des Astronomischen Uhrwerks im Inneren ermöglichten (zur Funktionsweise der Sonnenuhren Werkmeister 1912, 70–74; Bouchard 2003). Die Ingangsetzung des Uhrwerks erfolgte am 24. Juni 1574, also nach insgesamt drei Jahren.

II

Wer sich nun dem Astronomischen Uhrwerk näherte, traf dieses an anderer Stelle an als die alte Dreikönigsuhr: an der östlichen Wand des südlichen Querschiffs – ein deutliches Signal, dass man nicht einfach an die (altgläubige) Vergangenheit anschließen, sondern diese ablösen und überbieten wollte. Ein neues Werk für eine neue Zeit. Ihm vorgesetzt befand sich ebenerdig noch ein anderes Objekt: ein Himmelsglobus, 86 cm im Durchmesser (heute: Straßburg, Musée des Beaux-Arts), dessen Achse um 48° gegen den Horizontreif geneigt ist – der geographischen Breite Straßburgs entsprechend. Angegeben sind auf dem Reif die Monate, die Heiligenfeste und die den Monaten entsprechenden Tierkreiszeichen. Ein senkrecht stehender Ring mit Gradeinteilung verzeichnet die Klimata und Breitenangaben wichtiger Städte. An zwei außenherum laufenden Zeigern (Sonne und Mond) lassen sich die genauen Schnittpunkte mit der Ekliptik ablesen. Der Globus selbst vermerkt die 48 Konstellationen aus dem Sternenkatalog des Ptolemaeus mit insgesamt 1022 Sternen (Oestmann 1993, 92f., grundlegend: Beyer/Bach/Müller 1960; Bach 1979; Roegel 2024, 523–579).

Neben dem Südpol findet sich die Notiz: »Cunrad Dasypodius | Dauid Wolkenstein | describebant : Tobias | Stimmer pingebat : Isaac | Habrecht : ferr : fabr:«. Das suggeriert, die Verantwortlichen des Uhrwerks seien auch die des Globus, was wohl nur teilweise stimmt. Dasypodius selbst bemerkt, der Globus habe sich schon länger in seinem Besitz befunden. Tatsächlich kamen bei einer Öffnung der Kugel in den 1950er Jahren Dokumente zum Vorschein, die belegen, dass der Globus 1546 durch den Mehlwäger Hans Erstein angefertigt und 1549 durch den Kartographen Heinrich Zell fertiggestellt wurde – als zunächst einmal geographischer Globus. Was Dasypodius und seine Mitstreiter unternahmen, war anscheinend viererlei: (1) eine Vergrößerung des Globus, (2) die Umstellung auf einen Himmelsglobus und (3) die Ausstattung mit einem komplexen Räderwerk, die (4) in einem Pelikan verborgen war, der, Figura Christi, anstelle des antiken Atlas die Weltkugel trägt. Dieses Räderwerk machte den Globus, in 24 Stunden einmal sich drehend, einerseits als

»primum mobile« zum mechanischen Sinnbild für das göttliche »primum mobile«, verschaltete ihn andererseits über unsichtbare Drähte mit den Bewegungsmechaniken des Uhrwerks (Dengler 2011, 151–155). Schon hier zeigt sich eine Verschränkung mechanischer und religiöser ebenso wie kosmologischer, geographischer und soteriologischer Dimensionen, die auch das Uhrwerk im Ganzen prägt.

Dieses Uhrwerk erhebt sich hinter dem Globus, ungefähr 18 Meter hoch, dreigeteilt in ein Hauptwerk mit zwei flankierenden Türmchen, kombinierend ein vielgestaltiges, raffiniertes, den Blicken verborgenes System von Rädern, Gewichten und Verbindungen (Oestmann 1993) mit vielerlei Elementen von Architektur, Skulptur und Malerei (vgl. Stolberg 1898; Bendel 1940, 53–72, 196–207; Tanner 1984; Kieffer 2024; Panel 2024; Roegel 2024). Der zentrale Uhrenturm in der Mitte besteht aus mehreren Registern. Ganz unten eine im Durchmesser knapp 3 Meter große, aufrechtstehende, sich drehende, hölzerne Kalenderscheibe (Roegel 2024, 580–613). In ihrem Zentrum eine von Tobias Stimmer gemalte Deutschlandkarte, prominent darin der Rhein, das Elsass, das Weichbild Straßburgs aus der Vogelschau; darum herum ringförmig 16 verschiedene kalendarische Angaben: von der Jahreszahl (1573–1673) und den Tagesheiligen über die Stunden und Minuten des Tages, das Datum des Oster- und des Weihnachtstages bis hin zu den Sonntagsbuchstaben; links eine Figur des Apollo/Sol mit einem Indexpfeil, auf den jeweiligen Tag gerichtet, rechts eine der Diana/Luna, deren Finger den korrespondierenden Tag, ein Halbjahr später, anzeigt. Außerhalb der Scheibe in den Zwickeln des quadratischen Feldes, ebenfalls von Stimmer gemalt, männliche Personifikationen der auf eine Vision des Propheten Daniel bezogenen vier Weltreiche (Assyrien, Persien, Griechenland, Rom). Auf der gleichen Ebene links und rechts von der Kalenderscheibe Tafeln mit den Angaben der zu erwartenden Sonnen- und Mondfinsternisse für die Jahre 1573–1605, teilweise ebenfalls figürlich geschmückt.

Über der Kalenderscheibe erscheint in einer Öffnung der den jeweiligen Tag regierende Planetenherrscher auf einem Wagen. In je zwei Bildfeldern links und rechts davon stellen vier Gemälde Stimmers wesentliche Momente der Heilsgeschichte dar, durch Bibelzitate markiert: die Schöpfung (Adam und Eva, Sonne und Mond, Pflanzen, ein Vogel), die Auferstehung der Toten (Gerippe in verschiedenen Posen), das Jüngste Gericht (Christus als Weltenrichter in Gloriole, liegend gefesselt Tod und Teufel) und den Tod des gläubigen und des sündigen Menschen (der eine, mit über der Brust gefalteten Händen von weiblichen Personifikationen des Glaubens, der Liebe und Hoffnung umgeben; der andere, schon vom Teufel gefesselt, noch immer der Frau Welt ergeben). Direkt über dem Planetenherrscher versinnbildlichen zwei gemalte weibliche Liegefiguren das sündige und das christliche Leben: hier die ›Eva in uns‹, halbnackt, verführerisch, mit grinsendem Totenschädel, dort die Christin, versehen mit der Heiligen Schrift und dem Abendmahlskelch (Bucher-Schmidt 1985, 106f.). Sie flankieren das zwischen zwei Engelsfiguren platzierte Viertelstundenzifferblatt; eines der Engelchen dreht beim 4/4-Schlag der Uhr sein Stundenglas um, während das andere mit seinem Zepter den Takt zum Vollschlag angibt. Auf der gleichen Ebene befinden sich zwei skulptierte Putti mit To-

Tobias Stimmer, Weltalter; Straßburg, Astronomische Uhr; nach Bendel (1940), S. 207

Tobias Stimmer, Grisaillevorzeichnung; Straßburg, Musées de la Ville; nach Dupeux u. a. (2024), S. 189, Fig. 8

tenschädel, von denen Stimmers Vorzeichnung bewahrt ist; sie halten einen Apfel, eine Schlange und eine Sanduhr in Händen. Ein weiterer schlafender Putto, dessen Linke auf einem Totenschädel ruht, beschließt neben dem Bild vom Tod des Gläubigen und des Sündigen den rechten Teil des Untergeschosses; eine griechische Inschrift (»Der Mensch ist der Schatten eines Traumes«) und eine lateinische (»Homo bulla«) weisen topisch auf die Vergänglichkeit hin.

Die Mitte des zentralen Uhrenturms nimmt das kopernikanisch geprägte Astrolabzifferblatt ein; es ist mit Ekliptikring und Zeigern für Sonne, Mond, Mars und Saturn versehen; in den umgebenden Zwickeln sind die vier Lebensalter, Jahreszeiten und Temperamente dargestellt. Darüber das Zifferblatt für die Mondphasenanzeige und das Mondalter; im Bogenfeld Bilder des apokalyptischen Sonnenweibs mit seinem Kind und des Antichrist. Eine weitere Ebene darüber auf einer beweglichen Scheibe Skulpturen der vier Lebensalter, die die Viertelstunden schlagen, vor dem Hintergrund einer Darstellung der Gottesmutter mit Kind. Als krönender Abschluss dann eine drehbare Scheibe mit Christus und dem Tod. Zeitgenössische Betrachter beschreiben das Bewegungsmuster so, dass der Tod im Viertelstundentakt sich dreimal den verschiedenen Altern näherte und jeweils durch Christus zurückgetrieben wurde, bis er schließlich den Greis ergriff. Moderne Rekonstruktionen (Bach/Rieb 1992, 53f.) halten eine andere Möglichkeit für wahrscheinlicher: Bei der Anzeige der Stunde durch das jeweilige Lebensalter trat die Christusfigur hervor, wandte

sich mit Segensgestus zum Betrachter und bewegte sich auf die ihrerseits zurückweichende Todesfigur zu. Wenn der Schlaghebel fiel, vollzog sich die umgekehrte Folge: Christus zog sich zurück, der Tod rückte vor und schlug mit seinem Knochen die Stundenglocke. Dieses Vor und Zurück erfolgte wohl mehrmals gemäß der jeweiligen Stundenzahl.
Ergänzt werden diese Darstellungen durch weitere auf dem links vom zentralen Uhrenturm errichteten Nebenturm, in dem die Gewichte verborgen waren. Hier befand sich im untersten Teil ein von Stimmer gemaltes Porträt von Nicolaus Kopernicus, das älteste erhaltene des Astronomen, dessen neues heliozentrisches Weltbild Dasypodius zwar nicht grundsätzlich, aber in mechanischer Hinsicht adaptierte (Oestmann 1993, 72–84; zu den Bildnissen Metze 2004). Darüber ein Bild des Kolosses aus dem Traum des Nebukadnezar. Noch einmal darüber eines der Muse des Himmels Urania, halbentblößt, »geflügelt und in blassblauem flatternden Gewand dargestellt [...]. Das linke Bein ruht auf einem Globus und Globus und Zirkel hält sie auch in den Händen. Auf dem rechten Fittich ist ›Geometria‹, auf dem linken ›Arithmetica‹ zu lesen. Drei geometrische Figuren – Kreis, Dreieck, Quadrat – sind noch zur Schrift des linken Flügels hinzugemalt« (Stolberg 1898, 20). Ganz oben auf dem Gewichtsturm dann der noch von der Dreikönigsuhr herrührende Hahnenautomat, der nach dem Geläut eines daneben befindlichen Glockenspiels, um 7, 11 und 15 Uhr ausgelöst, je zweimal krähte; für das zehn Glöckchen umfassende Glockenspiel standen wohl mindestens sechs verschiedene Walzen zur Verfügung, deren Melodien mit Weihnachts-, Oster-, Passions- und Pfingstthematik auf den christlichen Jahreskreislauf bezogen waren (Lobstein 1840, 38–43).
Schließlich enthalten an der linken Seitenwand des Gewichtsturms recht verborgen drei Felder lebensgroße Gemälde der drei Parzen, Lachesis, Clotho und Atropos, verschiedene Altersstufen verkörpernd. Auf einem Feld der dem Uhrenturm zugewandten Seite sind auf schwarzem Grund »in rötlich brauner Farbe Putten und die Embleme der an der Neuerstellung des astronomischen Uhrwerkes beteiligten Gelehrten, Künstler und Handwerker« dargestellt: »Zirkel, Winkelmaß, Pyramide, Kugel, Buch, Hammer, Zahnrad, Pinsel, Palette, hölzerner Schlegel« (Bendel 1940, 69). Insgesamt also ein breites ikonographisches Spektrum. Vielerlei Traditionen (Kalendarien, Planetenkinder, Jahreszeiten, Lebensalter, Parzen) und vielerlei Einflüsse (Dürer, Baldung, Pencz; vgl. Roegel 2024, Kap. 3) werden aufgenommen und einem Uhrwerk assimiliert, das mathematisch, technisch und bildkünstlerisch auf der Höhe der Zeit steht.
Himmelsglobus, Kalendarium und Astrolabium vereinen vielfältigste Mess- und Berechnungsverfahren, ebenso auf die gegenwärtige Tageszeit (Viertelstunden, Minuten) bezogen wie auf den jahreszeitlichen Ablauf, auf die sich wiederholenden und verändernden Planetenbewegungen und auf die künftig zu erwartenden Erscheinungen (Sonnen- und Mondfinsternisse). Dazu waren komplexe Formen und Mechanismen nötig: Gestelle, Gestänge, Gehäuse, Hebel, Arme und vor allem Zahnräder – etwa 120 am ganzen Uhrwerk mit teilweise fast 200 Zähnen am einzelnen Rad (Bach/Rieb 1992, 26). Außerdem raffinierte Verbindungen: zwischen dem Himmelsglobus und dem Astrolabium, zwischen

Der mechanische Tod; Straßburg, Astronomische Uhr

dem äußersten Ring des Kalendariums und dem Tagesregenten, zwischen dem Hahn und dem Glockenspiel, zwischen der astronomischen Uhr und den von Dasypodius und Wolkenstein entworfenen Sonnenuhren an der Außenseite des Münsters. Diese wiederum korrespondieren in vielfältiger Weise der Astronomischen Uhr: mit Blick auf deren Zeitmessungen, auf die in ihr vorkommenden, teilweise mechanisch bewegten Sanduhren und auf die generellen Bedeutungsdimensionen des Zeitlichen – bei den Sonnenuhren finden sich die Inschriften »tempus edax rerum« und »veritas temporis filia«, zwei der in der frühen Neuzeit gebräuchlichsten Sprichwörter in Bezug auf die Zeit, das eine die Veränderung, das andere die Wahrheit betreffend.

III

Im Ensemble der verschiedenen Bestandteile bietet die Straßburger Uhr das Bild einer regelrechten Enzyklopädie des Zeitlichen. Sie liegt damit im Trend einer auf Wissenssystematisierung ausgerichteten Epoche. In verschiedenen Handbüchern findet sich ein Stichwort ›tempus‹. Der gelehrte Mythograph Lilius Gregorius Giraldus gibt in seiner Schrift *De annis et mensibus, caeterisque temporum partibus* (Basel 1541) einen auf die Antike zurückgehenden systematischen Überblick über die Definitionen der Zeit, die Zeiteinheiten und -einteilungen

(»Tempus uariè à uariis descriptum«; S. 3); mit Register und Kalender versehen, dient das Werk zugleich als pragmatisches Kompendium. Das Besondere an der Straßburger Uhr ist ihre Kombination textueller, visueller, klanglicher und performativer Aspekte. Dasypodius spricht von einer »temporis uniuersalis descriptio« – universal im Sinne sowohl der Allgemeinheit wie der Umfassendheit des Phänomens. Im *Heron mechanicus* erwähnt er das Bestreben, »alle Stellen aus den Geschichtswerken und den Erzählungen der Dichter sowie aus den heiligen und profanen Schriften, in denen es irgendeine Beschreibung der Zeit gibt oder geben kann«, zu versammeln. Johann Fischart bezeichnet die Uhr als ein »vollkommen Zeit gemerck«, etwas, an dem man die Zeit in unübertrefflicher Weise ablesen und erkennen könne.

›Die Zeit‹ – das ist einerseits ein Sammelbegriff für die ungeheure Vielheit zeitbezogener Aspekte, Ausdrücke, Phänomene, andererseits die abstrakte Bezeichnung für eine zentrale, die Welt wie das Subjekt determinierende Einheit. Man begegnet in der Uhr einer Fülle von Möglichkeiten der Zeitbestimmung: Uhrzeit, Wochentag, Festtag, Sonnenauf- und -untergang, Mondphase, Planetenkonstellation, und einer Fülle von Möglichkeiten, Zeit, Geschichte und Heilsgeschichte zu symbolisieren: die Weltreiche, die Tagesregenten, die Lebensalter, die Jahreszeiten, Anfang und Ende des einzelnen Lebens wie der Menschheit im Ganzen. Man begegnet in dieser Fülle aber auch einer kosmologisch wie anthropologisch bestimmenden Macht. Die Zeit: das ist mehr als nur die Summe der Zeiten, das ist das die Welt durchwaltende Prinzip, in Bezug auf das der Einzelne sich zu verhalten hat.

Weltzeit, Heilszeit und Lebenszeit zeigen sich in der Uhr verschränkt. Breit entfaltet wird die chronometrische Dimension, auf die Erde, die Region, die Stadt, aber auch auf den Himmel, die Planeten, die Sterne, die Tagesbewegung bezogen. Diese Dimension wird durch die heilsgeschichtliche gerahmt und überwölbt – ganz konkret in Gestalt der Zwickel und oberen Register, die den weiten Bogen zwischen Schöpfung, Sündenfall, christologischer Erneuerung, Endzeit und Jüngstem Gericht aufspannen. Das geschieht mit Blick auf das moralische Verhalten des Menschen. Interessiert an der Bestimmung der rechten Zeitpunkte und Gelegenheiten in der Gegenwart sowie an den Konstellationen und Ereignissen der Zukunft, findet der Betrachter in der Uhr eine Möglichkeit der Selbstsorge, relevant für das eigene Leben, die Gesundheit, den Körper – auf der rechten Seite des ersten Stockwerks der Uhr befand sich (heute nicht mehr vorhanden) die Darstellung eines Aderlassmannes mit Versen zu den Planeteneigenschaften, dazu dienend, die abstrakten Berechnungen in konkrete Handlungen umzusetzen, Aufschlüsse über zu Tuendes oder zu Unterlassendes, zu Erwartendes, zu Erhoffendes und zu Befürchtendes zu gewinnen.

Zugleich findet der Betrachter in der Uhr eine Möglichkeit der Reflexion des eigenen Handelns und Denkens: Schon die Sonnenuhren an der Außenseite des Münsters bieten nicht nur Zeitanzeigen, sondern mit ihren Inschriften »tempus edax rerum« und »veritas temporis filia«, auch in Druckermarken verwendet, Hinweise auf die Bedeutungs- und Vorstellungsdimension der Zeit als eines universalen Prinzips. Erst recht die Bilder an der Uhr sind dazu angetan, die Zeit nicht nur als gemessene wahrzunehmen, sondern in größere Zusammenhänge zu stellen, in verschiedener Hinsicht zu transzendieren: zum Beispiel durch den wiederholten Hinweis auf Christus als denjenigen, der das Irdische mit dem Überirdischen verknüpft – unten zeichenhaft präsent im Pelikan, einer traditionellen Figura Christi, erscheint er oben leibhaftig als der, der, mit Paulus, den Tod überwunden hat; darüber noch auf dem Helm des mittleren Turms die vier Evangelisten als Vermittler des in Christus fleischgewordenen Wortes.

Dasypodius und sein Team suchen eine Balance zwischen der Immanenz der technischen, pragmatischen und ästhetischen und der Transzendenz der religiösen, eschatologischen und soteriologischen Zeitmuster. Das geht nicht ohne Spannungen. Die exakten astronomisch-astrologischen Berechnungen und technisch-materiellen Konstruktionen, die Vorschriften bezüglich der Kontrolle und Wartung sollen das Werk auf Dauer stellen. Gleichzeitig sind sie von Zeichen umgeben, die auf die Vergänglichkeit des Irdischen, auf das Ende der Zeiten hinweisen. Die von außen unsichtbaren metallenen Transmissionen verschalten das zentrale Gehwerk mit dem Himmelsglobus, dem Kalendarium und dem Astrolabium. Doch bringt die Komplexität, die sie erzeugen, neue Fragilitäten mit sich. Die religiösen Muster werden mit sinnlicher Präsenz und technischer Raffinesse versehen und sind zugleich Teil eines von politisch-sozialen und intellektuell-szientifischen Interessen geprägten Umfelds. Die traditionelle Opposition von Zeit und Ewigkeit bildet einen Horizont, der zunächst einmal hinter dem sich konkret vom Straßburger Hier und Jetzt auftuenden verschwindet. Das Bedürfnis nach religiöser Orientierung steht in Konkurrenz mit demjenigen nach sinnvoller Zeitgestaltung.

Die Absicht, die Zeit in ihren verschiedenen Facetten ebenso (durch Maschinen) berechenbar wie sinnlich (durch Bild und Klang) erfahrbar und (durch allerlei Zeichen) erkennbar zu machen, führt zu einem Ensemble, dem andere zur Seite zu stellen wären: Nicht nur die monumentalen Kirchenuhren (vgl. Schukowski/Jahnke/Fehlberg 2014), auch die kleinerformatigen Tisch- und Standuhren fungieren im 16. Jahrhundert als komplexe Apparate, die zeitmessende und zeitsymbolisierende, pragmatische und ästhetische Momente verbinden (Kiening 2023). In Straßburg und anderswo entstehen ›Zeitmedien‹ im mehrfachen Sinne: Sie vermitteln die Zeit konkret und abstrakt auf vielfältige Weise und zeigen sich zugleich als Ausdruck des Zeitlichen, das als Kontext und Horizont in sie selbst eingelassen ist. Generell gehen im 16. Jahrhundert Temporalisierung und Medialisierung Hand in Hand (vgl. Kiening/Stercken 2018). Die zeitlichen Indikatoren in Texten nehmen zu. Die Zeit wird zu einer eigenen, gegenständlichen Kategorie, einer anthropologischen Denkfigur, einem zentralen Aspekt lebensweltlicher Erfahrung (Kiening 2022).

Dazu gehört auch der Versuch, sie bildlich darzustellen – etwa in Bezug auf das Stundenglas. Anzeige und Symbolisierung der Zeit zugleich, betrifft es mit der Stunde jene Dimension des Zeitlichen, in der der Mensch am ehesten die Zeit zu fassen und auf das eigene Leben beziehen zu können scheint. Auch der als Kadaver oder Gerippe personifizierte Tod hält in Darstellungen des 16. Jahrhunderts oft die Sanduhr, das Stundenglas in der Hand – Zeichen dafür, dass es nicht einfach gilt, auf das mögliche plötzliche Lebensende punktuell vorbereitet zu sein, sondern der grundsätzlichen Zeitlichkeit der menschlichen Existenz und der sie transzendierenden Heilszeit beständig eingedenk zu sein. Das paradoxe Verhältnis zwischen den verschiedenen Zeitdimensionen bringt der Lebensalterautomat der Uhr auf den Punkt: Jede Stunde aufs Neue läuft in ihm das Ganze des menschlichen Lebens ab.

IV

Die Schriften, die sich ab 1574 auf die Uhr beziehen, sind keineswegs nur Ergänzungen zum technisch-bildkünstlerischen Werk. Sie partizipieren an dessen Aura und distribuieren das Staunen, das sich damit verbindet. Und sie machen das Werk in gewisser Weise erst zugänglich. Dem Kirchenbesucher, der Kirchenbesucherin bot sich zwar gesamthaft ein visueller und momenthaft auch ein auditiver Eindruck. Viele Details der Uhr waren aber aus der Ferne, zumal an trüberen Tagen, nicht genau zu erkennen. Aus der Nähe wiederum war der Winkel zu ungünstig, um die oberhalb des Kalendariums und des Astrolabiums platzierten Elemente exakt auszumachen. Diese erschließen sich erst aus den Holzschnitten und den Texten, die zugleich die Möglichkeit besitzen, die der Uhr selbst nicht ablesbare Geschichte ihrer Entstehung beizusteuern und zum Beispiel die Rolle der Stadt Straßburg hervorzuheben – ›Zeitmedien‹ also auch sie im mehrfachen Sinne.
Als erstes erschien, etwa zum Zeitpunkt der Ingangsetzung der Uhr, in der seit 1570 bestehenden Druckerei von Bernhard Jobin in Straßburg (vgl. Weber 1976) ein großformatiges Flugblatt, das den von Tobias Stimmer erstellten Aufriss in einen von zwei Blöcken gedruckten Holzschnitt umsetzt (vgl. Dengler 2011, 218–223). Er bietet keine perspektivische, sondern eine frontale Ansicht, sodass Einzelheiten gut wahrzunehmen sind. Und er ist begleitet von einem über 300 Reimpaarverse langen Text von Johann Fischart (1546–1590), Jobins Schwager, der auch bei anderen Flugblättern mit Stimmer zusammenarbeitete. In ihrem Hauptteil stellen die etwas holprigen Knittelverse die Gesamtanlage und die einzelnen Elemente der Uhr genau vor, wobei die Grundanlage nicht von der visuellen Dreiteilung des Aufbaus (Mitte/Seiten), sondern von der Dreiheit der wesentlichen Funktionselemente bestimmt ist: Fischart beginnt mit der Kalenderscheibe, geht zurück zum Globus und fährt mit dem über der Kalenderscheibe Befindlichen, dem Astrolabium etc., fort. Die rahmenden Partien enthalten allgemeinere Reflexionen über den Charakter der Uhr (vgl. Kühlmann 2021).
Die Einleitung betont den Aspekt des künstlichen, kunstvollen Wunderwerks, dem es gelänge, den Himmel auf die Erde zu bringen, den Mond vom Himmel herunterzuziehen. Es wird in zweifacher Hinsicht abgegrenzt: vom magischen Blendwerk im Besonderen, aber auch vom Menschenwerk im Allgemeinen. Kein Wort über die Konstrukteure und Erbauer der Uhr, die in einem separaten Feld bei den Bibelzitaten genannt werden: »Calculiert / inns Werck gericht vnd verfertigt durch Conradu*m* Dasypodium / Dauid

Wolckenstein Mathematicos / vnnd Jsaac Habrecht Vhrenmacher / vnnd durch Thobiam Stimmer gemahlet«. Im Gedicht erscheint die Uhr als gleichsam vom Himmel gefallen, als Gottesgabe (v. 17), dazu gedacht – nicht etwa dem Menschen ein Zeitmessinstrument an die Hand zu geben, sondern ihm Einsicht in die Zeit als solche zu ermöglichen. Fischart spricht, wie erwähnt, von der Uhr als einem »vollkommen Zeit gemerck« (v. 38). Der Mensch, so führt er aus, sei, wie schon der aufrechte Gang bezeuge, von Gott so geschaffen, dass er sich nach oben orientiere. Er sei nur ein temporärer Pilger auf Erden. Eben deshalb habe er auf die Zeit besonders zu achten und sich um die rechte Gelegenheit zu kümmern: »Dan die zeit ist von seinent wegen / | Vnd er der Zeit halb auch entgegen / | Des Menschen lauff regirt die zeit, | Sein thůn ist Zeitlich morn vnd heut / | Jnn der Zeit werben wir vnd sterben | Biß wir die Ewig Zeit erwerben / | Jnn sůmm die Zeit vnd glegenheit | Jst vnser grôßte nôtlichkeit« (v. 29–34).

Die »glegenheit«, lateinisch ›occasio‹, wird auch sonst in der Zeit viel thematisiert. Bildlich dargestellt als eine nackte Frau, auf einer Kugel, der Weltkugel stehend, mit vorne wehendem Haarschopf, aber kahlem Hinterkopf, weil die Gelegenheit nur zu schnell vorüber und nicht mehr zu fassen ist, ist die Occasio eine Temporalisierung der ungreifbaren Fortuna und eine Operationalisierung des abstrakten Tempus: ein Phänomen der Nahwelt, auf das man reagieren, zu dem man sich verhalten kann – so man es rechtzeitig bemerkt. Bei Fischart bilden Zeit und Gelegenheit jene unhintergehbare Bedingtheit der menschlichen Existenz, die im Uhrwerk zum Ausdruck kommt. Seine Funktion ist es, die in der Transzendenz fundierte, in der Zeit sich manifestierende Ordnung deutlich zu offenbaren (v. 48) und der Allgemeinheit (»dem gmeinen Man«; v. 52) vorstellbar zu machen.

Der Schlussteil fügt den allgemeinen Überlegungen des Anfangs ortsspezifische, dem epistemischen Nutzen einen pragmatischen hinzu – die Hochschätzung der Stadt Straßburg, die herauszustellen Fischart sich einer bei Vitruv überlieferten Anekdote bedient: So, wie vor Zeiten ein Schiffbrüchiger, an den Strand einer Insel gespült, von geometrischen Zeichen im Sand auf die Existenz von Menschen schließen konnte, so wird es nun möglich sein, aus dem Uhrwerk auf die Existenz einer Gemeinschaft zu schließen, die jenes ermöglicht hat – die Stadt Straßburg. Sie hat für ein »nutzlich nôtig stück« (v. 301) gesorgt, das, kunstvoll die Sinne ansprechend und zugleich auf Gott lenkend, das perfekte Medium der auf »nôtlichkeit« (v. 34) gegründeten menschlichen Existenz darstellt.

Möglicherweise plante die Druckerei Jobin von vornherein parallel zwei Versionen des Flugblatts, eine mit längerem und eine mit kürzerem Text (147 Verse). Vielleicht wurde die kürzere Version aber auch deshalb hergestellt, weil die längere zu detailliert und unübersichtlich wirkte; sie ist nicht mit Fischarts Initialen versehen. In jedem Fall ließ sich das Flugblatt ebenso im Münster selbst als konkreter Führer benutzen wie zuhause, an die Wand gehängt, als graphisches Kunstwerk oder Anleitung zu einer imaginativen Bildwanderung verwenden. Es erlebte in verschiedensten Versionen und Nachdrucken eine enorme Verbreitung.

Ganz anderen Charakter hat eine lateinische Schrift des Tübinger Humanisten Nicodemus Frischlin (1547–1590; zu ihm Holtz/Mertens 1999, Seidel 2012), die 1575 ebenfalls in Straßburg, in der Druckerei von Nicolaus Wyriot, herauskam: *Carmen de astronomico horologio Argentoratensi* (zum Text Schade 1984; Dengler 2011, 231–234; Kühlmann 2016 und 2021; Frick/Grütter 2021). Im Kern handelt es sich um eine 1483 Hexameter umfassende Beschreibung der Uhr in Gestalt eines Lehrgedichts, systematisch angelegt, mit der Stadt Straßburg, dem Münster beginnend und auf die Uhr hinführend, die in allen Details behandelt wird. Das Gedicht wird flankiert von auf der einen Seite Widmungsvorreden Frischlins und lateinischen und griechischen Lobgedichten auf ihn durch Christian Egenolph und Erhard Cell, auf der anderen Seite einer weiteren poetischen Beschreibung der Uhr durch Wilhelm Xylander. Die Präliminarien bringen neben dem Bezug zur Stadt und ihrem Magistrat auch schon das zentrale Thema ins Spiel: das Verhältnis zwischen dem Astronomischen Uhrwerk und dem dichterischen Werk.

Frischlin versammelt allerhand Bescheidenheitstopoi: Der Gegenstand erfordere ein umfangreicheres und spezielleres Wissen, als es dem Einzelnen zur Verfügung stehe, eine höhere dichterische Begabung, als sie dem Verfasser zu eigen sei. Gleichzeitig aber, indem er die Mühe betont, sich das Wissen anzueignen und eine sprachliche Form für den Gegenstand zu finden, stellt Frischlin auch heraus, was das vorliegende Gedicht leistet. Bedeutend mehr nämlich als nur, zu Fischarts deutscher Beschreibung ein lateinisches Pendant zu liefern. Dass Frischlin sie kannte, ist anzunehmen; so nimmt er die bei Fischart anzutreffende kontrastive Nennung der Namen Circes und Medeas auf. Doch geht er in eine andere Richtung: Er behauptet, nicht in Straßburg gewesen zu sein und die Uhr nicht gesehen zu haben, und schafft sich dadurch eine Folie, auf der es umso erstaunlicher erscheint, wie präzise er die Uhr in ihren technischen wie bildkünstlerischen Details zu beschreiben weiß. Nicht nur kennt Frischlin sogar die weniger gut sichtbaren Bilder und die versteckten Mechanismen, er vermag auch viele Informationen zum Entstehungshintergrund und zu den beteiligten Personen beizusteuern; er weiß um die Bedeutung des Himmelsglobus, mit der seine Beschreibung beginnt, und um die teilweise krankheitsbedingte Verzögerung bei der Ausführung des Uhrwerks.

Zugleich soll das Gedicht mehr sein als nur das Reservoir eines umfangreichen historischen und zeitgenössischen Wissens. Es soll sich als notwendiges Komplement zur Uhr erweisen. Es verhindere, so Frischlin, dass der Bau in einem ›Winkel‹ des Münsters verborgen bleibe, und sorge stattdessen dafür, dass er die Öffentlichkeit erreiche. Christian Egenolph unterstreicht das im ersten seiner Eingangsgedichte, indem er, schwankend, wem er dem Sieg zusprechen soll, dem Bau oder dem Dichter, sich für den letzteren entscheidet: »Der gewaltige Bau lobt sich allein und die berühmten (Bau-)Meister; jenen und sich selbst trägt das Gedicht zum Himmel«. In seinem zweiten Eingangsgedicht imaginiert er einen Streit zwischen dem Turm des Münsters und dem Uhrwerk und einen weiteren zwischen dem Münster und dem Autor des Gedichts. Während der erste Streit mit einem salomonischen Urteil des Magistrats endet (das Uhrwerk werde zunächst im Turm verborgen bleiben, im Lauf der Zeit aber diesen an Ruhm übertreffen), erhält im zweiten eindeutig der Autor die Siegespalme: Die Ratsherren hätten vorhergesehen, »wie Stadtmauer, Steine, Bögen und betürmte Dächer den reißenden Flammen verfallen«, allein der Dichter und die Gedichte aber »der endgültigen Feuersbrunst spotten« würden.

Die Differenz zwischen dem einen und dem anderen Monument, zwischen dem mechanisch-bildkünstlerischen und dem dichterischen Werk ergibt sich somit gerade in Bezug auf das, was ihr gemeinsames Thema ist: die Aspekte der Zeit und des Zeitlichen. Die gedruckte literarische Beschreibung kann, reproduzierbar, weniger an die Materialität gebunden, eine höhere Dauer beanspruchen als das in genau seiner spezifischen Form gegebene Uhrwerk, das, um benutzbar zu bleiben, der beständigen Erneuerung bedarf: Auf 32 Jahre sind die Eklipsentafeln angelegt, auf 100 das Kalendarium, dann sind sie auszutauschen, was eine kontinuierliche Betreuung erfordert – ebenso wie die gesamte Mechanik, die naturgemäß, auch wenn sie grundsätzlich noch funktioniert, im Lauf der Zeit immer mehr Abweichungen und Fehler produziert.

Das gilt für das dichterische Werk nicht, das darüber hinaus noch andere Vorzüge in temporaler Hinsicht hat: Es kann das Uhrwerk in größere und andere zeitliche Zusammenhänge stellen als sie in diesem selbst aufscheinen; und es kann eine Präsenz des Uhrwerks, von Teilen oder Aspekten, erzeugen, die über das hinausgeht, was man an diesem selbst wahrnimmt, eine Präsenz, die nicht an die Anwesenheit vor Ort gebunden ist. Die erste Dimension ergibt sich in der Beschreibung des Humanisten Frischlin durch den konsequenten Bezug auf die Antike – ein doppelter Bezug: gegenstandsorientiert auf die Kunstfertigkeit der Mechanik und der Gestaltung, textbezogen auf die Kunstfertigkeit der Sprache und des Stils. Frischlin flicht eine Vielzahl von Wendungen und Zitaten aus den klassischen lateinischen Autoren (Ovid, Vergil, Horaz u. a.) ein, die den Rang seines Gedichts erhöhen und das Moment der Aemulatio, des Wettstreits ins Spiel bringen. Dessen besondere Pointe liegt darin, dass gegenstandsorientiert die Konkurrenz zugunsten der neueren Erfinder ausfällt: Mit allem, was die Antike an technischen Kunststücken zu bieten hat, erreiche sie doch nicht das, was die Gestalter des gegenwärtigen Werks, Dasypodius, Stimmer und die anderen, geleistet hätten. Da wiederum für diese Leistung der Dichter eine neue Sprache zu finden hat, hat seine Aemulatio zwei Stoßrichtungen: Er übertrifft auf gewisse Weise ebenso die alten literarischen Klassiker (die kein derartiges Werk zu beschreiben hatten) wie die neuen technisch-künstlerischen Gestalter (die ihrem Werk doch nur eine beschränkte Dauer sichern können).

Die zweite Dimension: die Verheißung von Präsenz. Im Eingangsgedicht Erhard Cells, Frischlins Kollegen, der in Tübingen eine Professur für Poetik und Geschichte bekleidete, heißt es: »indem ich Frischlins Gedicht auftue, habe ich, was es auch sei, gleichsam mit dem Ohr aufgenommen und mit meinem Auge gesehen, sodass es mir scheint, als betrachtete ich gegenwärtig so große Wunder«. Um diese Gegenwärtigkeit geht es Frischlin in der Tat. Schon wenn er den Globus beschreibt, versetzt er den Pelikan in Bewegung: Er stemmt sich »mit Federn und ausgebreiteten Flügeln vom Boden auf« und »öffnet mit dem grausen Schnabel seine Eingeweide« (v. 54f.). Die mechanisch bewegten Planeten, die die jeweiligen Tage beherrschen, erscheinen in dramatischen Auftritten: »wenn der Tag mit dem letzten Licht der Sonne die Berge berührt, dann erst erheben sich aus dem hohen Haus die Pferde des Sol, die Feuer aus ihren stolzen Nüstern schnauben« (v. 243–245); wenn »der dritte Tag mit heller Fackel die Erde beleuchtet, tritt der wilde Mars aus der Flügeltür hervor. Hineingeflogen auf einem grässlichen Wagen, lenkt er mit den Händen die Zügel, die Bellona mit der blutigen Geisel führt« (v. 258–261).

Präsenz- und Bedeutungsstiftung gehen Hand in Hand. Für die Figuren des Lebensalterautomaten hebt Frischlin hervor, wie sie »ringsum gleiten auf runder Bahn« und »mit kleinen Schritten die ganze Stunde ausfüllen« und gleichzeitig als »herausragende Mahnmale der menschlichen Lebenszeit« fungieren: Sie »lehren uns auf verhüllte Art und Weise, von den sterblichen Jahren Gebrauch zu machen, da uns ein kurzer Teil elenden Lebens gegeben ist und dem Menschen das unbegreifliche Alter entgegenkriecht und innert einer knappen Stunde das Leben vorbeigleitet«. Besonders prägnant ist die Beschreibung des oben am Uhrenturm angebrachten Widerspiels zwischen Christus und dem Tod, den Frischlin in einem »ekphrastisches Kabinettstück« (Kühlmann 2016, 23) erscheinen lässt: »Eine Gestalt, schrecklich zu schauen, ganz dürr, ganz knöchern. Sie strotzt weder von Venen noch von kräftigen Muskeln. Nirgends Haut, nirgends Fleisch, nicht ein Haar findet sich auf dem Kopf, keine Augen, sondern hohle Schläfen schimmern leichenfarben auf der hohlen Stirn, ganz grau von der Verwesung, die Zähne, völlig entblößt, sind schäbig vom Rost, im geöffneten Mund dann die intensivste Leichenfarbe und an den Händen und Fingern die äußerste Magerkeit, statt eines Bauches die Stelle eines Bauches. Grässlich hängt die Brust und wird nur vom Brustkorb des Rückgrats gehalten. Kaum hängen die Glieder am Knochen, die Kniescheiben drohen einzuknicken und die Knöchel stehen auf schwachen Knien« (v. 717–727). Das Kabinettstück ist nicht einfach Ausdruck rhetorischer Kunst. Es dient einerseits der Umbesetzung eines antiken Musters: hier der Fames, des Hungers aus Ovids *Metamorphosen*, andererseits der Entwicklung einer ›meditatio mortis‹ in der »strategischen Koppelung von affizierender Beschreibung und persistierender Mahnrede« (Frick/Grütter 2021, 555). Dem Anspruch auf Dauerhaftigkeit des Gedichts korrespondiert so die beständige Erinnerung an die Vergänglichkeit und Zeitlichkeit des menschlichen Lebens.

Frischlin lässt in seinem Band verschiedene Perspektiven auf die Astronomische Uhr anklingen: beschreibende, kontextualisierende, intertextuelle, poetisch überhöhende, paränetische. Auch die Aufnahme des letzten Stückes trägt zur Vielstimmigkeit bei. Es stammt von Wilhelm Xylander, einem in Heidelberg wirkenden Philologen (1532–1576), unter anderem Euklidübersetzer und Autor eines umfangreichen hexametrischen Lehrgedichts über die philosophischen Disziplinen (*De Philosophia & eius partibus Carmen*, im Anhang einer Ausgabe von Schriften des Michael Psellus. Basel 1556, S. 104–152; Kühlmann, Wissen, 2016, 104–111). Das 282 Hexameter umfassende Gedicht *In horologium argentinense schediasma* dient als Ergänzung von und Gegengewicht zu Frischlins *Carmen*:

Es stellt anders als jenes eine direkte Beziehung zum Uhrwerk her – ein Besuch im Münster im Juli 1574, also kurz nach der Ingangsetzung, gemeinsam mit Dasypodius, der in einem vorangestellten Widmungsbrief adressiert wird. Angeblich eilig verfasst (als ›schediasma‹), lebt das Gedicht von der Nähe zum Werk. Im September 1574 fertiggestellt, also drei Monate vor Frischlins *Carmen*, bietet es eine andere Sicht auf das Werk als jenes: eine weniger systematische, weniger geordnete, weniger detaillierte. Xylander erwähnt kurz einzelne Momente: den ehernen Hahn mit seinem Geschrei, den hölzernen Putto mit seinem Stundenglas, die tönenden Zimbeln mit ihren Melodien, und etwas ausführlicher die kalendarisch-astronomischen Bewegungen. Ansonsten aber bietet er eine Beschreibung weder des Ganzen noch seiner Teile, sondern eine sich zwischen rhetorischen Fragen und antikischen Reminiszenzen vollziehende Anmutung, die das Staunen über das Werk und seine Urheber ins Zentrum stellt.

V

Unter den Urhebern kommt Konrad Dasypodius eine besondere Rolle zu. Im Vertrag wird er nicht namentlich, nur als »mathematicus« erwähnt. Auf dem Werk selbst aber nimmt er, wo die Verantwortlichen genannt werden, jeweils die erste Stelle ein. Bei Frischlin wird er entsprechend gewürdigt und bei Xylander direkt adressiert. Die Spannungen über die Verantwortlichkeit für das Werk scheinen indes von Anfang an beträchtlich gewesen zu sein (vgl. Dengler 2011, 119–135 u. ö.). Dasypodius sah sich selbst als Spiritus rector an und die Bestellung der beiden ihm vorher nicht persönlich bekannten Uhrmacher als Risiko. Jahrelang rang er mit dem Stadtrat und den Pflegern des Münsterwerks um eine angemessene Bezahlung und Anerkennung.

Das steht noch im Hintergrund der Schriften, die Dasypodius 1578 und 1580 in den Druck gibt (vgl. Dengler 2011, 189–217). Die *Warhafftige Außlegung des Astronomischen Vhrwercks zu Straßburg* (1578) setzt schon dadurch ein Signal, dass sie sich in der Vorrede nicht an den Straßburger Magistrat wendet, sondern an die Stadt Schaffhausen, der mehrere der am Werk Beteiligten entstammten und deren Studierende Dasypodius in Straßburg als Mentor betreute. Auch die in der Vorrede aufgegriffene bekannte Frage nach dem Vorrang der Alten oder der Neuen wird mit Blick auf die spezifische Situation profiliert. Dasypodius will sie weder zugunsten der einen noch zugunsten der anderen Seite beantworten: So wie es Kunstfertigkeiten und Techniken gegeben habe, über die das Altertum verfügte, die aber nicht weitergegeben wurden, so kenne die neuere Zeit Kunstfertigkeiten und Techniken, die den Alten unbekannt waren. Was aber einst wie heute bestanden hätte, sei die Tendenz, mehr die Ingenieure technischer Werke als die Konstrukteure zu schätzen – womit Dasypodius zum gegenwärtigen Werk überleiten kann.

Für dieses liefert er eine systematische Übersicht, beginnend mit der Beschreibung des alten Uhrwerks und der Begründung der Notwendigkeit eines neuen und fortfahrend mit einer

Charakterisierung der Umstände von Planung und Entstehung der Uhr. Im Folgenden dann fällt, verglichen mit der Beschreibung des Globus und der Mitteilung der Eklipsen, die zusammen ein gutes Drittel des Ganzen ausmachen, die Behandlung der sonstigen Elemente des Werks eher knapp aus; die Schlusspassagen gehen noch auf die Beteiligten ein. Für eine zweite Ausgabe (1580) verbessert Dasypodius die Angaben zu den Eklipsen und verklammert die Ansicht des Uhrwerks enger mit dessen Erklärung, indem er einzelne Teile nummeriert. Vor allem aber fügt er Partien hinzu, in denen er unverständige Kirchenbesucher aufs Korn nimmt, die abfällig oder missgünstig auf das Astronomische Uhrwerk reagiert hätten, sowie andere Partien, in denen er die Bedeutung der Konstrukteure, der Mathematiker über die der Handwerker, der Uhrmacher stellt. Den letzteren wirft er vor, weder Latein noch Griechisch zu können, nichts von Philosophie und Astronomie zu verstehen, ja teilweise kaum lese- und schreibfähig zu sein.

Insgesamt sucht Dasypodius aber eine vermittelnde Position: Jeder solle den Ruhm gemäß seiner jeweiligen Leistung, seinem Anteil erhalten – so wie die Handwerker ohne Dasypodius und Wolkenstein ihre Arbeiten nicht hätten ausführen können, so wäre es den Mathematikern nicht möglich gewesen, ihre »außrechnung / außtheilung vnd anordnung in das werck zu volziehen / on hilff / beystandt vnd Handtarbeyt der Handtwercks leüten« (s. unten S. 258). Dass es indes über die geistige Urheberschaft keine Diskussion geben dürfe, unterstreicht Dasypodius, indem er zwischen Vorrede und Text zwei von Paulus Schede Melissus stammende lateinische Gedichte auf die am Uhrwerk befindlichen Figuren Apollos und Uranias einrückt, die er schon in seinen Ergänzungen zu dem lateinischen Ptolemaeus-Kommentar von Hieronymus Cardanus (*In Cl. Ptolemaei De Astrorvm Ivdiciis, avt* […] *Qvadripartitae Constructionis lib. IIII Commentaria* […], Basel: Henricpeter 1578; München, BSB, Res/2 A.gr.b. 1012 ; VD 16 P 5256) mitgeteilt hatte (S. 750f.). In ihnen wird er jeweils als ›inventor‹ genannt. Und dieser ›Erfinder‹ versteht sich zugleich als bester Kenner der Uhr und ihrer Tradition. Das geht hervor aus einem der Zweitauflage angehängten deutschen Gedicht, das den Streit zwischen zwei mechanisch bewegten Figuren des Münsters behandelt: dem aus der alten Uhr übernommenen Hahn und dem auf einem Pfeiler bei der Orgel angebrachten Roraffen – Dasypodius suggeriert, gegen kritische Stimmen, der Text dieses Streitgedichts sei im Uhrwerk selbst gefunden worden.

Auch im gelehrten Diskurs machte Dasypodius seine Ansprüche auf Anerkennung geltend. In den Scholien zu dem erwähnten Ptolemaeus-Kommentar (vgl. Dengler 2011, 189–191) geht er unter anderem auf die (für Geburtshoroskope wichtige) Bestimmung der ›wahren Zeit‹ ein – mit Hilfe verschiedener Uhrentypen, die Dasypodius allesamt an Genauigkeit von der astronomischen Zeitbestimmung (»calculo Astronomico«; 748) übertroffen sieht. Das erlaubt es ihm, in einem kleinen Exkurs die Straßburger Uhr zu behandeln, »à me inuenta et delineata« (ebd.). In der Kombination der verschiedenen Instrumente und Teile diene sie einer ebenso genauen wie außerordentlichen Bestimmung der Zeit und des Phänomens der Zeit (»temporis uera et exquisita descriptio«, ebd.), einer ebenso erhabenen wie umfassenden Beschreibung (»absoluta descriptio temporis«; 748 und 749).

Der Ausdruck ›descriptio‹ führt in geschickter Weise das, was im Uhrwerk sich vollzieht, und das, was der Text unternimmt, eng. Dasypodius erwähnt den Himmelsglobus, das Astrolabium, das Kalendarium, die Eklipsentafeln, die Bilder und Skulpturen sowie die verschiedenen Beteiligten. Er verweist aber auch für genauere Angaben auf die volkssprachlichen Beschreibungen (»uernacula lingua«) und auf Frischlins Gedicht (751).
Breiter ausgeführt ist das in einem Druck von 1580, in dem Dasypodius die wesentlichen Elemente der deutschen *Außlegung*, inklusive Mitteilung der Eklipsetafeln, auf Lateinisch darbietet: *Horologii Astronomici in summo Templo Argentinæ erecti descriptio* (Straßburg: Nicolaus Wyriot 1580). Er spricht nun von einer »temporis uniuersalis descriptio« (fol. G iiij^{r}) und stellt diese noch stärker in den auf die Antike zurückgehenden Diskurs technischer Instrumente, Apparate und Maschinen: Ein ganzer erster Teil, umfangreicher als der zweite über die Uhr, bietet unter dem Titel *Heron mechanicus* zunächst eine Geschichte des Maschinengebrauchs im Altertum, dann eine Erörterung des Wesens der Mechanik, bei der sich Dasypodius besonders mit Vitruvs Architekturtheorie auseinandersetzt. Er verschränkt das Vitruv'sche Bild des zugleich theoretisch und praktisch, konzeptuell und organisatorisch beschlagenen Architekten mit Herons Bild des ebenso breit aufgestellten ›logicus mechanicus‹ und kommt zu einem Modell des umfassend gebildeten und »vielseitig begabten Philosophen, Mathematiker[s] und ›Mechaniker[s]‹« (Dengler 2011, 196), in dem man unschwer Dasypodius' eigenes Ideal erkennen kann.

VI

Die Arbeit am Uhrwerk war für alle Beteiligte eine prägende. Dasypodius kommt, wie gesehen, immer wieder darauf zurück. Stimmer nimmt in späteren Arbeiten verschiedentlich Momente aus seinen Straßburger Bildern auf (Tanner 1984, 105). Fischart beschreibt in seinem *Glückhafft Schiff von Zürich* (1577), bei Jobin gedruckt, wie einige Zürcher Bürger nach ihrer eintägigen Hirsebreifahrt auf dem Rhein das Straßburger Münster besichtigen und die Uhr, Ausdruck des Kunstverstands der Obrigkeit, bewundern: »Das künstlich Vrwerk, ganz vollkommen | Desgleich man nicht vil hat vernommen, | Darab man spürt wie Künstlichkait | Auch werd halt dise Oberkait, | Dan nichts zirt aine Stat so sehr | Als ehrlich Künst vnd gute Lehr« (ed. Baesecke, 26, V. 907–912; vgl. Schade 1984, 115; Dengler 2011, 237f.). Isaak Habrecht lässt sich acht Jahre nach Dasypodius' Tod, 1608, auf einem Kupferstich als »Argyropum automati inventor, fabricator, et autor« porträtieren (Edel 1777, Abb. zw. 194 und 195).
Die ausführlichste Wiederaufnahme des Themas findet sich bei Frischlin. In der Vorrede zum ersten Band seiner Werke, einem Brief an seine Freude (1585), erwähnt er, er sei unter anderem zu einer Herausgabe seines Gedichts über die Uhr gebeten worden (Korrespondenz, ed. Ferber u. a., Bd. 3, 209f., Nr. 193). In seiner im gleichen Jahr in Tübingen uraufgeführten lateinischen Komödie *Iulius Redivivus*, ebenfalls bei Jobin ge-

druckt, vielfach nachgedruckt und übersetzt, lässt er eingangs Cicero und Caesar, aus der Unterwelt wiedergekehrt, über die Vorzüge Straßburgs und seiner Einwohner diskutieren. Sie sind sich einig darin, dass die Astronomische Uhr ein Wunderwerk darstelle, und versuchen, dieses genauer zu verstehen. Während der eine auf das Verhältnis der Mondbewegung zum Sonnenumlauf rekurriert, hebt der andere die Planetenbewegung hervor, deren Beobachtung die Uhr zum Himmelsmodell und zur Maschine mache. Auf die Frage nach der Autorschaft des Himmelsglobus und des Automatenhahns bringt Caesar die antiken Philosophen und Mathematiker Archimedes und Archytas von Tarent ins Spiel (Frischlin, Sämtliche Werke, ed. Jungck/Mundt, Bd. 3; vgl. B. Müller 1916; Dengler 2011, 235–237).
War das Münster im Ganzen ein Wahrzeichen der Stadt (Berns 1989), so auch das Uhrwerk im Besonderen. In einem 1580 publizierten Meistergesang Adam Puschmanns (1532–1606), in einem Ton seines Nürnberger Lehrers Hans Sachs, heißt es: »Das ander neu warzeichen eben | Ist ein kunstreich vrwerck darneben | Vor etlich Jaren erst gebaut | In dem Minster: wer das anschaut, | Der thut vbraus gros wunder sehen | Vnd hört all stunt einen Han krehen. [...] Auch nach Astronomiser art | Gemachet ein kalender zart: [...] Der thut Mechanischer weis zeygen | Des Himels lauf Regiment eygen, | Zeigt Monat fest auf hunder jar, | Auch vns den fall Ade für war / vnd auch des Reichs Christi picturen | sampt viel andren heydnisch figuren« (Martin 1894, 392f.; Dengler 2011, 239).
Die Uhr war eine Attraktion. Besucher verewigten sich auf den Eklipsentafeln durch Zeichnungen und Einträge. Reisende vermerkten in ihren Aufzeichnungen die Begegnung mit der Uhr (Dengler 2011, 224–228). Der aus Innsbruck stammende Hans Georg Ernstinger hält sich im November 1606, von Paris kommend, in Straßburg auf. Unter Kenntnis des Flugblatts beschreibt er ausführlich das Uhrwerk, »welches ganze werck fürnemblich in drey thail abgethailt, dern jedes wider drey andere stückh innhalt« (Ernstinger, *Raisbuch*, ed. Walther, 256). Er erwähnt auch, dass das Werk der Gruppe persönlich vom »maister, der es selbs gemacht, Isaac Habrecht genant, ordenlich gezaiget worden, wie er unns dann auch in seinem hause ain anders schönes neues uhrwerckh gezaiget, nit weniger künstlich gemacht mit dem lauff des himlischen gestirns und andern historien« (ebd., 258). Im Gegensatz dazu hatte der Engländer Thomas Coryat (1577–1617), der auf das Uhrwerk im Rahmen seines 1611 veröffentlichten Berichts über seine Europareisen zu sprechen kommt, nach eigener Aussage wenig mehr als eine halbe Stunde Zeit, die komplexe Maschine (›engin‹) zu studieren. Immerhin kann er den Verkündungshahn live erleben. Er hört ihn »at the third houre in the afternoone, whereat I wondered as much as I should have done if I had seene that famous wooden Pigeon of Architus Tarentinus the Philosopher (so much celebrated by the ancient Historians) flie in the ayre« (*Coryat's Crudities*, Bd. 2, Glasgow 1611, 188). Der lautimitierende Schrei erscheint ihm »very neere the true voice of that bird« (ebd.).
Coryat dürfte keine Gelegenheit gehabt haben, das Flugblatt zu erwerben, das Anfang des 17. Jahrhunderts in verschiedenen Neuauflagen erschien, deutsch oder auch dreisprachig

Eklipsentafel; Straßburg, Musée des Arts décoratifs

(lateinisch, französisch, deutsch), wofür Fischarts Kurzfassung übernommen und Frischlins Gedicht unter dem Titel *Vera effigies ac descriptio* (Initialen: N. F.) auf 85 Hexameter kondensiert wurde (vgl. Veillard u. a. 2024). Mit den Straßburger Drucken bei Carolus (1605, VD17 23:292377Q), Braun (1612, VD17 23:297527Q) und Brun(n) (1619, Straßburg, BNU, R.101; 1621, VD17 23:249983N) scheint sich allerdings auch das Interesse am Flugblatt langsam zu erschöpfen. Es gibt einzelne Nachzügler wie den Nachdruck der großformatigen Fischart/Stimmer-Ausgabe durch Friedrich Wilhelm Schmuck Ende des 17. Jahrhunderts (London, The British Museum, 1938,1112.20) oder die lateinische Bearbeitung des Fischarttextes in 76 elegischen Distichen, die um 1700 mit einem Kupferstich des Uhrwerks bei dem Straßburger Drucker Johann Tscherning herauskommt (Dresden, Kupferstichkabinett, A 133773).

Im Ganzen aber verlagert sich die Präsenz des Uhrwerks vom literarisch-zeitgeschichtlichen einerseits in den lokalhistorischen, andererseits in den wissenschaftshistorischen Kontext. Lokalhistorisch: Der elsässische Theologe Oseas Schadaeus (Schad) verfasst 1617 eine gelehrte deutsche Beschreibung des Münsters (*Summum Argentoratensium Templum*), die nach einer kurzen Einleitung den ganzen Fischarttext wiedergibt (39–43); der Mediziner Georg Heinrich Behr bringt 1732 ein im Folgenden immer wieder aufgelegtes *Straßburger Münster- und Thurn-Büchlein* heraus (Keller 1974, 73–75), das zusammen mit einem Nachschnitt des Stimmer'schen Aufrisses die einzelnen Elemente der Uhr vorstellt (1744,

72–79) und mit dem Hinweis schließt, das ganze Uhrwerk sei im Jahr 1732 »gesäubert, und theils wieder mit neuen Rädern, theils mit einer Perpendicul oder gerad-abhangender Unruh versehen worden« (79). Wissenschaftshistorisch: Jacob Leupold bezieht sich in seinem *Theatrum machinarum* (1725) eingangs auf den »Discurs des zu seiner Zeit vortrefflichen und curieusen Mathematici und Mechanici Conradi Dassipodii« (S. 1) und auf »die Beschreibung der vortrefflichen und in der Welt so beruffenen Uhr« in Straßburg (2); statt einer eigenen Einleitung lässt er eine deutsche Übersetzung des historischen ersten Teils des *Heron mechanicus* folgen (2–16). Johann Georg Ludolph Blumhof würdigt 1796 Dasypodius in einer kleinen Schrift, eingeleitet von dem Mathematiker Abraham Gotthelf Kästner, der ein Jahr später in seiner großen Geschichte der Mathematik ebenfalls auf Dasypodius und die Schriften zur Straßburger Uhr eingeht (215–221).

Im ausgehenden 18. Jahrhundert war die Uhr kein Publikumsmagnet mehr. Goethes berühmte Begegnung mit dem Straßburger Münster, mündend in die Schrift *Von deutscher Baukunst* (1773), spart den Innenraum aus (Keller 1974). Erst die Erneuerung durch Jean-Baptiste Schwilgué beschert dem Uhrwerk eine neue Aufmerksamkeit – vor Ort und im Druck. Man macht sich an die Rekonstruktion des frühneuzeitlichen Werks und ergeht sich in der Imagination des gegenwärtigen. Pantaleon Binder, womöglich identisch mit einem 1875 nach Nordamerika Ausgewanderten, veröffentlicht direkt nach dem deutsch-französischen Krieg 1871/72 ein Gedicht in elsässischer Mundart, das einen gewissen Frieder von einem Besuch bei seinem Bruder Hans Jokeb in Straßburg und von der Besichtigung des Münsters erzählen lässt. Im Vordergrund steht dabei ganz das Uhrwerk mit seiner Mechanik, von dem auf einem Porträtbild dargestellten Schwilgué nach großen Mühen und 20-jähriger Tüftelei geschaffen: der bewegliche Globus, die wechselnd erscheinenden Planetenfiguren, die schlagenden Engelchen, die hervortretenden Lebensalter mit Christus und dem Tod und natürlich der krähende Hahn. Fazit: »Cha men Eim nit bischriibe – das mueß mer sähne mit Auge. | Chömmet er öbben in d' Gegnig, se löhnt üch 's jo nit gereue, – | 'S chostet jo nit viel – uf Strosburg z' go zue der Uhre; | Weger, i chan üch sage, der werdet euer Lebtig dra denke!« (1872, 22).

Bibliographie

Bach, Henri: Einige interessante astronomische Uhren und besondere Räderwerke aus solchen: Die zwei Straßburger Münsteruhren, in: Schriften des historisch-wissenschaftlichen Fachkreises »Freunde Alter Uhren« in der Deutschen Gesellschaft für Chronometrie 17 (1978), S. 23–46.

Bach, Henri: Der Globus des Dasypodius, in: Schriften des historisch-wissenschaftlichen Fachkreises »Freunde Alter Uhren« in der Deutschen Gesellschaft für Chronometrie 18 (1979), S. 19–36.

Bach, Henri; Rieb, Jean-Pierre: Les trois horloges astronomiques de la Cathédrale de Strasbourg. Straßburg 1992, dt. (übers. von Robert Wilhelm): Die drei astronomischen Uhren des Strassburger Münsters. Straßburg 1992.

Bendel, Max: Tobias Stimmer. Leben und Werke. Zürich 1940.

Berns, Jörg Jochen: Prinz Aller Hohen Türm'. Notizen zur literarischen Wahrnehmung des Straßburger Münsters in der frühen Neuzeit, in: Marburger Jahrbuch für Kunstwissenschaft 22 (1989), S. 83–102.

Beyer, Victor; Bach, Henri; Müller, Ernest: Le globe céleste de Dasypodius, in: Bulletin de la Société des Amis de la cathédrale de Strasbourg. 2ième série 7 (1960), S. 103–139.

Beyer, Victor [u. a.]: La cathédrale de Strasbourg, Straßburg 1973 [S. 399–410 zur zweiten Uhr].

Binder, Pantaleon: Die Astronomische Uhr im Strassburger Münster. Gedicht in Allemannischer Mundart. Zürich 1871; L'Horloge Astronomique de Strassbourg. Poëme dans le dialect allémanique du pays. Die Astronomische Uhr im Strassburger Münster. Gedicht in Allemannischer Mundart. Zürich 1872.

Blumhof, Johann Georg Ludolph: Vom alten Mathematiker Conrad Dasypodius. Ein literarischer Versuch. Göttingen 1796.

Bott, Gerhard: Zwei Strassburger Prunkgloben für den Grafen Philipp V. von Hanau-Lichtenberg, in: Der Globusfreund 53/54 (2005/2006) [2007], S. 81–97.

Bouchard, André E.: Les cadrans solaires de la cathédrale de Strasbourg, in: Le Gnomoniste 10, H. 1 (2003), S. 2–7.

Brockstieger, Sylvia: Sprachpatriotismus und Wettstreit der Künste. Johann Fischart im Kontext der Offizin Bernhard Jobin. Berlin, Boston 2018 [S. 99–103: zu den Gedichten und Bildern zur Straßburger Uhr].

Bruderer, Herbert: Meilensteine der Rechentechnik. Bd. 1: Mechanische Rechenmaschinen, Rechenschieber, historische Automaten und wissenschaftliche Instrumente. 2. Aufl. Berlin 2018 [S. 345–381: Schwilgué-Rechenmaschinen].

Bucher-Schmidt, Gisela: Stimmers Pandorazeichnung – Versuch einer Deutung, in: Zeitschrift für schweizerische Archäologie und Kunstgeschichte 42 (1985), S. 104–108.

Büeler, G[ustav]: Der Familienname des Petrus Dasypodius, in: Thurgauische Beiträge zur vaterländischen Geschichte 57/58 (1918), S. 172–176.

Büeler, G[ustav]: Petrus Dasypodius (Peter Hasenfratz). Ein Frauenfelder Humanist des XVI. Jahrhunderts. Beilage zum Programm der Thurgauischen Kantonsschule für das Schuljahr 1919/20. Frauenfeld 1920.

Châtelet-Lange, Liliane: Un monument au temps. Architecture et humanisme à l'horloge astronomique de la cathédrale de Strasbourg, in: Bulletin de la Cathédrale de Strasbourg 29 (2010), S. 9–28.

Chrisman, Miriam Usher: Lay culture, learned culture. Books and social change in Strasbourg 1480–1599. New Haven, London 1982.

Cottin, Jérôme: La cathédrale protestante, Tobias Stimmer et l'horloge astronomique, in: Christian Grappe (Hg.): La cathédrale de Strasbourg en sa ville. Le spirituel et le temporel. Straßburg 2020, S. 225–237.

Cowie, Murray A.; Cowie, Marian L.: Geiler von Kaysersberg and Abuses in Fifteenth Century Strassburg, in: Studies in Philology 58 (1961), S. 483–495.

Cowie, Murray A.; Cowie, Marian L. (Hg.): The Works of Peter Schott (1460–1490). I. Introduction and Text. Chapel Hill 1963.

Dengler, Michael: Zeitmaschinen, Sakralautomaten, Frömmigkeitsapparate: Die Produktion sakraler Zeiten im Kirchenraum der Vormoderne. Diss. Konstanz 2011; https://kops.uni-konstanz.de/handle/123456789/26334.

Dohrn-van Rossum, Gerhard: Die Geschichte der Stunde. Uhren und moderne Zeitordnung. München, Wien 1992.

Dupeux, Cécile: Les projets en grisaille de Tobias Stimmer pour les sculptures de l'horloge astronomique, in: Dupeux/Huhardeaux Touchais 2024, S. 177–197.

Dupeux, Cécile; Huhardeaux Touchais, Jean-David (Hg.): Strasbourg 1560–1600. Le renouveau des arts. Straßburg 2024.

Edel, Friedrich Wilhelm: Die astronomische Münsteruhr in Straßburg. Mittheilungen zur Kenntniß ihrer ältern und neuern Geschichte. Straßburg 1843.

[Edel, Matthäus:] Nachricht von den Uhrenmachern des Uhrwerks im Münster. Aus Originalien abgedruckt, in: Der Bücherfreund 2. Jg., 1. Bd., 13. Stück (1777), S. 193–207.

Eyraud, Charles-Henri: Horloges astronomiques au tournant du XVIIIe siècle: de l'à-peu-près à la précision. Diss. Lyon 2004.

Fischart, Johann: Sämmtliche Dichtungen. Hg. und mit Erläuterungen versehen von Heinrich Kurz. 3 Bde. Leipzig 1866/67.

Fischart, Johann: Das Glückhafte Schiff von Zürich (1577). Hg. von Georg Baesecke. Halle/S. 1901.

Frick, Julia; Grütter, Oliver: Hybride Temporalitäten. Lebenszeit und Weltzeit in Nicodemus Frischlins Beschreibung der Straßburger Münsteruhr (1575), in: Daphnis 49 (2021), S. 532–560.

Frischlin, Nicodemus: Sämtliche Werke. Bd. III,1: Priscianus vapulans (Der geschlagene Priscian); Iulius redivivus (Julius Caesars Rückkehr ins Erdenleben). Hg. und übers. von Christoph Jungck und Lothar Mundt. Stuttgart-Bad Cannstatt 2003.

Frischlin, Nicodemus: Korrespondenz, mit Regesten und Kommentar. Hg. von Magnus Ulrich Ferber u. a. Bd 1: April 1568 – Juni 1582. Berlin, Boston 2022.

Geiler von Kaisersberg, Johannes: Die ältesten Schriften. Hg. von Léon Dacheux. Freiburg/Br. 1882.

Gess, Nicola [u. a.] (Hg.): Poetiken des Staunens. Narratologische und dichtungstheoretische Perspektiven. Paderborn 2019.

Glory, André; Ungerer, Théodore: L'adolescent au cadran solaire de la Cathédrale de Strasbourg, in: Archives Alsaciennes d'Histoire de l'Art 11 (1932), S. 1–49.

Harms, Wolfgang; Kemp, Cornelia (Hg.): Deutsche illustrierte Flugblätter des 16. und 17. Jahrhunderts. Bd. IV: Die Sammlungen der Hessischen Landes- und Hochschulbibliothek in Darmstadt. Tübingen 1987.

Hassemer, Simon Maria: Ironische Automaten. Trompette und Bretstelmann im spätmittelalterlichen Straßburger Münster, in: Frühmittelalterliche Studien 44 (2010), S. 419–436.

Hauffen, Adolf: Fischart-Studien II. Die Beschreibung des astronomischen Uhrwerks, in: Euphorion 3 (1896), S. 705–710.

Hauffen, Adolf: Johann Fischart. Ein Literaturbild aus der Zeit der Gegenreformation. 2 Bde. Berlin, Leipzig 1921/22.

Haug, Hans: Contributions à l'histoire de la sculpture strasbourgeoise (1350–1550), in: Archives alsaciennes d'histoire de l'art 12 (1933), S. 1–49.
Holtz, Sabine; Mertens, Dieter (Hg.): Nicodemus Frischlin (1547–1590). Poetische und prosaische Praxis unter den Bedingungen des konfessionellen Zeitalters. Stuttgart-Bad Cannstatt 1999.
Israel, Uwe: Johannes Geiler von Kaysersberg (1445–1510). Der Straßburger Münsterprediger als Rechtsreformer. Berlin 1997.
Kästner, Abraham Gotthelf: Geschichte der Mathematik seit der Wiederherstellung der Wissenschaften bis an das Ende des achtzehnten Jahrhunderts. Bd. 2. Göttingen 1797.
Keller, Harald: Goethes Hymnus auf das Straßburger Münster und die Wiedererweckung der Gotik im 18. Jahrhundert 1772/1972. München 1974 (Bayer. Akad. der Wissenschaften. Phil.-hist. Klasse. Sitzungsber. 1974/4).
Kieffer, Fanny: L'horloge astronomique de la cathédrale de Strasbourg. Le décor peint, in: Dupeux/Huhardeaux Touchais (2024), S. 141–159.
Kiening, Christian: Erfahrung der Zeit, 1350–1600. Göttingen 2022.
Kiening, Christian: Ästhetik und Pragmatik der Zeit im 16. Jahrhundert. Tübingen 2023.
Kiening, Christian; Stercken, Martina (Hg.): Temporality and Mediality in Late Medieval and Early Modern Culture. Turnhout 2018.
Korenjak, Martin: Short Mythological Epic in Neo-Latin Literature, in: Manuel Baumbach, Silvio Bär (Hg.): Brill's Companion to Greek and Latin Epyllion and Its Reception. Leiden 2012, S. 519–536.
Kühlmann, Wilhelm: Siderocrates, Samuel, in: ders. [u. a.] (Hg.): Frühe Neuzeit in Deutschland 1520–1620. Literaturwissenschaftliches Verfasserlexikon. Bd. 6. Berlin, Boston 2012, Sp. 460–477.
Kühlmann, Wilhelm: Poesie und Mechanik als Weltmodell. Zu Faktur und ideengeschichtlichem Gehalt von Nicodemus Frischlins Lehrgedicht (1575) über die Straßburger Münsteruhr, in: Scientia poetica 20 (2016), S. 1–26.
Kühlmann, Wilhelm: Wissen als Poesie. Ein Grundriss zu Formen und Funktionen der frühneuzeitlichen Lehrdichtung im deutschen Kulturraum des 16. und 17. Jahrhunderts. Berlin, Boston 2016 [S. 97–103: zu Frischlins *Carmen*].
Kühlmann, Wilhelm: Vom Ruhm eines Weltmodells. Fischart, Frischlin und die Straßburger Publizistik zur Straßburger Münsteruhr (1574), in: Tobias Bulang (Hg.): Johann Fischart, genannt Mentzer. Frühneuzeitliche Autorschaft im intermedialen Kontext. Wiesbaden 2019, S. 49–81.
Laube, Stefan: Von der Reliquie zum Ding. Heiliger Ort – Wunderkammer – Museum. Berlin 2011.
Lehni, Roger; Prause, Susanna: Die Astronomische Uhr des Straßburger Münsters. Paris 1997.
Lobstein, J[ean] F[rançois]: Beiträge zur Geschichte der Musik im Elsaß und besonders in Strassburg, von der ältesten bis auf die neueste Zeit. Straßburg 1840.
Martin, Ernst, Die Meistergesänge von Adam Puschmann auf das Straßburger Münster, in: A. L. Stiefel (Hg.): Hans-Sachs-Forschungen. Festschrift zur vierhundertsten Geburtstagsfeier des Dichters. Nürnberg 1894, S. 382–396.
Marugg, Silvio: Habrecht. Die Schaffhauser Uhrmacherdynastie. Genf 2021.
Metze, Gudula: Die Entwicklung des Copernicus-Porträts vom 16. bis zum 18. Jahrhundert. Diss. München 2004; https://edoc.ub.uni-muenchen.de/6796/1/Metze_Gudula.pdf.
Müller, B. A.: Strassburger Lokalkolorit in Frischlins ›Julius redivivus‹ von 1585, in: Archiv für das Studium der neueren Sprachen und Literaturen 135 (1916), S. 1–10.
Müller, Peter O.: Dasypodius, Petrus, in: Frühe Neuzeit in Deutschland 1520–1620. Literaturwissenschaftliches Verfasserlexikon. Bd. 2. Berlin, Boston 2012, S. 113–119.

Oestmann, Günther: Die astronomische Uhr des Straßburger Münsters. Funktion und Bedeutung eines Kosmos-Modells des 16. Jahrhunderts. Stuttgart 1993; 2. Aufl. Berlin 2000; engl.: The Astronomical Clock of Strasbourg Cathedral. Function and Significance. Leiden, Boston 2020.

Oestmann, Günther: The Strasbourg Cathedral Clock, in: Antiquarian Horology and the Proceedings of the Antiquarian Horological Society 25, H. 1 (1999), S. 50–63.

Oestmann, Günther: Designing a Model of the Cosmos: Theoretical and Visual Considerations Concerning the Construction of Astronomical Clocks through Early Modern Times, in: Gianenrico Bernasconi, Susanne Thürigen (Hg.): Material Histories of Time. Objects and Practices, 14th–19th Centuries. Berlin, Boston 2020, S. 41–54.

Oestmann, Günther: Die Straßburger Münsteruhr: Ein Kosmosmodell des 16. Jahrhunderts, in: Wolfgang Fehlberg [u. a.] (Hg.): 550 Jahre Astronomische Uhr Rostock. Leipzig 2023, S. 119–145.

Oestmann, Günther; Schramm, Matthias: Die astronomische Uhr des Straßburger Münsters von 1571–1574, in: Bulletin de la Cathédrale de Strasbourg 20 (1992), S. 83–99.

Oliger, Livarius: Die Leidensuhr eines Straßburger Franziskaners aus dem 15. Jahrhundert. Zugleich ein Beitrag zur Geschichte der Betrachtung des bitteren Leidens, in: Der Katholik 98 [4. F. 21] (1918), S. 99–112, 158–175.

Panel, Louis-Napoléon: Le buffet de l'horloge astronomique et son programme sculpté. À la redécouverte d'un ensemble emblématique de la Renaissance tardive strasbourgeoise, in: Dupeux/Huhardeaux Touchais (2024), S. 161–175.

Poulle, Emmanuel: Les instruments de la théorie des planètes selon Ptolémée. Équatoires et horlogerie planétaire du XIIIe au XVIe siècle. Genf, Paris 1980.

Poulle, Emmanuel: L'horloge planétaire de la Cathédrale de Strasbourg, in: Journal for the History of Astronomy 14 (1983), S. 33–46.

Reinhardt, Hans: Der Rohraff an der Straßburger Münsterorgel, in: Schweizer Volkskunde. Korrespondenzblatt der Schweizerischen Gesellschaft für Volkskunde 25 (1935), S. 41–48.

Reinhardt, Hans: Les textes relatifs à l'histoire de la cathédrale de Strasbourg depuis les origines jusqu'à l'année 1522, in: Bulletin de la société des amis de la cathédrale de Strasbourg 7 (1960), S. 11–29.

Ritter, François: Zu den Strassburger Drucken des Nicodemus Frischlin, in: Annuaire de la société historique, littéraire et scientifique du Club Vosgien 4 (1936), S. 113–120.

Roegel, Denis: Les peintures de Tobias Stimmer sur l'horloge astronomique de la cathédrale de Strasbourg. o. O. 2024; https://roegeld.github.io/stimmer/.

Schadaeus, Oseas: Summum Argentoratensivm Templum: Das ist: Außführliche vnn eigendtliche Beschreibung deß viel künstlichen / sehr kostbaren / vnd in aller Welt berühmten Münsters zu Straßburg […]. Straßburg 1617.

Schade, Richard Erich: Kunst, Literatur und die Strassburger Uhr, in: Spätrenaissance am Oberrhein. Tobias Stimmer 1539–1584. Katalog der Ausstellung im Kunstmuseum Basel, 23. September – 9. Dezember 1984. Basel 1984, S. 112–117.

Schmidt, C[harles]: Bericht über das astronomische Uhrwerk des Straßburger Münsters, verfaßt bei Gelegenheit des Hrn. Schwilgué, Vater, durch seine Mitbürger gegebenen Festes. Straßburg 1842.

Schmidt, Christian: Geistliche Uhren. Technologie, Heilsgeschichte und letzte Dinge in der spätmittelalterlichen und frühneuzeitlichen ›Horologium‹-Tradition, in: Julia Weitbrecht, Andreas Bihrer, Timo Felber (Hg.): Die Zeit der letzten Dinge. Deutungsmuster und Erzählformen des Umgangs mit Vergänglichkeit in Mittelalter und Früher Neuzeit. Göttingen 2020, S. 195–223.

Schmidt, Wilhelm: Heron von Alexandria, Konrad Dasypodius und die Strassburger astronomische Münsteruhr, in: Abhandlungen zur Geschichte der Mathematik 8 (1898), S. 175–194.

Schneegans, Ludwig: Das Pfingstfest und der Roraffe im Münster zu Straßburg. Ein mittelalterliches Sittengemälde und Volksbild. Mühlhausen 1851 (auch in: Alsatia 1852, S. 191–245).
Schukowski, Manfred; Jahnke, Uta; Fehlberg, Wolfgang (Hg.): Mittelalterliche astronomische Großuhren. Leipzig 2014.
Schweighäuser, Theodor: Historische Notizen über die Astronomische Münsteruhr zu Strassburg nebst einer ausführlichen Beschreibung des mechanischen Werkes. Straßburg 1876.
Schwilgué, Ch[arles]: Kurze Beschreibung der Astronomischen Uhr des Straßburger Münsters. Straßburg [1843].
Schwilgué, Charles: Notice sur la vie, les travaux et les ouvrages de mon père J. B. Schwilgué. Straßburg 1857.
Seelbach, Ulrich: Fischart, Johann, in: Frühe Neuzeit in Deutschland 1520–1620. Literaturwissenschaftliches Verfasserlexikon. Bd. 2. Berlin, Boston 2012, S. 358–383.
Seidel, Robert: Frischlin, Nicodemus, in: Frühe Neuzeit in Deutschland 1520–1620. Literaturwissenschaftliches Verfasserlexikon. Bd. 2. Berlin, Boston 2012, S. 460–477.
Staub, Hervé: Les installations gnomoniques de la cathédrale de Strasbourg, in: Cahiers alsaciens d'archéologie, d'art et d'histoire 35 (1992), S. 99–112.
Staub, Hervé: Les horloges silencieuses d'Alsace. Straßburg 1997.
Stolberg, August: Tobias Stimmers Malereien an der Astronomischen Münsteruhr zu Strassburg. Straßburg 1898.
Stolberg, August: Tobias Stimmer, sein Leben und seine Werke. Mit Beiträgen zur Geschichte der deutschen Glasmalerei im 16. Jahrhundert. Straßburg 1901.
Strauß, David Friedrich: Leben und Schreiben des Dichters und Philologen Nicodemus Frischlin. Ein Beitrag zur deutschen Culturgeschichte in der zweiten Hälfte des sechszehnten Jahrhunderts. Frankfurt/M. 1856.
Tanner, Paul: Die astronomische Uhr im Münster von Strassburg, in: Spätrenaissance am Oberrhein. Tobias Stimmer 1539–1584. Katalog der Ausstellung im Kunstmuseum Basel, 23. September – 9. Dezember 1984. Basel 1984, S. 97–111.
Ungerer, Alfred: Description de l'Horloge astronomique de la Cathédrale de Strasbourg. 3. Aufl. Straßburg 1919.
Ungerer, Alfred: L'horloge astronomique de la cathédrale de Strasbourg, in: Bulletin de la Société astronomique de France 35 (1921), S. 89–102, 147–159, 196–201, 250–260, 291–301.
Ungerer, Alfred: Les horloges d'édifice, leur construction, leur montage, leur entretien. Guide pratique à l'usage des personnes qui s'intéressent aux horloges monumentales, suivi d'une nomenclature des horloges monumentales et astronomiques les plus remarquables. Straßburg 1926.
Ungerer, Alfred: Les horloges astronomiques et monumentales les plus remarquables de l'antiquité jusqu'à nos jours. Straßburg 1931.
Ungerer, Alfred; Ungerer, Théodore: L'horloge astronomique de la cathédrale de Strasbourg. Straßburg 1922.
Veillard, Delphine [u. a.]: L'Horloge de Strasbourg décrite par Frischlin. Manuscrit r.102.283 de la BNU de Strasbourg, in: Odysseum (8. März 2024); https://odysseum.eduscol.education.fr/lhorloge-de-strasbourg-decrite-par-frischlin.
Voltmer, Rita: Wie der Wächter auf dem Turm. Ein Prediger und seine Stadt. Johannes Geiler von Kaysersberg (1445–1510) und Straßburg, Trier 2005.
Weber, Bruno: ›Die Welt begeret allezeit Wunder.‹ Versuch einer Bibliographie der Einblattdrucke von Bernhard Jobin in Strassburg, in: Gutenberg-Jahrbuch (1976), S. 270–290.

Weller, Emil: Johann Fischart's Gedicht vom Straßburger Uhrwerk, in: Anzeiger für Geschichte der deutschen Vorzeit N. F. 14, H. 12 (1867), Sp. 375f.

Wendling, E.: Der Kampf des Roraffen under der Orgeln im Münster zu Straßburg mit dem Hanen daselbst auf dem Uhrwerk, in: Alsatia. Jahrbuch für elsässische Geschichte, Sage, Altertumskunde, Sitte, Sprache und Kunst 10 (1873/74), S. 111–122.

Werkmeister, Paul: Über die Zeitmesser des Strassburger Münsters insbesondere die Sonnenuhren am Giebel der Südseite, in: Strassburger Münsterblatt 6 (1912), S. 62–74.

Winckelmann, Otto: Zur Kulturgeschichte des Strassburger Münsters im 15. Jahrhundert, in: Zeitschrift für die Geschichte des Oberrheins N. F. 22 (1907), S. 247–290.

Winkelmann, Otto: Nachträge zur Kulturgeschichte des Strassburger Münsters im 15. Jahrhundert, in: Zeitschrift für die Geschichte des Oberrheins N. F. 24 (1909), S. 302–323.

Wolf, Rudolf: Biographien zur Kulturgeschichte der Schweiz. Bd. 3. Zürich 1860 [S. 51–62: Conrad Dasypodius].

Wolfe, Jessica: Humanism, Machinery, and Renaissance Literature. Cambridge 2004.

Zinner, Ernst: Deutsche und niederländische astronomische Instrumente des 11.–18. Jahrhunderts. München 1956.

Amtliche Dokumente (1571/74)

hg. von CHRISTIAN KIENING

Zahlreiche Dokumente zur Geschichte der Münsteruhr haben sich im Straßburger Stadtarchiv (Archives de la Ville et de l'Eurométropole de Strasbourg) erhalten, es gibt einen eigenen Fonds de l'Œuvre Notre-Dame (OND), außerdem umfangreiche Konvolute mit Abschriften und Materialsammlungen von der Hand Frédéric Wagners aus den 1930er Jahren (Wagner 90 Z 22 und Z 23).
Zu den ältesten Dokumenten gehören solche, die sich auf die Planung der Neukonstruktion des Uhrwerks beziehen, und solche, die nach dessen Fertigstellung mit Fragen der geistigen Urheberschaft und der angemessenen Bezahlung zu tun haben. Konrad Dasypodius, für die mathematisch-technische Seite der Konstruktion zuständig, sah sich für seine Mühe nicht ausreichend gewürdigt und entlohnt, er wandte sich Ende Oktober 1574 an die Pfleger des Frauenwerks und richtete am 3. November 1574 eine offizielle Supplikation an den Straßburger Rat, die vielleicht dazu führte, dass auch der verantwortliche Uhrmacher Isaak Habrecht gebeten wurde, seine Einnahmen aus der Arbeit am Uhrwerk zusammenzustellen. Dasypodius erhielt 300 Gulden, richtete aber zusammen mit seinem Partner David Wolkenstein am 5. Juni 1577 eine neuerliche Supplikation an den Rat, der ein Gutachten seitens der Pfleger des Frauenwerks anforderte (5. Oktober 1577) und auf dessen Basis den Antrag ablehnte (Dengler 2011, 201–206 mit Quellenangaben).
Im Folgenden werden nur die Dokumente aus der frühen Zeit wiedergegeben: (1) der Beschluss des Stadtrats über die Neukonstruktion des Uhrwerks (23. Juli 1571), (2) der auf diesem Beschluss basierende Vertrag (26. Juli 1571) und (3) Habrechts Einnahmenaufstellung (verm. 1574). Die Dokumente sind in unterschiedlicher Form überliefert: Das erste findet sich, in einer hastigen, nicht ganz leicht lesbaren Kursive geschrieben, in den Protokollen des Stadtrats (Conseils des XXI), das zweite ist eine sorgfältig ausgefertigte Urkunde in zwei gleichlautenden, nur orthographisch leicht differierenden Exemplaren (Stadtarchiv und Bibl. nationale et universitaire), das dritte ist nicht im Original, sondern nur mehr in wesentlich späteren Druckausgaben erhalten. Die Wiedergabe erfolgt jeweils buchstabengetreu, wobei aber bei den ersten beiden Dokumenten die Abkürzungen aufgelöst sind (kursiv; beim ersten ist manchmal unsicher, ob bei <ch> das <c> fehlt oder ob es sich um eine Abkürzung handelt); Punkte über <y> werden ebenso wenig wiedergegeben wie die Kringel über <u>, die meist nur die Vokalqualität anzeigen; was die Unterscheidung zwischen Klein- und Großbuchstaben beim Wortanfang betrifft, bleibt eine gewisse Unsicherheit vor allem bei <z> und <v>. Beim ersten Dokument werden die sehr kleinen virgelartigen Zeichen als Kommata bzw. Punkte dargestellt und die oft kaum durch Abstände getrennten Wörter sinngemäß abgeteilt. In Antiqua geschriebene Wörter erscheinen auch hier in einer anderen Type.

1. Beschluss über die Neukonstruktion des Uhrwerks (23. Juli 1571)

Straßburg, Archives de la Ville et de l'Eurométropole de Strasbourg, Conseils des XXI, 1 R 39, fol. 663r–664v

[663r] H*err* Diebolt Johanm, herr Michael liechtensteiger vnnd h*err* Fridrich von Gotteßheym, ~~so~~ Alls geordnete pflegere vnnser frauwen wercks haben meynen herren nach lengde referiert. Demnach vergangene jaren jnn dem Münster gegen dem fronhoff, gegen dem Alten vhrwerck vbre eyn neuwes angefangen naml*ich* das Steinwerck darzu auffgefüert. Aber biß dah*er* auß mangel eyns beruembten v*n*d ges*ch*ickten Vhrlemachers nichtt außgemacht v*n*d vyl mehr dauon geredt worden, das es gar eyn vbelstandt, d*aß* es Allso ersezen plibbe. hatte sich vergangner tagen zugetrag*en* das eyn Maister von Schaffhausen, sampt eynem brud*er* d*e*ren vatter v*n*d großuatter vhrlemach*er* geweß*en* alhär khommen, v*n*d du*r*ch Maister Conradum Dasypodium *[663v]* jnen den pflegern zu sollhem werck angetrag*en* vndt seyner ~~kunßt~~ Dinge beruembt worden, welher zwey kunstl*ich*er werck die er von seyner hand gemaht, (v*n*dt bede zugegen geweß*en* meynen h*erre*n furgestellt v*n*d gezeigtet word*en*) mitt jme alhier gebracht, welhe bede werck-stey zuuersteh*en* geb*en* d*aß* Er diser kunst geuebt v*n*d erfaren, hetten sy sich mitt jme v*n*d synem bruder dises vhrenwercks halb jnn handlung jngelaß*en* eyn visierung welhe*r*maß*en* Er es gedachte zuzur*i*chtten auff das Papyr reiß*en* laß*en* (welhe visierung die h*erre*n pfleger auch furgelegt v*n*d dermaß*en* geschaff*en* d*aß* es eyn ga*n*tz zierl*ich* herl*ich* v*n*d lobl*ich* werck syn wurde.) jne auch volgend*e*s daruber gehordt was er für syn arbeyt nemmen wolte J*tem* wen mann mehr darzu brau*ch*en müeßte. hette er si*ch* erbotten vnd erclärt, alle metall Alls jsen kupffer messing stahel gold v*n*d alles And*er*s metall darzu zugeben, wis jme gebürtt zumach*en* dazu au*ch* alles zuuergulden v*n*d fur sollhs 600 fl gefordert. Jed*o*ch d*aß* die arbeyt so sy außgemacht alhar vff des wercks costen gefuert, v*n*d Er v*n*d syn brud*er* so lang biß es auffgesetzt v*n*d zugerihtt wurde, jnn des wercks costen erhalten werden sollte. Daby vermeldet *[664r]* d*aß* mann neben jme Alls dem Vhrlemach*er* darzu weytter gebrauchen müeßte Eyn Mathematicum, eynen maler, eynen werckmaister v*n*d eynen bildtschnitzler. M. Dasipodius hett sich erbotten sich Alls eyn Mathematicum, vmb eyn rechnung gebrauch*en* zulaß*en*. So were doctor Gotzheyms maler auch willig dem mann ettwan 100 fl od*er* taler wurde geben müeß*en* den werckmaister hette mann auff dem hauß. So were eyn bilds*ch*nitzler auch alhie v*n*d hette s*ich* der Vhrlemach*er* wehrschafft v*n*d sicherhait Auch erbotten d*aß* werck jnn eynem jar außzumach*en*. Wiewol sy nitt ande*r*s wüßten dann Es were vergangner jaren den pfleger jnn dem beuelh v*n*d gewallt geben. So hetten sy doch meyne herren dessen zu vberflusß berichtten v*n*d jr gemüet v*n*dt meynung anhoren v*n*dt vernem*en* wollen. V*n*d da Es meynen h*erre*n gefellig wollten ~~sich~~ sy sich jnn verneme handlung jnlasß*en* v*n*d mitt jnen so nahe mugl*ich* vber eynkhomm*en*. Allß nuhn die herren die beden kunnststucklin, d*e*ren d*aß* eyn Eyn Astrolabium d*aß* ander eyn Sphaera bede mitt schlagend*en* vhren, desgleychen die auffgerissen visierung besichttigtt

jst erkanntt *[664v]* vnd den herren pflegern beuelh vndt gewallt geben soll*i*chs furd*er*l*i*ch mitt allen denen so sy darzu bedurfftig jnn d*a*ß werck zurichtten.

2. Vertrag über die Erneuerung des Uhrwerks (26. Juli 1571)

Straßburg, Bibl. nationale et universitaire, Ms. 1.563;
Straßburg, Archives de la Ville et de l'Eurométropole de Strasbourg, 1 OND 17 (dem Abdruck zugrundeliegend)

[1r] Verding des Vrwercks Jm Münster Alhie.

[2r] Züwüssen Vnnd kundt sige yeder Menglichem / mit diser gegenwertigenn geschrifft / Das vff heutt dato / Ein freündtlichs verding abgeredt / verwilligt vnnd beschlossenn Worden Jst / Zwüschen den Edeln / vesten / Fürsichtigen weysen vnnd Ersam*m*en / herren Theobalden Joham vonn Munoltzheim Stettmeistern / Michael Liechtensteyger Altam*m*eistern vnnd Friderichenn vonn Gotteßheim Dreyzehenern der Statt Straßburg / Als Pflägern / Vnnd Aristarcho Mornhinweg / Schaffnern / Des werckhs vnnser Frauwen zu Straßburg / ane eim / So dann den Erbaren vnnd bescheidnen Meister Jsaac vnnd Josias Happrecht / gebrüdern vnnd Vhrenmachern vonn Schaffhusen / am Andern theil / Jnn weyß vnnd massen / wie hernach vnnderschydlichen begriffen / Namlich Zum Erstenn / Sollenn vnd wöllenn / Yetzbemelte gebrüedere / machen / Jnn dem Münster zu Straßburg / Ein Vhrwerck / Das zum vnderstenn sige / Ein Jm*m*erwerender Calender / Vff die hundert Jar gerechnet vngeuärlich / Sampt Andrem / was die scheub erleiden mag / mit aller *[2v]* seiner zugehörd / Als do Jst / die guldin Zaal / der Sonnen Zirckell / Die Sonntags Buchstabenn / Ouch die bewegliche vnnd vnbewegliche Fest tag / Mit den Finsternissen / Der Sonnen / vnnd des Mons / So zu Yeder Zeitt / Jnn Volgenden Jarenn beschehen werden / Mitt verzeichnuß der Monat / tagen / stunden / vnnd Minuten / vff welche Zeitt solche Finsternüssen / beschehenn werdenn / Mit sampt Jrer grösse / Farbenn / Würckungen vnnd dergleichen Prognostication / So vff solche Fünsternüß gestellt möcht werdenn / Jtem der tag Lenge / vnnd Nacht Lenge / auch vffganng vnd Nidergang der Sonnen / Jtem auch vffgang vnd Niderganng / ettlicher fürnem*m*er gestirn / So do sonderliche würkung / haben / vff der Statt Straßburg horizont / Oberhalb dem Calender / Sollen die Süben Planeten gehn / Vnd Ein Yeder erscheinen / vff den tag / So vonn Jme den nam*m*en hatt / Als vff den Sontag / die Sonn / Vff Montag der Mon / Vff Zinstag der Mars / vnnd also vorthan / Secundum Rationem Certiorem *etc.* Jnn dem Andern gang / Soll begriffenn sein / das Astrolabium / mit dem Rete / Darinn der Süben Planeten bewegung gesehen werd*en* / *[3r]* Jnn was zeitt / ein Yeder vnnderschidlichen harumb Laufft / Namlich Saturnus Jnn dreyssigk Jaren / Ein mal / Iupiter Jnn Zwölff Jarenn / Mars Jnn Zweyen Jaren / vnnd Also mit den vberigen vorthan / Ouch die Nierenbergische

oder Jtalianische stunden / Vnd sollenn nebent den Zwölff zeichen / ouch der Fürnemlichsten Sternen gestallt / grösse / natur vnnd Eygentschafft verzeichnet werden / Als der groß vnnd Clein wagen / die gluckhenn / Orion / Corona / vnnd Andere derglichen mehr / Jnn dem dritten Runden gewelbten gang Sollen die Monschein gewisen werden / das neüw / der Vollmon / die zwey Viertheil / Als mit Jrer Ordnung / farben vnd Andern Eygentschafften verzeichnet / Vnnd vnderschiden / Ouch die tag des Zunem*m*ens vnd abnem*m*ens des Mons / oder das Alter des Mons /

Zu Oberst vff dem Werck / Sollen Angericht werden / die Vier Fürnem*m*lichste Alter / Jnn vier vnnderschidlichenn bildern / Als Namlich die Kindtheit / die Jugent / das Mittell Alter / vnd zu Letst / das vnuermöglich Alter / Welche vier Bilder / die Viertheil stundenn / Jnn Jrem vmbgang Ordenlich vnd vnder*[3^{v}]*scheidlich schlagenn sollen / Ein Yedes Jnnsonderheit / Alls Namlich / das Erst Eins / das Ander zwey *etc.* / Das auch solliche viertheil stunden / mit den Alteren vnd mit der stym oder Klang der Cimbeln / wol Zuerkhennen sigent / wann sie die viertheil zeigen vnd schlagenn / Zu Letst soll das bildt des Todts / die stunden vff einem sundern glöcklin / vßschlagenn / vnnd zu der Thüren so Jme verordnet / vß vnd yn gohn /

Zu Letst / soll diß werck auch treyben / der Sonnen vnd des Mons Lauff / durch die Zwölff Zeichenn / welche voraussen / dem Münster / vff dem Fronhoff / alberaytt noch gesehenn werdenn / Damit dasselbig werck / auch mit disem widerumb Renouiert vnd Zu Recht bracht werde /

Ane disem werck / werden Zu Arbeitten haben / der Mathematicus oder Astronomus / die vhrmacher / der Moler / der Werckmeister vnnd der Bildhauwer /

Vnnd soll der Mathematicus / Alle Circell abreyssenn / dieselbigen vßtheilen / nach Astronomischer Kunst vnnd Calculierung / Ouch die Fünsternüssenn vnnd Anders / also vßstreichenn / Das Alles sampt vnnd *[4^{r}]* sonnderlich vff der Statt Straßburg Polus / Höhe vnnd Meridian / gerechnet werde / Ouch soll er den Vhrenmachern / dem Moler vnnd Andernn / So darahn Arbeitten werden / nach seinem vermögen behilfflich sein / vnnd Jnen am gantzen werck aneweysung geben /

Die Obbemelten Vhrenmacher / Sollen auch solch ganntz werck / was Jnnen daran Zu machen gebüret / wie die Visierung vßweyset / Deßgleichenn alles Anders / was die notturfft erfordert / Vnnd also Jnn einer eyl / Jnn die Visierung nit khom*m*en mögen / zum vleyssigsten vnnd wärhafftigstenn machen / vonn dem aller besten Metall / Als Ysen / kupffer / Möß / Stahel vnnd dergleichen / Ouch alles das / So verguldung bedarff / vnnd vonn Jnnen vergültt kan werdenn / Als da Jst das Zeyger werck / die Syben Planeten / Vnnd dergleichenn mit guttem Ducaten gold verguldenn / Alles Jnn Jrem costen / Alle Rödder / Stangen / scheybenn / Rollenn / soll alles / was das werck erfordern thut / geballiert vnnd vffs zierlichst / wärhafftigst / gemacht werden /

Der Moler auch werckmeister / werden nach Jrem vermögen wüssenn / was Jnnen *[4^{v}]* zu thun gebüret / Der Bildhauwer / würt die vier alter / den todt / die Süben Planeten Vnnd den Engell / So do zeiget Jm Calender sauber / Rein vnnd zierlich schneyden /

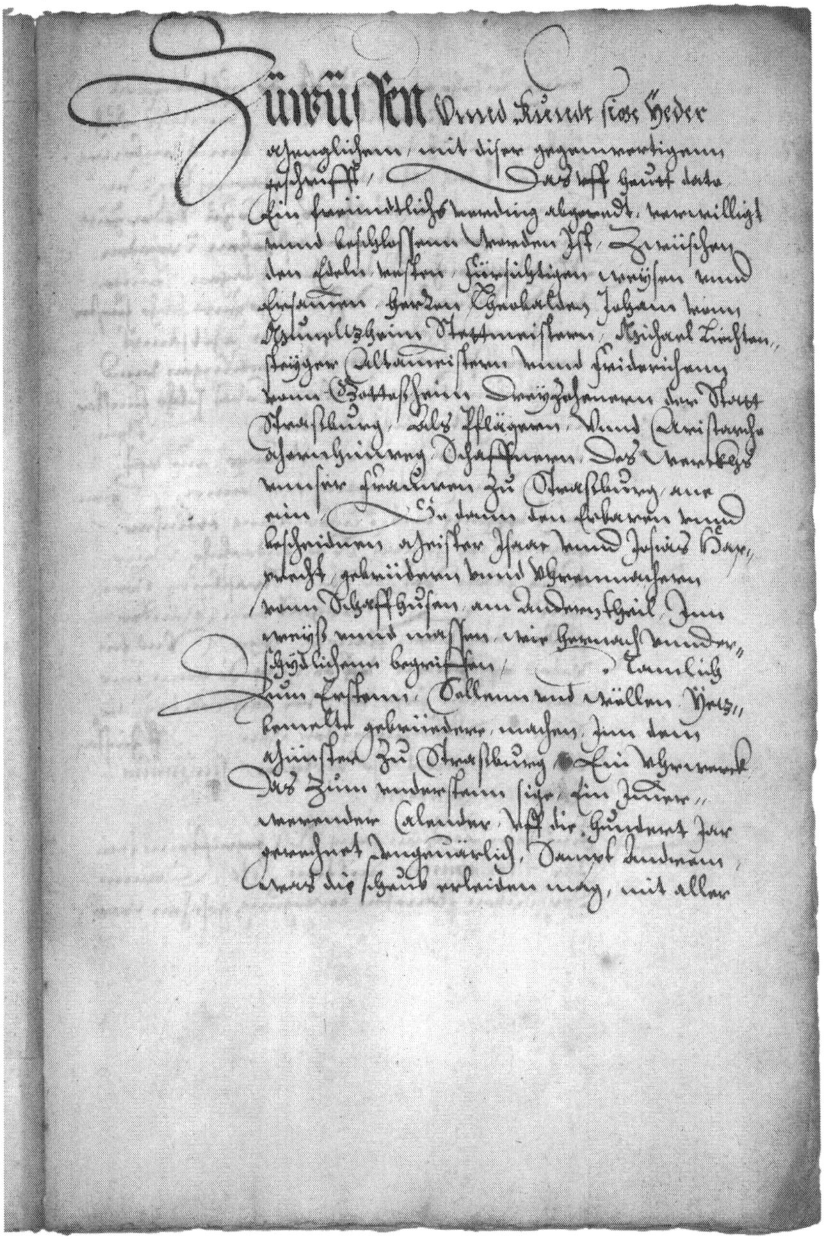

Archives de la Ville et de l'Eurométropole de Strasbourg, 1 OND 17

Vnnd dweyl obernante Vhren macher / solche Jre Arbeitt / zu Schaffhusen / do sie dann sesßhafftig / zu Volbringen Vorhabens vnnd willenns / wann dann gemeldt werck verfertiget / Soll dasselbig nach Jrem guttbeduncken / durch sie vleyssigk yngemacht Vnnd Jnn Jrem mit vnnd beysein / Jnn des wercks costenn / Alhäre Jnn die Statt Straßburg gefürt / Jnen auch vonn Hauß vß / vnd also Lanng sie Ane solchem werck zu Straßburgk vff setzenn vnd machen / der costen essenn vnnd drincken gegebenn werdenn /

Jtem vnnd soll solch werck / vffs Lengst / Jnn ~~vonn~~ Jars frist / Vonn dato dißer geschrifft anezurechnen / durch bemelte vhrenmacher vßgefertigt / Alhäre gehn Straßburg gefüert / Vnnd nachmahls gleychs Zum Ehestenn vnd Fürderlichsten vffgesetzt werdenn / *[5^{r}]*

Die Seil / gewicht vnnd anders derengleichen / So der Vhrenmacher Arbeitt nit belangenn thutt / sollenn die Pfläger des wercks / kauffenn vnnd betzalenn /

Vnnd wann solch werck vffgesetzt vnnd aller dings vßgemacht / Soll dasselbig durch Zwen vnpartheische Mathematicos besichtiget / Vnnd Jnn dem vmbgohnn / der nothurfft nach / Wargenom*m*en vnnd gerechnet werdenn / Vnnd wann dann Alle grad auch Minuten / vnnd das ganntz Werck / mit den Tabulis Mathematicis Just über einkhom*m*en vnnd kein Fähl befunden / So Jst es ohn Mangelhafft /

Vnnd sollenn nachmahls die Vhren macher schuldig vnnd verbunden sein / Zweyen personen / So die herren Pfläger darzu Ordnen werdenn / Deßgleichen dem Jhenigen der solchenn Vhrenwercks warten / vnnd dasselbig Richten würt / gutte vnnderweysung Zu geben / alle heimlicheitten anzuzeigenn vnd Zu berichtenn / Welcher massenn *[5^{v}]* dißes wercks Zu Pflegenn / Vnnd Jm Fahl / Wo vonnöttenn / Wie man dasselbig / Zerlegenn / seübern vnnd Anschmüren solle / Damit es nit Jnn verderbung gerathe / Vnnd man solchem köstlichenn werck / mit Vleyß vorstohn möge /

Jtem die Vrlemacher Sollenn auch dißes wercks gutte Redliche wärschafft tragen vnnd gebenn / Zwölff Jar Lanng / Also was Jnn den selbenn Zwölff Jarenn / daran fälen vnnd manglen würde / dasselbig / zu machenn vnnd zu verbessernn / Jnn Jrem costenn / Es were dann sach / das daran Etwas / durch den Vhren warther oder Richter verwahrloßt / würde / Sollenn die Vhrenmacher Entschuldigt sein /

Vnnd Für solchs alles wie obstoth / Sovyl die Vhrenmacher / vnnd Jr zugehörige arbeytt belangt / habenn sie gefordert / Wie Jnnen auch durch die herrn Pfläger vnnd schaffner des wercks vnnser *[6^{r}]* frauwen Zu Straßburg / Zu gebenn bewilligt / Sybenn hundert guld*en [am Rand:* 350 lb*]* / für Jeden fünfftzehenn batzen oder Sechtzigk kreützer gerechnet / Daruff sie yetzundt also bare / vnd Zu ynkgouffung / Zu solchem Werck nottürfftiger Metall / vonn den Herrn Pflägern empfangen / Zwey hundert guldinn gemelter Wehrung / Vnnd vff das aber Mehrangeregt Vhrenn werck durch gedachte vhrenmacher obgehörter massenn gemacht vnd verfertigt / Ouch dessenn wärschafft getragen werde / Habenn sie den herrn Pflägern / Zu Einem Rechten wahren Bürgen vnnd selbs schuldner ernennt / geben vnnd dergestellt / den Ersam*m*en Conradt Meyger / Schaffnern der Cartheüser herren Zu Straßburg Jren Vettern / Welcher auch also Bürg mit vnnd selbs schuldner wordenn Jst / Sechs Jar Lanng vnd nit Fürbaß /

Vnnd vff das aber Jnnen den Vhrenmachern / dises geschäfft desto baß Zu vertruwenn / haben sie sich erbotten / von Jrer Oberkgeitt *[6v]* Einem Ersam*m*en Rath Zu Schaffhusen glaubwürdig kondtschafft vß Zubringen / das sie solcher Jrer Kunst vnd handtwerckhs wol geübt vnnd Erfaren sigent /

Haruff / haben beide Erstgenante gebrüedere Jsaac vnd Josias Happrecht die Vhrenmacher bey handtgebender truwen gelopt vnd versprochen / Alles obstoth / sie berürende / wahr / Stett vnd vest Zu hallten / dem selben Zu geleben vnd nachzukhom*m*en / Mit verzyhung vnd begebung Aller vnd Jeder Exception schirm vnd Freyheit / Deren sie sich hiewid*er* behelffen könthen oder möchten / Jnn welchen weg das were / Geuerde / Betrugk / List vnd alle vntreüw / hierinn gäntzlich vermitten / vßgeschlossen vnd hindan gesetzt / Hiebey vnnd mit als erbettene vnd diser sachenn verstendige / sindt gewesen / Die Ehrnuesten hoch vnd wohlgelerthen / herrnn Michael Beütter vnd Laurentius Tupius beyde der Rechten Doctores / vnd Magister Conradus Dasypodius Mathemathicus / Dessen Alles Zu Einem vesten warenn vrkhundt vnnd gezeügnuß / sindt disser geschrifften Zwo / vonn wort Zu worth gleich Luttend / mit Einer handt gefertigt / Vnnd mit aller der obgenanten *[7r]* personen selbs eygnenn handen Vnderzeichnet / Vnnd yeder parthey Eine behändigt / Vnnd geben vff Donnerstag nach Jacobj Apostolj den Sechs vnd Zwentzigsten tag Julij / Als man Zalte / vonn Christj vnnsers Liebenn herren vnd Heylandts geburth / Dausendt Fünff hundert Sybentzigk vnnd Eins //

Jch Diebold Joham von Mundolßheim pfleger des wercks vnßer Frauen Zu Strasburg Bekhenne wie Obstatt /

Jch Michael Liechtensteiger bekhenne auch als pfleger wie Oblauth //

Jch Friderich von Gottesheim pfleger Bekenne Gleicher weis //

Jch Aristarchus Mornhinweg schaffner beken*n*e als oblauth //

Jch Jssac habprecht bec kenne vnd ver beinde Meicht Wij ob ge schriben stath mith dißer meiner eignen hand ge schrift // *[7v]*

Des glichen ouch ich Josiaß Habprechtt Mitt diser miner Eygenen hand //

Jch Conrad*en* Maier obgedacht / Bekhenne mit gegenwärtiger mainer handschrifft / das jch vff jtzgemelter mainer Vettern pitt vnnd begeren / Bürg / mit vnnd selbs schuldner worden / Sechs jahr lang wie oben gemeldet /

Hilarius Meyger Sacra Jmperialj auct*oritate* publicus / Necnon Venerabilis Curiä Episcopalis Argen*tinensis* (in Contractibus) Notarius Juratus omnia praemissa attestat*ur* / et in fidem Manu sua p*ro*pria

3. Einnahmenaufstellung Isaac Habrechts

Es existieren eine Abschrift (Straßburg, Bibl. nationale et universitaire, Ms. 1.565) und ein Abdruck des 18. Jahrhunderts (M. Edel 1777, 204–206), außerdem eine Ausgabe des 19. Jahrhunderts (Fr. Edel 1843, 22f.) und eine Abschrift der Handschrift des 18. Jahrhunderts von Frédéric Wagner aus den 1930er Jahren (Straßburg, Archiv de la ville et de L'Eurometropole, Z_23_16–19). Keiner der Texte stimmt orthographisch ganz mit dem anderen überein. Da Friedrich Edel vermerkt, er habe den Text nach dem in seinem Besitz befindlichen, von Habrechts eigener Hand stammenden Originalblatt wiedergegeben (möglicherweise benutzt er aber auch die Abschrift seines Vaters), folgt der untenstehende Text seiner Version; inhaltlich relevante Abweichungen gibt es keine.

Jtem ich han ein vrwerck verdeingth zu Straßburg ins münster namlicht vm 700 gulden im thuseth fünf hunderth vnd ein vnd siebzig Jor.

Zu deisem werck hab ich mer gemach weder verdeingth ist zu ersten den monschein vf den Fronhof mith der kugel 10 . . kronen.

Mer dei scheiben im Kalender, dey in hunder Jaren nur einmol vmgot, sunst tät ich nur ein Zeiger gemacht han, daran han ich verdeint als vil als an dem monschin.

Witer han ich gemacht den feirtel Zeiger, sunst täthen dei 4 alter zeigel han, daran han ich verdeint 4 gulden.

Darnach zog ich widerum heim gen Schaffhusen und machet in das werck den meridyan vnd dey Reder vnd reing darvf dey Zeiger gand, vnd seind der Reder 15, vnd das ist auch nith ins werck verdeing, daran hab ich verdeinth 100 kronen.

Witer den Salvater das er vßzen kompth wan der thoth geschlagen hat, daran han ich verdeinth 8 kronen.

Wytther han ich ander deing gemach das das Vrwerck nith belangth, zum ersten das gelender wey der schnegen ein end hat vnd man zu dem vßeren Zeigerwerck geth vnd das vser us der blaten vnd das überzwerch oben am schnegen wei man zu den h. bilderen yngeth dei wegend ein zenner vnd drü stangen jn der schnegen 4 kronen für das.

Wither han ich ein Krantz gemacht vm die Rundelen wo dei veir alter vmgand mit yly, der han ich verdein 2 kronen.

Mer han ich ein schilt vnd ein gilyri gemacht der stat vornhen vf eim eisen sturz, daran han ich verdeinth 7 kronen.

Mer hab ich gemacht an dem schnegen ein nüwen gater oder thür, wei man zu den Redern dei Calender scheiben geth, daran han ich verdeint 2 kronen.

Wither an deme Kasten wey dei gewicht yn gand 10 clamer darvf er stat vnd zwo thüren daran gehenck, daran han ich verdeinth kronen.

Mer han ich 11 clamer gemacht zu den zweien Wenden darinn der Calender got, mer struben zu den liften daran 12 han ich verdeint 2 kronen.

Mer den vndern gang bi dem Asterlabi, daran han ich verdeinth 4 kronen.

Johann Fischart: *Eigentliche Fürbildung vnd Beschreibung* (1574)

hg. von CHRISTIAN KIENING

Zur Fertigstellung des Uhrwerks brachte die Straßburger Offizin von Bernhard Jobin einen großformatigen, auf zwei Bogen gedruckten Holzschnitt heraus, auf dem der bekannte Elsässer Maler Tobias Stimmer, verantwortlich für die bildkünstlerische Ausgestaltung der Uhr, einen detaillierten frontalen Aufriss des Werks bietet. Er ist begleitet von einem Text, 308 paargereimte Verse, die in zwei langen Kolumnen à 148 Verse links und rechts sowie vier kurzen Kolumnen à vier Verse unterhalb des Bildes angeordnet sind. Autor des Textes ist der überaus produktive und kreative Straßburger Schriftsteller Johann Fischart genannt Mentzer (1546/47–91), der im gleichen Jahr in Basel zum Doktor beider Rechte promoviert wird und im Folgejahr die erste Fassung seiner dann immer weiter bearbeiteten deutschen Fassung von Rabelais' Gargantua, *betitelt* Affentheurlich Naupengeheurliche Geschichtklitterung, *veröffentlichen wird (vgl. Seelbach 2012). Fischart, der sich am Ende mit seinen Initialen nennt (J. F. G. M.), betont im Text zunächst einleitend, vom Uhrwerk als einem »vollkommen Zeit gemerck« ausgehend, die anthropologische Bedeutung der Zeit und die Wichtigkeit, ihrer eingedenk zu sein. Der Hauptteil beschreibt genau die einzelnen Partien des Uhrwerks. Der Schlussteil hebt noch einmal den Charakter der Uhr als eines göttlichen Wunders hervor, das überaus nützlich und für das Sorge zu tragen sei. Diese Dreiteilung korrespondiert der von Fischart ausgestellten Strukturierung des Uhrwerks in drei Teile mit je drei Unterteilen – gewissermaßen eine potenzierte trinitarische Ordnung.*

Fischarts Text ist eine recht ausführliche Bildbeschreibung, die zwar eine scheinbar klare ternäre Grundstruktur hat, mit ihrer Verwendung von römischen und arabischen Ziffern und Buchstaben aber spätestens dann, wenn Fischart zur »neben zir« kommt, auch verwirrt (Z. 185 »1.« rekurriert zum Beispiel auf Z. 69–74 »1.«). So mochte es der Druckerei von Bernhard Jobin, der Fischarts Schwager war (zu ihrer Zusammenarbeit Brockstieger 2018), geraten scheinen, noch im gleichen Jahr (im Titel: »diß 1574. jar«) eine deutlich schlankere, auf 147 Verse gekürzte Fassung (ohne Fischarts Initialen) herzustellen. Sie verzichtet fast vollständig auf den Anfangs- und den Schlussteil des Gedichts sowie auf verschiedene Details der Bildbeschreibung (s. Hauffen 1908), der Himmelsglobus wird gar nicht erwähnt, im Gefolge dessen auch die Nummerierung geändert. Der Text füllt nun die linke Seite des Einblattdrucks, der Platz für weitere Textpartien, unter dem Holzschnitt und auf der rechten Seite, entfällt.

Die Nachfrage nach diesem Druck war anscheinend so groß, dass wohl noch 1574 mindestens vier Auflagen erschienen und auch danach das Blatt weiter vertrieben wurde – unter Änderung des Titels (aus »diß jar« wird »das jar«). Ein ebenfalls nach 1574 veröffentlichter Neudruck verkleinerte, unter Beibehaltung der 147 Verse, das Format um ein Viertel, er konnte nun auf einem Holzstock

gedruckt werden, die Bibelzitate sind nicht mehr über dem Holzschnitt, sondern rechts davon platziert. Noch einmal verkleinert (10,8 × 7,9 cm) erscheint der Aufriss der Uhr als Frontispiz in Frischlins Carmen *(1575), in Dasypodius'* Warhafftiger Auslegung *(1578 und 1580) sowie in seinem* Heron mechanicus *(1580). Für die postume Ausgabe der Werke Frischlins (1598) wurde hingegen der etwas größere Holzschnitt (ohne die deutschen Verse) in gefalteter Form verwendet. Um und nach 1600 kamen auch zahlreiche neue Einblattdrucke des Uhrwerks heraus (Tanner 1984, 108–110). Wie die früheren dürften sie, als eine Art Führer benutzbar, im Umfeld des Münsters, aber auch anderorts (z. B. in Köln) zu kaufen gewesen sein.*
Die Edition bietet die längere Fassung im Wesentlichen buchstabengetreu. Aufgelöste Abkürzungen erscheinen kursiv (das Wort »Anno« in der Schlusszeile ist schon im Original kursiv). Das lange <ſ> wird als rundes <s> wiedergegeben und vor den Absatzmarken jeweils ein kleiner Abstand eingeführt. Bei den in zwei Rahmen aufgeführten Bibelzitaten aus den Gemälden des Uhrwerks ist die Zeilentrennung des Originals nicht beibehalten.

Erstausgabe (A): Eigentliche Fürbildung vnd Beschreibung des Newen Kunst=|reichen Astronomischen Vrwercks zu Straßburg im Mo̊nster / Diß M.D.LXXiiij. Jar vollendet. [Straßburg: Bernhard Jobin] 1574.
Einblattdruck auf 2 Bogen, 308 vv. – Blattgröße: 57,8 × 44,4 cm; Bildgröße: 51,9 × 29,0 cm. – Weber 1976, Nr. 29; Tanner 1984, Nr. 23. – Ausgabe: Fischart, Sämmtliche Dichtungen 3, ed. Kurz, 383–391 (nach einem defekten, heute nicht mehr auffindbaren Zürcher Exemplar; ohne Wiedergabe des Holzschnitts).

> *Benutzte Exemplare: Straßburg, Bibl. nationale et universitaire, Cabinet Joffre, R.96; Straßburg, Cabinet des Estampes et Des Dessins, Nr. 77.998.0.437 (beschädigt) [Die Exemplare weisen minimale Unterschiede auf, so hat das zweitgenannte bei der Auflistung der Urheber keine Virgel zwischen »Wolckenstein« und »Mathematicos«, bei der Nennung der Parzen ist die Nummerierung verrutscht [v. 242f.]: »2. Des Leben«, »3. Die ander«].*

Zweitausgaben (B): Eigentliche Fürbildung vnd Beschreibung deß newen Künstlichen Astronomi=|schen Vrwercks zu Straßburg im Mo̊nster / diß 1574. Jahr vollendet zu sehen. [Straßburg: Bernhard Jobin 1574] *(B$_1$)*. – Eigentliche Fürbildung vnd beschreibung deß newen Künstlichen Astronomi=|schen Vrwercks zu Straßburg im Mo̊nster / diß 1574. Jahr vollendet zu sehen. [Straßburg: Bernhard Jobin 1574] *(B$_2$)*. – Eigendliche Fürbildung vnd beschreibung deß newen Künstlichen Astronomi=|schen Vrwercks zu Straßburg im Mo̊nster / diß 1574. Jahr vollendet zu sehen. [Straßburg: Bernhard Jobin 1574] *(B$_3$)*. – Eygentliche Fürbildung vnd Beschreibung des Newen Künstlichen Astronomi=|schen Vhrwercks zu Straßburg im Münster diß M. D. LXXiiij. Jar vollendet zu sehen. [Straßburg: Bernhard Jobin 1574] *(B$_4$)*. – Eygentliche Fürbildung vnd Beschreibung deß Newen Künst=|lichen Astronomischen Vhrwercks zu Straßburg im Münster diß M. D. LXXiiij. Jahr vollendet zu sehen. [Straßburg: Bernhard Jobin 1574(?)] *(B$_5$)*.

Straßburg, Bibliothèque nationale et universitaire, Cabinet Joffre, R.96 (Fassung A)

Einblattdruck auf 2 Bogen, 147 vv. – Blattgröße: 56,6 × 37,4 cm; Bildgröße: 51,9 × 29,0 cm (B_5: Text links und rechts des Bildes). – Bordürenrahmen: geometrisch (B_1, B_2, B_3), pflanzlich (B_4, B_5). – Weber 1976, Nr. 30–32; Tanner 1984, Nr. 24 (Zuordnungen jeweils teilweise falsch). – Ausgabe (u. a.): Johann Fischart's Flöhhatz, Weibertratz, Ehezuchtbüchlein, Podagrammisch Trostbüchlein. [...]. Vollständig und wortgetreu hg. von J. Scheible. Stuttgart 1848 (Das Kloster 10), S. 1031–1035.
Benutzte Exemplare: New York, Metropolitan Museum, Inv.-Nr. 2009.157 (B_1); London, The British Museum, 1880,0710.320 (B_2); Braunschweig, Herzog Anton Ulrich Museum, Druckgraphik TStimmer AB 2.8 (B_3); Zürich, Zentralbibl., EDR 2.1574.001 (B_4); Straßburg, Bibl. nationale et universitaire, NIM24595 (B_5).

Ausgaben bald nach 1574 (C): Eygentliche Fürbildung vnd Beschreibung des Newen Künstlichen Astronomi=|schen Vrwerckes zu Straßburg im Münster / das M.D.LXXiiij. Jar vollendet zusehen. [Straßburg: Bernhard Jobin nach 1574] *(C_1)*. – Aigentliche Fürbildung vnd Beschreibung des Newen Kunstlichen Astronomi=|schen Vrwerckes / zu Straßburg im Mo̊nster / das M.D.LXXiiij. Jar vollendet / zusehen. [Straßburg: Bernhard Jobin nach 1574] *(C_2)*.
wie eben (Bordürenrahmen: pflanzlich)
Benutzte Exemplare: London, The British Museum, 1867,0713.98 (C_1); Wolfenbüttel, Herzog August Bibl., Top. 30a: 35 (C_1); Straßburg, Bibl. nationale et universitaire, R.97 (C_2)

Verkleinerte Ausgabe (D): Aigentliche Fürbildung vnd Beschreibung deß Neuen Kunstlichen Astronomi=|schen Vrwerckes / zu Straßburg im Mo̊nster / das M. D. LXXIIII. Jar vollendet / zusehen. [Straßburg: Bernhard Jobin nach 1574].
Einblattdruck auf 1 Bogen, 147 vv. – Blattgröße: 42,4 × 30 cm. – Bildgröße: 37,9 × 21,5 cm. – Tanner 1984, Nr. 24 (Zuordnungen teilweise falsch).
Benutztes Exemplar: Wolfenbüttel, Herzog August Bibl., H: N 180.2° Helmst. (2).

Eigentliche Fürbildung vnd Beschreibung des Newen Kunst=|reichen Astronomischen Vrwercks zu Straßburg im Moͤnster / Diß M.D.LXXiiij. Jar vollendet.

[Eingerahmte Inschrift, links:]
Auß Heiliger Schrift Sprüche / so hin vnd wider bei den gemelden an disem Werck geschriben seind.

Vber der erschaffung der Welt.
Am anfang schůff Gott Himmel vnd Erden. Gen. 1.
Vber der Sünden.
Der Todt ist der Sunden Sold. Rom. 6.
Vber der Wider Geburt.
Die Gabe Gottes ist das Ewige leben / inn Christo Jesu. Rom. 6
Vber dem Triumpff Christi.
Du bist in die hoͤhe gefaren / vnnd hast das Gefengnus gefangen. Psalm. 68.
Vber der Aufferstehung.
Sihe ich will ein newen Himmel vnd newe Erde schaffen. Jesaie. 65.
Wachet auff / vnd rhůmet die vnder der Erden ligt. Jesaie. 26.

[Eingerahmte Inschrift, rechts:]
Vber dem Letsten Gericht.
Komet her jhr Gesegneten meines Vatters / ererbet das reich das euch bereitet ist.
Gehet hin jhr Verflůchten inn das Ewige Fewr. Matthei. 25.
Vber dem Mond.
Wer ist die herfür bricht wie die Morgenroͤte / schoͤn wie der Mond / ausserwelt wie die Sonne.

Calculiert / inns Werck gericht vnd verfertigt / durch Conradu*m* Dasypodium / Dauid Wolckenstein / Mathematicos / vnnd Jsaac Habrecht Vhrenmacher / vnnd durch Thobiam Stimmer gemahlet.

[Sp. a] **W**AS ists? das die fürüber gehn
Vor disem Werck hie also stehn?
Gewiß wird es jn sein ein wunder
Das ma*n* den himel ziecht herunder
Vnd bringt durch künstlicheit zůwegen
Das man die gantz Welt sicht zůgegen.
Ja billich ist es wol ein wunder /
Drumb halt die kunst inn ehren bsunder /
Dan diß ist nicht der Circe kunst
Noch der Medea gmachter dunst /
Welche durch Zauberei außgaben
Den Mon vom Himel gzogen haben:
Sonder es ist ein Gottes gab /
Zů nutz den Menschen gschafft vorab /
Das er sich wiß in dzeit zůschicken
Vnd an Gottes wundern zů erquicken:
Dan je des Menschen halben ist
Die Himelsfeste zůgerist /
Die reitzt jhn auch durch jhre schoͤne /
Das er hinauff schaut / vnd hin såne:
Darum ist auch sein angesicht
Ob sich vor ander Thir gericht:
Auff das er sich wiß gschaffen sein
Nicht von wegen der Erd allein /
Sonder des Himels sonderlich
Weil er hie nicht bleibt ståtiglich:
Sonder ein zeitlang Pilgers weiß /
Drumb hab er acht auff dzeit mit fleiß:
Dan die zeit ist von seinent wegen /
Vnd er der Zeit halb auch entgegen /
Des Menschen lauff regirt die zeit /
Sein thůn ist Zeitlich morn vnd heut /
Jnn der Zeit werben wir vnd sterben
Biß wir die Ewig Zeit erwerben /
Jnn summ die Zeit vnd glegenheit
Jst vnser groͤßte noͤtlichkeit.

¶ Dieweil dan dises künstlich werck
Jst ein vollkommen Zeit gemerck

Wirds kein Wunder / das euch verwunder /
    Vnd wünschet den verstand darunder.
Denselben wunder nun zůmehren
    Vnd den verstand euch zůerklåren
Will ich euch kurtz beschreiben frei
    Was euch darbei zůmercken sei.

¶ So wißt das dises Vrwercks end
    Fürnemlich ist dahin gewendt /
Das nach Astronomischer art
    Die zeit es deitlich offenbart /
Die ab vnd eintheilt vnd ordnirt /
    Vnd den Himel der solchs regirt
Verwåß vnd anmas / so vil müglich /
    Vnd dem gmeinen Man vorstell fůglich.
¶ Es ist aber getheilet ab,
    Jnn drei furneme theil vorab /
Deren jdweders theil auch wider
    Einhalt drei ander stück als glider.

I. Das erst secht jr hie alle schœn
    Gar vnten auff der Erden stehn /
Welchs ist ein Wand / inn derer mit
    Seind drei rund Scheiben eingeschmidt /
Auch zwo gviert Tafeln auff beid seiten /
    Welche die Finsternus andeitten /
Auff künfftig zwei vnd dreissig Jar /
    Die man an Sonn vnd Mon erfahr.

¶ Der Scheiben aber erst gedacht
    Jst ein grősser dan die ander gmacht /
Vnd seind die grőssere außgschnitten
    Das die kleiner gehn inn die mitten.
1. Zehen Schůch ist die grősest hoch /
    Vnd find neun darauß gschnitten noch:
Jst also jre breite bliben
    Eins schůchs lang / vnd gar voll geschriben
Von des Jars Monaten vnd Tagen
    Drumb wir Calenderscheib jr sagen.

2. Die mittel Scheib / so neun schůch hoch /
Vnd inn der mitt außgnommen doch.
Auff drei schůch breit / die haltet ein
All die beweglich fest so sein /
Die wochen vnd die tag deßgleichen
Von eim Hochfest auffs ander reichend:
Vnd ist gemachet solches gar
Eigentlich auff hundert Jar.
3. Die dritt Teutschland verzeichnet hatt /
Vnd dran gebildt Straßburg die Statt:
Vnd dise Scheib steht fest allzeit /
Die andern aber gehn vmb beid /
Dan die grͤost gehet von der lincken
Gegen der rechten hand zůsincken /
Vnd thůt einmal im Jar vmfaren /
Die ander erst in hundert Jaren /
Vnd gehet von der rechten hand
Gegen der lincken vmbgewand.
II. Nun vor der gdachten Scheibenwand /
Secht / wie ein Pellican hie stand /
Der dem Atlas wills Ampt entzucken
Vnd trågt den Globum auff dem rucken:
Das ist die gantze Himels ründ /
Darauff die Circul gmalet sind /
Vnd die gestirnte Himelszeichen /
Darob die Sonn vnd Mon herstreichen:
Vnd geht vmm die gantz Kugel vnten
Einmal in vier vnd zweintzig stunden.
III. Das dritte theil / welchs ich nun schreib
Jst vber der Calenderscheib.
1. Da zihen erstlich auß vnd ein
Jnn einem Himel hell vnd rein
Siben Planeten kunstlich gschnitten
Nach der Poeten bschreibungs sitten
Fein ordenlich her auff den wagen
Nach den siben Wochentagen.
2. Darnach im andern Gaden sind
Auch noch drei stück / die man ergründ.
A. Erstlich ein Astrolabium
Das zeigt des Himmels lauff herumm /

Jnn dessen Centro / mittelm zweck
Der Drach vnd Stundenzeiger steckt /
Deßgleichen nach Gstirnes brauch
Aller Planeten figurn auch.
Vnd die Planeten weisen do
Jr gleich bewegung im Zodiaco:
Der Stunden zeiger aber deit
Die Stund des Tages jederzeit.
Vnd vmb diß Astrolabium
Da stehn künstlich gemalet vmm
Erstlich die vier Jares zeiten /
Darnach vier Complexion zur seiten.
B. Das ander stuck / das steht gleich drauff
Vnder gedachtes Himels lauff
Ein Virteilzeiger / weißt im grund
All die Minuten einer stund.
C. Aber das dritte stück man sicht
Vber des Himels lauf gericht /
Zeigt an das Alter / tag vnd gstalt
Vom Newen Mon / wie er sich halt.
III. Jm dritten Gaden find man wider
Drei stuck / die sehen mag ein jeder.
1. Das ŏberst ist ein Cimbelwerck
Schlăcht etlich Psalmen / die man merck
Auff die fürnemste Fest im Jar /
Ein nutzlich liblich Spil fürwar.
2. Das vnderst bringt her Bilder vir
Bedeiten die vier Alter dir /
All vierteil stund geht eins herfür
Vnd schlăgt sein virteil nach gebür.
Welchs dich erinnern billich soll
Die Edel zeit zůbrauchen wol /
Vnd gleich wie ălter wirst all stund
Also auch klůger werdst jtzund.
[Sp. b] **3.** Das dritt stuck ist zůsehen schŏn /
Welchs inn der mitte dann thůt stehn /
Da komt der Tod / der leidig kund /
Geschlichen alle vierteil stund
[Sp. c] Gegen eim jeden alter her
Als ob er seiner stracks beger:

Dargegen aber über komt
    Der Seligmacher / der vns fromt /
[Sp. d] Vnd jagt jn wider gschwind zůruck:
    Welchs / warlich ist ein tro̊stlich stuck /
Das Christus vns vertritt zůr not
    Wider den vberwundnen Tod /
[Sp. e] Doch laßt den Todt all Stund er / schlagen
    Das wir vns sein all Stund verwagen.
¶ Beineben nun zur rechten hand
    Hat es ein Kasten an der Wand
[Sp. f] Darein gehn all gewicht verborgen:
    Welchs / auff das mans baß ko̊nt versorge*n*
So es die Hund verschlifen spat /
    Hat man an der Ro̊mer Gåns statt
Die sie für Wåchter wol geprüft
    Jns Capitoli Han gestift /
Auffgstelt ein vnsterblichen Hanen
    Zů o̊berst für ein Wetterfanen /
Der helt die Wacht / vnd eh es schlåcht
    Kråht er / vnd schwingt die Flügel recht /
Dem gzimpt das Wåchterampt vil baß /
    Vnd thůts vmsonst / vnd jßt nicht was.
¶ Nun all solch bewegung vnden / oben /
    Die werden gtriben vnd geschoben
Vom mitteln gmeinen Vrenwerck /
    Das man solchs auch im fürgang merck.
¶ Jtzt schreiten wir zůr neben zir
    Dadurch diß Werck scheint meh herfür:
Dan was zirt meh das Edelgstein
    Als so es sauber gfaßt ist ein?
1. Vnd vom Calender anzůfangen /
    Secht jr / wie der ist eingefangen
Mit vir Picturen auff vier ecken /
    Welchs die vir Monarchei entdecken /
Wie die fürbildet Daniel
    Durch Thir / das er jr art fürstell:
Vnd sind Assyrier vnd Perser /
    Die Griechen / vnd die Rombeherscher.
¶ Neben dem steht zůr lincken hand
    Ein Bild / dadurch den Tag verstand /

Welchs / das es auch sein åmptlin trag
Zeigts im Calender an den Tag:
Zůr rechten steht die Nacht gebild /
Die weißt das Jar nur halb erfüllt /
Oder den Tag / darzů noch wol
Ein halbes Jahr verlauffen soll.
A. Vnd das man auß der Finsternüß
Auch bråcht ein Licht vnd fürdernüß /
So hat man ob der Finsternüß
Gemalt mit hellen farben diß /
Nåmlich / die fürnemst Gotteswerck
Dardurch erscheint sein gůt vnd stårck /
Welche zům theil schon seind geschehen
Zům theil sich aber bald zůnåhen /
Die erst weißt wie inn vnschuld frei
Der erst Mensch erschaffen sei.
Die ander stellet für die Sünd
Darein der Adam fül geschwind
Die dritt die Christlich widergburt
Die vns bringt vnser Erstgeburt.
Die virt Christi Sig / vnd erho̊hung.
Die fünft der Toden Aufferstehung.
Die letzt Tafel das Jüngst Gericht:
Darnach o Mensch dich allzeit richt.
B. Auch zimt sich das ich hie berůr
Des Virteilstunden Zeigers zir /
Vnd was daselbs herumm auch ist /
Dan solchs auch scho̊n ist zůgerüst:
Als namlich die zwei Englin beid /
Deren das ein zur rechten seit
Ein Stundglaß inn den hånden halt /
Vnd kehrt es vmb all Stund als bald:
Das ander einen Scepter trågt /
Darmit es so vil streich auch schlågt
Als vil die Glock geschlagen hat.
Zwei Kindlein stehn auch an der statt.
Zů dem zween Lo̊en es auch ziren
Die der Statt Schildt vnd Helm da fůren.
I. Vnd das ich inn vergeß nicht stell
Auch des Gewichtkasten gemål /

So will ich kurtzlich euch bedeiten
Das er ist gmalt auff einer seiten
Mit dreien Weibern / welche spinnen
An einer Kunkel on zerrinnen:
Von welchen die Poeten lehren
Das sie die drei Zeit Gǒttin weren /
1. Dan die erst / die den Flachs außzeucht
Des Lebens anfang man vergleicht /
2. Die ander / die den Faden spint
Das Leben vnd recht alter gründ:
3. Die dritte welche den Faden schneid
Den Tod vnd letztes end bedeit /
Vnd weil sie niman fåln hirinn
Heißt man sie Parcas / Fålerinn /
Auß welchen die drei zeit anfangen /
Zůkunft / gegenwart / das vergangen.
II. Zůr andern seitten stehn drei Künst
Die zům Werck thaten grose dinst /
1. Astronomi / Gstirn kündigung /
2. Geometri / Erdmessigung /
3. Aritmetie / Rechnung der Zal:
Die sich außschwingen allzůmal
III. In der mitte steht fornen her
Das Bild des Traums Nebucadnezer /
Welches jm Daniel leget auß
Auff die vier Monarchei durchauß:
Vnd ist von Gold / Silber / Stal / Eisen /
Die Füs nur Thon vnd eisen weisen.
IIII. Zu vnderst steht ein Anbild hie
Des Nicolai Copernici
Eins glehrten Manns im Gstirn erfaren
Der kurtz inn Preussen lebt vor Jaren /
Vnd ist nach leben dar Visirt
Weil er vmb sein kunst diß Werk zirt.
¶ Weiter so solt jr auch verstehn
Das diß Ghåuß / darein die Werck gehen
Jst von oben biß vnden auß
Von ghawen Stein*en* durchauß:
Vnd das gantz Werck nach seiner Würd
Mit Gold vnd Silber schǒn gezirt.

¶ Also habt jr jetzund vernommen
Den einhalt dises Wercks vollkom*m*en /
Darauß ich laß verståndig Leut
Vrtheiln sein Kunst vnd nutzbarkeit:
Geschweig die zir / die daruon hat
Ein gantz gemein vnd eine statt:
Dann so jener gelehrte Man
Der auß dem Schiffbruch kaum entran
Jnn einer frembden Jnsel kunt
Auß Circkuln / die er am gstad fund
Vnd sah entworffen inn dem Sand
Erachten das er Leut da fand.
Wie vil mehr werden hohe Leut
Ein solche Statt hoch halten heut /
Darinn die kunst so wird geehrt
Das man groß kosten daran kehrt /
Vnd ein solch Werck hat vnderstanden
Dergleich man nicht find inn vil Landen.
Wie hoch die Ro̊mer ein solch Werck
Gehalten hetten / darauß merck /
Das sie Censores aus dem Rhat
(Welchs war der ernsthaftst Magistrat)
Vber das Vrwerk haben gsetzt /
So no̊tig haben sies geschåtzt.
Derhalben kein verståndig Man
Diß Werck wird anders sehen an
Als für ein nutzlich no̊tig stück
Darnach er nicht allein sich schick
Sonder sich kunst halb dran erquick
Vnd Gottes Wunder dran erplick.
Auff das nun jdem wird bekannt
Sein einhalt / wåsen vnd verstand
Hat Bernhard Jobin solcher masen
Hiemit es euch fürmalen lassen / etc.
J. F. G. M.

Mit Ro̊. Keyserlicher May.
Freiheit / auff zehen Jar.

Anno M. D. LXXIIII.

Nicodemus Frischlin: *Carmen de Astronomico Horologio* (1575)

Guilielmus Xylander: *In Horologium Argentinense Schediasma* (1575)

hg., übers. und kommentiert von JULIA FRICK und OLIVER GRÜTTER

Im Jahr 1575 verlässt ein bemerkenswerter Druck im Umfang von 43 Blättern die Straßburger Offizin Nikolaus Wyriots. Es handelt sich um ein als carmen astronomicum *angekündigtes Gedicht des angesehenen Späthumanisten Nicodemus Frischlin (zu ihm Strauß 1856, Seidel 2013) über die im Vorjahr eingeweihte astronomische Uhr. Für die neulateinisch-humanistische Verherrlichung der Uhr war der* poeta *Frischlin, der während seiner Studienzeit an der Tübinger Artistenfakultät auch astronomische Vorlesungen bei Samuel Siderocrates besucht hatte (Seidel 2013, 460f.; zu Siderocrates Kühlmann 2017), geradezu prädestiniert: Die Antrittsvorlesung (*Oratio de dignitate et multiplici utilitate poeseos*) des seit 1567 als außerordentlicher Professor für Poetik und Geschichte in Tübingen tätigen Frischlin war jener Würde und jenem vielfachen Nutzen der Poesie gewidmet, die sich beide auch am Anspruch seines zugleich artistisch versierten und didaktisch fundierten* carmen *ablesen lassen.*

Geschult an Vergils Diktion und mit deutlichen Anklängen an die wissensvermittelnde Tradition, an Lukrez und Manilius, präsentiert sich Frischlins Descriptio *der Straßburger Münsteruhr zuallererst als Lehrgedicht (grundlegend: Kühlmann 2016a, 2016b und 2019), das die mechanische Komplexität der Münsteruhr poetisch nachvollzieht, auch wenn deren Bestandteile und Funktionsweise, wie der Verfasser einräumt, gerade die poetischen Qualitäten der lateinischen Sprache (Vokabular und Versbau) öfter herausfordern – sicher auch deshalb ist dem Text eine frontale Darstellung der Uhr zur Orientierung des Publikums beigegeben. Indes geht Frischlins* carmen *über die Vermittlung von mechanischem Wissen weit hinaus: Impulsgebend ist der für den Humanismus kennzeichnende Agon mit der klassischen Antike, deren Errungenschaften und Weltwunder von der gegenwärtigen Uhr überboten würden. Wichtig ist Frischlin auch die heilsgeschichtliche Explikation der Straßburger Münsteruhr, mit der allegorische Figurenensembles (man denke etwa an den Lebensalterautomaten) einem tieferen Verständnis zugeführt werden sollen. Zusammen mit mahnenden Hinweisen auf die rechte Nutzung der Lebenszeit nähern die entsprechenden Partien das Gedicht damit insgesamt dem erbaulichen Schrifttum an. Gleichzeitig sucht der Autor, der sich einer ›Poetik des Staunens‹ (Gess u. a. 2019) verpflichtet weiß, die Nähe zum Epos und bietet – mit dem dramatisierenden Kampf zwischen Christus- und Todes-Figur – innerhalb des Lehrgedichts ein veritables Epyllion (Korenjak 2012).* Imitatio veterum, *horologisch-astronomische und religiöse Didaxe sowie die souveräne Adaption von gattungspoetisch diversen Bezugstexten sind es, die das Gedicht auszeichnen.*

Erstausgabe (= D1): Carmen de astronomico horologio Argentoratensi, scriptum a M. Nicodemo Frischlino Balingensi, Academiae Tubingensis Professore. Item de eodem Schediasma Guilielmi Xylandri Augustani. Straßburg: Nikolaus Wyriot 1575

4°, 43 Bll., A–K^4*, L*^{3}

VD 16 F 2918 und H 4559; benutztes Exemplar: München, Bayerische Staatsbibliothek, Res/4 A.gr.b. 704#Beibd.1, urn: nbn:de:bvb:12-bsb00023984-6

Zweitausgabe (= D2): Liber unus de astronomico horologio Argentoratensi, in: Operum poeticorum Nicodemi Frischlini, Balingensis, [...]. Pars epica. [...]. Straßburg: Bernhard Jobin Erben 1598, S. 39–82 [Holzschnitt der Uhr als Faltblatt zw. S. 38 und 39]

8°, [8] Bll., 486 S.

VD 16 F 2903; benutztes Exemplar: München, Bayerische Staatsbibliothek, Rar. 4620, urn:nbn:de:bvb:12-bsb00071683-3

Die Grundlage der Edition bildet der Erstdruck (D1). Zusammen mit Frischlins Gedicht werden auch die Paratexte sowie das rund 300 Verse umfassende Gedicht Wilhelm Xylanders ediert, die Frischlins Descriptio *flankieren. Lediglich das von Martin Crusius verfasste griechische Gedicht (fol. Bij*^{r}*) bleibt ausgespart, da der Verfasser selbst mit dem anschließenden Geleitgedicht (fol. ij*^{v}*) eine lateinische Übertragung bietet. Der Erstdruck wurde mit dem revidierten Text der* Opera omnia *(D2) abgeglichen, in dem die Paratexte fehlen. Ausgewiesen sind im Apparat nur die sinntragenden Varianten von D2 gegenüber D1.*
*Die Edition bietet einen behutsam normalisierten Text, der sich in der Schreibung dem durch die Klassiker-Ausgaben (*Oxford Classical Texts *und* Bibliotheca Teubneriana*) etablierten Standard annähert, um eine gewisse Zugänglichkeit und Lesbarkeit zu gewährleisten. Wiewohl dies mitunter auf Kosten des historischen Druck- und Erscheinungsbildes geht, scheinen uns entsprechende graphische Einbußen verkraftbar, da beide Drucke in digitalisierter Form zugänglich sind.*

Im Einzelnen gelten für die lateinischen Texte folgende editorische Richtlinien:
Eine Zeilen- bzw. Verszählung wird eingeführt. Zur leichteren Referentialisierbarkeit sind die Abschnitte in Frischlins Descriptio *durchnummeriert.*
Sämtliche Abkürzungen und Ligaturen werden aufgelöst (z. B. Daedalus *für* Dædalus*), die e-caudata (ę) nach der jeweiligen Standardgraphie vereinheitlicht (z. B.* historiae *für* historię*).*
Die Schreibung von u und v richtet sich nach dem jeweiligen Lautwert (bspw. vulnera *für* uulnera*); j erscheint als i.*
Die Groß- und Kleinschreibung des Druckes wird beibehalten. Eigennamen werden immer großgeschrieben.
Die Initialen, die im Erstdruck (D1) die Textanfänge markieren, werden fett wiedergegeben.
Akzente werden nicht übernommen.

CARMEN
DE ASTRONOMICO
Horologio Argentoratensi,
scriptum à
M. NICODEMO FRISCHLINO BALIN-
gensi, Academiæ Tubingensis Professore.
Item de eodem Schediasma Guilielmi Xylandri Augustani.

ARGENTORATI
Excudebat Nicolaus Wyriot,
M. D. LXXV.

Zürich, ETH Bibliothek, RA Rara, Rar 4202: 3

Für die Druckgeschichte der Frühen Neuzeit charakteristische graphische Eigenheiten (z. B. coelum *für* caelum*;* spacium *für* spatium*) und für den Humanismus typische Gräzisierungen in der Schreibung (z. B.* Phaebus *für* Phoebus*) werden beibehalten.*
Die Interpunktion orientiert sich, mit leichten Modifikationen zur besseren Lesbarkeit, an der historischen Setzung im Druck.
Offensichtliche Setzerfehler (z. B. u/n-, ſ/f-Verwechslung u. ä.) werden stillschweigend korrigiert. Fehlerhafte Lesarten von D1 werden auf Grundlage des Textes von D2 emendiert.

Der Übersetzung ist ein Kommentarteil beigegeben, der die wichtigsten und für das Verständnis des Textes notwendigen Sachinformationen aufschlüsselt und Hinweise auf weiterführende Literatur bereitstellt. Mythologisches Wissen wird nach dem DNP (s. u.) ausgewiesen. Daneben enthält der Kommentar stellenweise Angaben zu Frischlins Referenztexten der römischen Antike (Vergil, Ovid, Horaz, Lukrez, Plinius u. a. m.), um den bildungsgeschichtlichen Horizont des Autors und die für seine Descriptio *in Sprache und Stil maßgebenden literarischen Muster sichtbar und nachvollziehbar zu machen.*

Im Kommentar genannte Literatur (zusätzlich zur allgemeinen Bibliographie)

Böker, Johann Josef: Erwin von Steinbach – Ein Baumeister der europäischen Gotik, in: Die Ortenau. Zeitschrift des Historischen Vereins für Mittelbaden 99 (2019), S. 19–40.

Buchner, Edmund: Die Sonnenuhr des Augustus. Nachdruck aus Römische Mitteilungen 1976 und 1980 und Nachtrag über die Ausgrabung 1980/1981. Mainz 1982.

[DNP] Der Neue Pauly. Enzyklopädie der Antike. Hg. von Hubert Cancik u. a. 16 Bde (in 19 Teilbde. u. 6 Supplementbde.). Stuttgart, Weimar 1996–2010.

Dronke, Peter: Integumenta Virgilii, in: Lectures médiévales de Virgile. Rom 1985, S. 313–329.

Evans, James: The History and Practice of Ancient Astronomy. Oxford 1998.

Flood, John L.: Poets laureate in the Holy Roman Empire. A bio-bibliographical handbook. 4 Bde. Berlin, New York 2006.

Fink, Gerhard (Hg.): Q. Horatius Flaccus. Satiren / Sermones. Briefe / Epistulae. Lateinisch-deutsch. Übers. von Gerd Herrmann. Düsseldorf, Zürich 2000.

Frauenfelder, Reinhard: Der ›Große Gott‹ von Schaffhausen, in: Zeitschrift für Schweizerische Archäologie und Kunstgeschichte 22 (1962), S. 48–52.

Frick, Julia: Schriftliche und visuelle *argumenta* im Nachdruck von Thomas Murners *Aeneis*-Übersetzung (Worms 1543), in: Mittellateinisches Jahrbuch 52 (2017), S. 231–260.

Frick, Julia; Grütter, Oliver: Hybride Temporalitäten. Lebenszeit und Weltzeit in Nicodemus Frischlins Beschreibung der Straßburger Münsteruhr (1575), in: Daphnis 49, S. 532–560.

Gindhart, Marion; Marti, Hanspeter; Seidel, Robert (Hg.): Frühneuzeitliche Disputationen. Polyvalente Produktionsapparate gelehrten Wissens. Köln 2016.

Goetz, Werner: Translatio imerii. Ein Beitrag zur Geschichte des Geschichtsdenkens und der politischen Theorien im Mittelalter und in der frühen Neuzeit. Tübingen 1958.

Grütter, Oliver: Nathan Chytraeus: *Fastorum Ecclesiae Christianae Libri duodecim* (1594). Übersetzung und kommentierende Lektüre der Einleitung, in: Neulateinisches Jahrbuch 22 (2020), S. 53–77.

Grütter, Oliver: Johann Spangenbergs *Triumphus Christi heroicus*. Eine humanistische Epitome und ihr reformatorischer Kontext, in: Julia Frick, Oliver Grütter (Hg.): *abbreviatio*. Historische Perspektiven auf ein rhetorisch-poetisches Prinzip. Basel 2021, S. 281–318.

Henkel, Nikolaus: Sebastian Brant. Studien und Materialien zu einer Archäologie des Wissens um 1500. Berlin 2021.

Kaminski, Nicola; De Rentiis, Dina: Art. ›Imitatio‹, in: Gert Ueding (Hg.): Historisches Wörterbuch der Rhetorik. Bd. 4. Tübingen 1998, Sp. 235–303.

Kapp, A. G.: Arabische Übersetzer und Kommentatoren Euklids, sowie deren mathematrisch-naturwissenschaftliche Werke auf Grund des Ta'rīkh al-Ḥukamā' des Ibn al-Qifṭī: III, in: Isis 24 (1935), S. 37–79.

Kiening, Christian: Literarische Schöpfung im Mittelalter. Göttingen 2015.

Koch, Carl: Roma aeterna, in: Richard Klein (Hg.): Prinzipat und Freiheit. Darmstadt 1969, S. 23–67.

Kornrumpf, Gisela: Strophik im Zeitalter der Prosa. Deutsche Heldendichtung im ausgehenden Mittelalter, in: Ludger Grenzmann, Karl Stackmann (Hg.): Literatur und Laienbildung im Spätmittelalter und in der Reformationszeit. Stuttgart 1984, S. 316–340.

Krojer, Franz: Etwas zum Ursprung des Platonischen Jahrs, in: ders.: Astronomie der Spätantike, die Null und Aryabhata. München 2009, S. 49–61.

Loodts, Jaques: Déterminations astronomiques (latitude, longitude, azimut). Brüssel 1954.

Lossau, Manfred: Achates, Symbolfigur der *Aeneis*, in: Hermes 115 (1987), S. 89–99.

Ludwig, Walther: Frischlins Epos über die württembergisch-badische Hochzeit von 1575 und zwei neue Briefe Frischlins, in: Daphnis 29 (2000), S. 413–464

Mairhofer, Daniela; Mazurek, Agata (Hg.): Der ›Oxforder Boethius‹. Studie und lateinisch-deutsche Edition. Berlin 2020.

von Mosch, Hans-Christoph: Augustus und die Macht der Kühe. Myrons Färse und Phidias' Kuh in Rom, in: Jahrbuch für Numismatik und Geldgeschichte 71 (2021), S. 311–386.

Rossini, Orietta: Ara pacis. Nuova ed. ampliata. Milano 2007.

Seyboth, Adolf: Das Alte Straßburg. Vom 13. Jahrhundert bis zum Jahre 1870. Straßburg 1890.

Thomas, Ivor (Hg.): Greek Mathematical Works. 2 Bde. Cambridge, MA 1939/41.

[TMPA] Thesaurus proverbiorum medii aevi. Lexikon der Sprichwörter des romanisch-germanischen Mittelalters. Hg. von Samuel Singer u. a. 13 Bde. Berlin u. a. 1995–2002.

Trachsler, Richard: Wie lang ist *kürzer*? Überlegungen zum *brevitas*-Topos der französischen *mises en prose*, in: Julia Frick, Oliver Grütter (Hg.): *abbreviatio*. Historische Perspektiven auf ein rhetorisch-poetisches Prinzip. Basel 2021, S. 67–83.

Turner, Anthony J.: Zeitmessung, Zeitmessgeräte, in: Lexikon des Mittelalters Bd. 9 (1998), Sp. 515–517.

Vogler, Bernhard: Straßburg, in: Wolfgang Adam, Siegrid Westphal (Hg.): Handbuch kultureller Zentren der Frühen Neuzeit. Städte und Residenzen im alten deutschen Sprachraum. Bd. 3. Berlin 2012, S. 1833–1876.

Vredeveld, Harry (Hg.): The Poetic Works of Helius Eobanus Hessus. Bd. 3: King of Poets, 1514–1517. Leiden, Boston 2012.

Walde, Christine: Art. ›Obscuritas‹, in: Gert Ueding (Hg.): Historisches Wörterbuch der Rhetorik. Bd. 6. Tübingen 2003, Sp. 358–368.

[A ij^r] **Carmen de Astronomico Horologio Argentoratensi, scriptum a M. Nicodemo Frischlino Baligensi, Academiae Tubingensis Professore. Item de eodem schediasma Guilielmi Xylandri Augustani.**

[A ij^r] MAGNIFICIS AC PRUDENTISSIMIS VIRIS MAGISTRATIBUS ET
Senatui florentis Reipublicae Argentoratensis,
Dominis suis omni obseruantia
colendis Salutem.

Si de vestra in literas humaniores voluntate, Magnifici viri, Proceres Amplissimi, et ea, quam in omnes liberalium artium ac disciplinarum cultores habetis, summa humanitate dubitarem, pluribus sane verbis consilii mei, et suscepti laboris rationem mihi reddendam putarem. Sed cum ea sit et aequanimitatis vestrae, et huius libri, quem vobis offero, conditio, ut neque illa dubitationem aliquam in animo meo relinquat, neque hic verbosiorem excusationem requirat, brevitati potius consulendum, quam longo praefationis lenocinio studendum esse censui. Equidem omnis hic labor meus, quantuluscunque est, literariae Reipublicae et cum primis vestrae dignitatis causa susceptus est, non quod illi quicquam ornamenti e meis versibus accedere posse crederem, sed quod liberalitatis et magnificentiae vestrae praedicationem me dignam, et aliis fructuosam, vobisque

Gedicht über das Astronomische Uhrwerk in Straßburg, verfasst von Nicodemus Frischlin aus Balingen, Professor an der Tübinger Akademie. Über das Gleiche ein schnell verfasstes Gedicht von Wilhelm Xylander aus Augsburg.

Den hochstehenden und überaus verständigen Männern, den Amtsträgern sowie dem Rat der blühenden Reichsstadt Straßburg, ihren mit ganzer Hochachtung verehrenswerten Herren zum Gruß.

Wenn ich, hochstehende Herren, bedeutendste Vornehme, an eurem guten Willen gegenüber der humanistischen Literatur sowie an der höchsten Bildung, die ihr als Verehrer aller freien Künste und Disziplinen besitzt,[1] zweifelte, würde ich glauben, dass ich für mein Vorhaben und die aufgenommene Arbeit wahrlich wortreich Rechenschaft ablegen muss. Aber weil der Zustand eurer Gleichmut und dieses Buches, das ich euch darbringe, ein solcher ist, dass jener weder irgendeinen Zweifel in meinem Geist belässt noch eine wortreichere Entschuldigung an dieser Stelle erfordert, habe ich beschlossen, lieber in Kürze verfahren, als mich um eine lange Ausschmückung der Vorrede bemühen zu müssen.[2] Fürwahr ist diese meine ganze Arbeit, wie gering sie auch immer ist, um der Würde der gebildeten Reichsstadt und insbesondere um eurer Würde willen begonnen worden, nicht weil ich glaubte, dass jener irgendeine Zierde durch meine Verse hinzutreten könne, sondern weil ich der festen Überzeugung war, dass die öffentliche Bekanntmachung eurer Freigiebigkeit und Hochherzigkeit sich für mich ziemen, anderen nützen und euch

1 Referiert wird hier auf die *septem artes liberales*, die im Mittelalter und in der Frühen Neuzeit zum grundlegenden Kanon der akademischen Bildungspraxis gehörten.

2 Zum Topos der Kürze, der die Lizenz mitverhandelt, »es eben nicht *kürzer*, sondern *länger* machen zu dürfen«, vgl. Trachsler 2021, 67.

[A ij^v] non ingratam fore certo statuerem. Si enim honeste et liberaliter facta literis ornare, et memoriae posterorum commendare decet: quis me iure reprehendendum putet, quod ego novam istam Horologii Astronomici fabricam, quae vestra liberalitate, in summo Templo urbis vestrae, nuper excrevit et multis admirandis operibus constructa atque exornata est, versibus non modo celebrandam, sed etiam describendam mihi sumserim? Poetae veteres, cum huiusmodi argumentis, in quibus ingenia sua exercerent, temporum iniquitate destituti essent aut fabulosa tantum de Diis suis prodiderunt, ut Hesiodus, et prior ipso Orpheus; aut res fictas, tanquam gestas, descripserunt, ut Homerus et Virgilius; aut obscoena et turpia proposuerunt, ut Catullus et Ovidius; aut ludicra et ridicula versibus celebrarunt, ut Martialis et Statius. Quod si igitur hoc illis laudi datur an mihi vitio vertendum, quis putet, quod ingenii mei vires, in re gravi et utili, exercere volui? Etenim ea novi huius operis est praestantia et claritas, ut non tantum animos doctorum Virorum in sui admirationem rapiat, sed etiam ineruditorum hominum et vulgi ipsius oculos afficiat, et plane in stuporem quendam convertat. Describit enim haec machina non modo singulorum temporum momenta, et horarum quartas, ipsasque horas tam inaequales, quam aequales, sed singulos etiam, cuiusque hebdomadis et mensis, dies,

nicht unangenehm sein würde. Wenn es nämlich schicklich ist, Geschehnisse ehrenhaft und angemessen in literarischer Form auszuschmücken und (der Erinnerung) der Nachwelt zu überliefern, wer wird mich mit Recht für tadelnswert halten, weil ich es auf mich genommen habe, diesen neuen Bau der astronomischen Uhr[3], der dank eurer Freigiebigkeit im höchsten Heiligtum eurer Stadt neulich emporgewachsen und aus vielen wunderbaren Apparaturen zusammengesetzt und geschmückt ist, nicht nur in Versen zu feiern, sondern auch zu beschreiben? Weil den alten Dichtern aufgrund der Ungunst der Zeiten derartige Stoffe, an denen sie ihren Scharfsinn hätten üben können, fehlten, brachten sie entweder nur Fabeln über ihre Götter hervor wie Hesiod[4] und, früher als dieser, Orpheus;[5] oder sie beschrieben erdichtete Geschichten gleichsam als historische Ereignisse wie Homer und Vergil;[6] oder sie legten Unanständiges und Schändliches vor wie Catull und Ovid;[7] oder sie feierten Scherzhaftes und Lächerliches in Versen wie Martial[8] und Statius[9]. Wenn man nun aber jenen das zum Lob auslegt, kann dann etwa jemand auf den Gedanken kommen, es müsse mir zum Tadel gerechnet werden, dass ich die Kräfte meines Talents in einer ernsthaften und nützlichen Sache anwenden wollte? Denn die Vortrefflichkeit und der Glanz dieses neuen Werkes ist derart, dass es nicht nur die Herzen gelehrter Männer zu seiner Bewunderung hinreißt, sondern auch die Augen der ungebildeten Menschen und des Volkes selbst affiziert und geradezu in vollkommenes Staunen verwandelt.[10] Dieses Gerät nämlich beschreibt nicht nur die ›Momente‹ der einzelnen Zeiten und die Viertel der Stunden,[11] die gleich und ungleich langen Stunden, sondern stellt auch die einzelnen Tage jeder Woche und jeden Monats vor Augen;

3 Die neugebaute Straßburger Münsteruhr wurde am 24. Juni 1574 erstmals in Gang gesetzt.

4 Der griechische Dichter Hesiod verfasste mit der *Theogonie* eine kosmogonisch ausgerichtete Dichtung, die mythologische Stoffe verarbeitet (wie auch z.T. dessen Schrift *Werke und Tage*). Hesiods Werke bilden die zentralen Referenzpunkte für die antike Lehrdichtung.

5 Metonymischer Verweis auf die Dichtung, die mit der Figur des mythischen Ursängers Orpheus verbunden ist (vgl. Ov. *met.* 10,1–105; Verg. *georg.* 4,281–566) und mythisch-kosmogonische Stoffe zum Inhalt hat.

6 Hier wendet sich Frischlin gegen die in der antiken und mittelalterlichen Kommentierung verbreitete Ansicht, die *Ilias* Homers und die *Aeneis* Vergils als Epen historischen Gehalts zu verstehen, die geschehene Ereignisse in poetischer Gestalt beschreiben (vgl. Dronke 1982).

7 Die Anspielung zielt auf die Liebeslyrik der antiken Dichter Catull und Ovid (v.a. *Amores*), die aufgrund ihres z.T. explizit erotischen Gehalts als besonders verwerfliche Lektüre erschien.

8 Die Epigramme des römischen Autors Martial dürften hier als satirisch-parodistische Texte aufgrund der ihnen fehlenden *gravitas* Ziel des Spottes sein.

9 Die *Silvae* des kaiserzeitlichen (flavischen) Epikers Statius repräsentieren eine Sammlung von Gelegenheitsgedichten, deren inhaltliches Spektrum gemäß der Genre-Tradition von einer gewissen Disparatheit gekennzeichnet ist.

10 Zum *stupor* als Beschreibungskategorie für die Apparaturen und die künstlerische Ausstattung der astronomischen Uhr siehe auch die *Descriptio*, v. 366.

11 Der lat. Terminus *momenta* als Indikator für ein bestimmtes Zeitintervall entstammt der mittelalterlichen Zeitmessung. Dazu gehören die gleich langen und ungleich langen Stunden (Stunden der Licht- bzw. Nachtzeit; nach antikem Vorbild). Vgl. Turner 1998, 515–517. Zu den Detailangaben siehe die *Descriptio*, vv. 328f.

[A iij^{r}*]* Lunae item illuminationes, et spacia menstrua, tum Solis, et omnium Planetarum medios motus in Ecliptica; praeterae anni totius et coeli revolutionem integram; denique perpetuum et admirandum Calendarium, in centum annos accuratissime digestum re praesentat, ut nihil interim de pulcherrimis rerum maximarum simulachris et corporibus automatis, nihil de Parergis innumeris, nihil de solariis artificiosissimis, nihil de picturis elegantissimis dicam, quibus praecipuae historiae ab initio mundi ad finem eiusdem in toto opere delineatae continentur.

Quarum omnium rerum diligens et accurata descriptio quantum, non dicam ad historiae cognitionem quae in omni vita necessaria est, aut ad morum et honestatis doctrinam, sed ad Mathematica et Astronomica studia pertineat, atque conducat, eruditi facile intelligunt. Atque utinam profecto tantum utilitatis ac fructus legentibus offerat, quantum laboris et difficultatis mihi scribenti exhibuit. Fuit enim partium singularum istius fabricae descriptio, tum per se difficilis, tum praesertim ei, qui et longius ab opere ipso abfuit, neque id subinde ob oculos habere potuit, et alioquin in hac scribendi facultate caeteris Germaniae Poetis longe inferior est, tum vero ob ipsam rerum, quae in hac machina continentur, sublimitatem, et admirandam varietatem, per quam laboriosa. Nam ea est huius Horologii ratio, ut hominem attentum, ac probe oculatum

ebenso die Leuchtphasen des Mondes und seine monatlichen Bahnen; dann die mittleren Bewegungen der Sonne und aller Planeten in der Ebene der Umlaufbahn (Ekliptik); außerdem den vollen Umlauf des ganzen Jahres und des Himmels; schließlich bietet das Gerät ein unablässig fortlaufendes und bewundernswertes Kalendarium, für hundert Jahre auf das Genaueste eingeteilt, um vorerst nicht zu sprechen von den wunderschönen Abbildern der größten Dinge und den sich aus eigenem Antrieb bewegenden Körpern, nicht von den unzähligen Nebenfiguren, nicht von den ausgesprochen kunstvollen Sonnenuhren, nicht von den äußerst geschmackvollen Gemälden, in denen die besonderen Geschichten der gesamten Schöpfung vom Anfang der Welt bis zu ihrem Ende aufgezeichnet und enthalten sind.[12]

Wie sehr die gründliche und sorgfältige Beschreibung all dieser Dinge, ich will nicht sagen zur Kenntnis der Geschichte, die im gesamten Leben unabdingbar ist, oder zur Lehre der Sitten und Sittlichkeit, sondern zu den mathematischen und astronomischen Studien gehört und beiträgt, erkennen die Gebildeten leicht. Und möge sie [sc. die Beschreibung] den Lesern tatsächlich so viel Nutzen und Gewinn einbringen, wie viel Mühe und Beschwerlichkeit sie mir als Schreibendem bereitet hat. Denn die Beschreibung der einzelnen Teile dieses Kunstwerks war schon an sich schwierig, erst recht aber für denjenigen, der weiter von diesem Werk entfernt war und dieses nicht unmittelbar vor Augen haben konnte,[13] und der auch sonst hinsichtlich der Schreibfähigkeit anderen Dichtern der Germania weit unterlegen ist. Dann aber war die Beschreibung wegen der Erhabenheit und bewundernswerten Vielfalt der Dinge selbst, die in dieser Anlage enthalten sind, überaus arbeitsreich. Denn die Konstruktion der Uhr ist solcherart, dass sie einen aufmerksamen sowie genau hinsehenden Menschen

12 Anspielung auf die Ausstattungselemente der Uhr, die in der *Descriptio* ausführlich präsentiert werden, s. Kap. 11 (*Picturae omnis generis*).

13 Frischlin bekleidete zwischen 1567 und 1582 eine außerordentliche Professur für Poetik und Geschichte in Tübingen.

[A iij^{v}] requirat, et laudum suarum praeconem ad omnes literarum angulos revocet. Quis enim globum coelestem, rotas calendarii, Lunae illuminationes et inaequales Planetarum motus in Astrolabio mobili, sine Astronomia intelliget? Quis siderum naturas, et motuum differentias, ac proprios effectus sine Physica et Poetarum diligenti lectione versibus describet? Quis solaria, eorumque usum sine Geometria et Sciographia dilucide explicabit? Quis discrimina aetatum, et Christi cum morte certamen, sine naturae cognitione et Theologiae lumine utiliter exponet? Quis tot picturas, tam affabre fictas atque pictas, sine Historia enarrabit? Quis denique tot praeclarorum hominum, qui in hac fabrica elaborarunt, laudibus percensendis sufficiet, nisi ingenio singulari et plane subacto sit praeditus? Quibus omnibus cum ego destitutum me esse probe agnoscerem, dici non potest, quantum laboris et studii haec lucubratio postulaverit. Omnium vero maxime huius descriptionis difficultatem auxit operis ipsius novitas. Cum enim neque Horologia nostra veteribus agnita fuerint, neque Astrolabiorum idem usus, neque ullibi res huiusmodi descriptae aut versibus expositae reperiantur, ego neminem ex tota vetustate habere potui, cuius non dicam elocutionem, et loquendi formulas, sed inventionem imitari licuisset. Cui incommodo etiam hoc accessit, quod, ut res novae, ita etiam rerum vocabula

erfordert und den Künder ihres Ruhms in alle Winkel der Literatur ruft.[14] Wer nämlich wird den Himmelsglobus, die Kreisbahnen des Kalendariums, die Leuchtphasen des Mondes und die ungleichmäßigen Umlaufbahnen der Planeten im beweglichen Astrolabium ohne Kenntnis der Astronomie begreifen? Wer wird die Natur der Sterne, die Unterschiede ihrer Bewegungen und die ihnen eigenen Kräfte ohne Kenntnis der Physik und die sorgfältige Lektüre der Dichter in Versen beschreiben? Wer wird die Sonnenuhren und ihren Gebrauch ohne Kenntnis der Geometrie und Sciographie[15] verständlich erklären? Wer wird die Unterschiede der Zeitalter und den Kampf Christi mit dem Tod ohne Kenntnis der Natur und das Licht der Theologie nutzbringend darstellen? Wer wird so viele Bilder, so kunstvoll geformt und gemalt, ohne Geschichtswissen im Einzelnen beschreiben? Wer wird schließlich der Aufgabe genügen, so vielen berühmten Männern, die an diesem Kunstwerk gearbeitet haben, Lob abzustatten, wenn er nicht mit einem einzigartigen und vollständig gebildeten Geist begabt ist? Weil ich redlicherweise erkannte, dass ich von allen diesen Eigenschaften frei bin, kann man nicht sagen, wie viel Mühsal und Eifer diese Arbeit erfordert hat. Aber am meisten von allem erhöhte die Neuartigkeit des Werkes selbst die Schwierigkeit seiner Beschreibung. Weil nämlich weder unsere Uhrwerke den Alten bekannt gewesen sind noch der Gebrauch von Astrolabien, weil sich nirgends derartige Dinge beschrieben oder in Versen dargelegt finden, konnte ich niemanden aus dem ganzen Altertum heranziehen, nicht nur dessen Beredsamkeit und Sprachformeln, sondern noch nicht einmal dessen Erfindung nachzuahmen möglich gewesen wäre.[16] Zu dieser Beeinträchtigung kam überdies, dass gemäß der Neuartigkeit der Sache auch neue Vokabeln für die Gegenstände

14 Anspielung auf die Anforderungen an die *Descriptio*, die eine Expertise in unterschiedlichen Disziplinen der *artes* voraussetzt (Astronomie, Physik, Geometrie, Theologie u.a.).

15 Die Sciographie (gr. *sciagraphia*) ist eine Methode der Astronomie, die sich auf die Messung von Schattenlängen bezieht, insbesondere in Verbindung mit Sonnen- oder Mondfinsternissen. Durch die genaue Beobachtung und Messung der Länge von Schatten lassen sich Informationen über die Position und den Durchmesser der Himmelskörper ableiten.

16 Hinweis auf die humanistische Praxis der *imitatio veterum* als literarisch-poetischer Maßstab der Zeit. Vgl. Kaminski/De Rentiis 1998.

[A iiij^{r}] nova, et pleraque aspera, atque a natura et suavitate carminis aliena occurrerunt, cuiusmodi sunt: Astrolabium, Horologium, Calendarium, circuli progressionum seu Almiancarath, circuli verticales seu Azimuth, circuli domorum coelestium, horarum inaequalium, Horizon, Aequinoctialis et similia. Quae tamen omnia ego Latinae elegantiae et suavioris soni studio, quantum fieri potuit, ita mitigavi, ut nihil in hac descriptione inesse iudicem, quod merito in reprehensionem incurrat. Dicent fortasse aliqui, me aut prorsus inanem lusisse operam, aut rem, quae facili et plana via expediri potuisset, consulto difficilem atque inviam mihi fecisse.

An non enim ista omnia soluto et genuino orationis genere melius disertiusque exponi poterant a viris eloquentibus, praesertim in ea Schola, quae et copia talium virorum abundat, et oratoriae facultatis laudem et gloriam suo quodam iure sibi vendicat? Equidem non inficias eo, magnam inesse vim ad res obscuras explicandas, et animos hominum permovendos, in soluta et plana oratione. At multo tamen maiorem carminibus inesse, non temere, aut absque ratione statuo. Nam et verba in carminibus graviora, et pulchriora, et metaphorae venustiores, comparationes item crebriores, et exempla liberiora, quam in aliis orationibus, adhiberi solent et possunt. Quibus cum numerorum accedit suavitas, fieri non potest, quin perfectum aliquid

begegneten, und zwar viele holprige sowie dem Wesen und der Anmut des Gedichtes nicht zuträgliche; solcherart sind: ›Astrolabium‹, ›Horologium‹, ›Kalendarium‹, ›horizontale Kreise‹ (*circuli progressionum*) bzw. ›Almiancarath‹,[17] ›senkrechte Kreise‹ (*circuli verticales*) bzw. ›Azimuth‹,[18] ›Kreise der Himmelshäuser‹ (*circuli domorum coelestium*), ›Kreise der ungleichen Stunden‹ (*circuli horarum inaequalium*), ›Horizont‹[19], ›Tag- und Nachtgleiche‹ (*Aequinoctialis*) und Ähnliches. All diese Wörter habe ich im Bemühen um lateinische Eleganz und einen gefälligeren Klang, soweit wie möglich, so geschmeidig gemacht, dass, wie ich glaube, nichts in dieser Beschreibung enthalten ist, was zurecht zum Tadel veranlasst. Vielleicht werden einige sagen, dass ich mich spielerisch einer völlig nutzlosen Aufgabe gewidmet oder eine Angelegenheit, die leicht und eindeutig hätte dargelegt werden können, absichtlich schwierig und unzugänglich gemacht habe.

Oder hätte nicht all dies in einem ungebundenen und natürlichen Stil der Rede besser und wohlgesetzter dargelegt werden können von beredten Männern, insbesondere in dieser Schule, die eine beträchtliche Menge an solchen Männern hat sowie Lob und Ruhm der Redefähigkeit mit gewissem Recht für sich in Anspruch nimmt?[20] Man soll freilich nicht verunklären, dass die ungebundene und gleichmäßige Rede eine große Kraft besitzt, dunkle Sachverhalte zu erklären und die Sinne der Menschen zu erregen.[21] Aber ich glaube dennoch nicht unüberlegt oder ohne guten Grund, dass in der Dichtung eine um vieles größere Kraft liegt. Denn in poetischen Werken finden sich gewichtigere und schönere Wörter, anmutigere Metaphern, zahlreichere Vergleiche und freiere Beispiele, als man sie in anderen Ausdrucksformen üblicherweise anwendet und anwenden kann. Wenn zu diesen Dingen die Anmut des Rhythmus hinzutritt, muss notwendigerweise etwas Vollkommenes

17 Lehnbildung aus dem Arabischen, mathematisch-naturwissenschaftlicher Begriff (*almuquantarat*), auch Höhenparallele genannt. Bezeichnet in der Astronomie jeden dem Horizont parallelen Kreis der Himmelskugel. Vgl. Kapp 1935.

18 Azimut ist ein Begriff der Astronomie, der die Richtung eines Objekts in Bezug auf den geographischen Norden angibt. Es wird verwendet, um den Horizontalwinkel zwischen einem Beobachter und einem Himmelsobjekt zu beschreiben (Winkel zwischen der Meridian- und der Vertikalebene eines Gestirns, vgl. Loodts 1954).

19 Bei der Sonnenuhr handelt es sich um die durch den Mittelpunkt gezogene Linie, die den Mittagskreis in zwei gleiche Halbkreise teilt.

20 Hinweis auf die im Jahr 1538 gegründete Hohe Schule der Stadt Straßburg, die 1566 in eine Akademie umgewandelt worden ist, in der die entsprechenden Fähigkeiten vor Ort ausgebildet wurden. Vgl. Vogler 2012, 1833–1876.

21 Zur historischen Einschätzung der *obscuritas* zwischen *virtus* und *vitium dicendi* vgl. Walde 2003, 358–368.

[A iiij^{v}*]* et absolutum constituatur. Animi vero auditorum venustate carminum plurimum affici, et quasi musico quodam sono incitari solent, firmiusque ea semper in memoria retinent, quae numeris inclusa, quam quae illis libera, et vago quodam orationis circumductu composita sunt. Quo sane factum est, ut Poetarum scripta ex profanis omnium sint antiquissima, et quaedam etiam sine literis, sola memoria ad posteritatem transmissa fuerint. Est igitur verissime a Cicerone scriptum, quod nullius agricolae cultu stirps tam diuturna, quam Poetae versu seminari possit. Sed quid opus est carminum vel sublimitatem vel utilitatem verbis confirmare? Equidem de hoc inter omnes constat, tantam olim versuum et Poetarum autoritatem fuisse, ut sapiens vetustas laudes Deorum, alio orationis genere, quam versibus, celebrandas esse non crederet. Cum ergo vestri Horologii structura coeli ipsius, quod Dei Optimo Maximo sedes est, motus varios, et sidera, eorumque cursus repraesentet: quo nam alio laudationis genere aptius aut dignius illustrari potuisset, quam versibus? Itaque hac una ratione satis me contra illos defensum esse arbitror, qui solutam orationem Poeticae suavitati hac in parte praeferendam fuisse statuunt. Et quoniam honori vestro qualicunque mea opera inservire, et publicae utilitati hac lucubratione consulere volui, neminem e sapientibus fore iudico, qui laborem hunc meum aut temere susceptum,

und Abgeschlossenes entstehen. Denn die Sinne der Zuhörer pflegen, durch die Anmut der Dichtungen am meisten angeregt und gleichsam durch einen gewissen musischen Klang ergriffen zu werden, und sie behalten dies immer sicherer im Gedächtnis, was in Verse gefasst ist, als das, was für jene in freier und gleichsam ausschweifender Ausdrucksweise formuliert ist.[22] Deshalb ist es in der Tat geschehen, dass die Schriften der Dichter aus dem weltlichen Bereich von allen die ältesten und manche sogar ohne Niederschrift, allein über das Gedächtnis der Nachwelt überliefert worden sind.[23] Sehr wahr hat also Cicero geschrieben, dass eine Pflanze mittels Kultivierung durch einen Bauern niemals auf so lange Zeit hin gesät werden könne wie durch die Verse eines Dichters.[24] Warum aber ist es nötig, entweder die Erhabenheit oder Nützlichkeit von Gedichten mit Wörtern zu bekräftigen? Fürwahr steht diesbezüglich unter allen fest, dass das Ansehen der Versform und der Dichter einst so groß gewesen ist, dass das weise Altertum glaubte, das Lob der Götter dürfe in keiner anderen Art der Rede als in Versen gefeiert werden. Weil also der Bau eures Uhrwerks als Bau des Himmels selbst,[25] welcher der Sitz des höchsten und besten Gottes ist,[26] unterschiedliche Bewegungen und Sterne sowie deren Umläufe vergegenwärtigt – durch welche andere Art des Lobpreises hätte es passender oder würdiger verherrlicht werden können als in Versen? Deshalb glaube ich, mich auf diese eine Weise gegenüber jenen genügend verteidigt zu haben, die der Überzeugung sind, dass die ungebundene Rede in diesem Fall der poetischen Anmut vorzuziehen gewesen wäre. Und weil ich wollte, dass meine Werke, sei es auch nur ein wenig, eurem Ansehen dienen und dem öffentlichen Nutzen durch diese Arbeit zugutekommen, glaube ich, dass es niemanden von den Weisen geben wird, dem diese meine Mühe entweder als unbedacht aufgenommen

22 Verweis auf die Leistungsfähigkeit der Versform unter memorativen Gesichtspunkten. Vgl. dazu die im Mittelalter und in der Frühen Neuzeit ubiquitäre Praxis, Merkversreihen (sog. *argumenta*) im Kontext der Bildungsvermittlung zu erstellen. Dazu Frick 2017, 231–260.

23 Gemeint sein dürfte eine volkssprachige Tradierung in der Mündlichkeit, die im deutschen Sprachraum z. B. für die weltliche Heldenepik anzusetzen ist. Die Tradition ist im 16. Jahrhundert über die Verbreitung gedruckter Heldenbücher präsent gewesen. Vgl. Kornrumpf 1984, 316–340.

24 Vgl. Cic. *leg.* 1,1: *ATTICUS. Lucus quidem ille et haec Arpinatium quercus agnoscitur, saepe a me lectus in Mario: si enim manet ilia quercus, haec est profecto; etenim est sane vetus. QUINTUS. Manet vero Attice noster et semper manebit: sata est enim ingenio. Nullius autem agricolae cultu stirps tam diuturna quam poetae versu seminari potest* (»ATTICUS: Ja, wirklich, da sieht man das Wäldchen und hier die Eiche von Arpinum; oft habe ich davon im ›Marius‹ gelesen: Wenn es nämlich jene berühmte Eiche noch gibt, dann ist es ganz bestimmt diese hier; denn sie ist tatsächlich sehr alt. QUINTUS: Sicher gibt es sie noch, mein lieber Atticus, und es wird sie immer geben: Denn sie ist aus dem Geist erschaffen. Kein Bauer aber kann mit seiner Pflege einem Gewächs ein so langes Leben geben, wie es der Dichter mit seiner Verskunst vermag«); Text und Übers. nach Rainer Nickel: Marcus Tullius Cicero. De legibus / Über die Gesetze. Paradoxa Stoicorum / Stoische Paradoxien. Lateinisch–Deutsch. Düsseldorf ^{3}2004.

25 Constructio apo koinou: Frischlin bezieht *structura* sowohl auf *Horologium* als auch auf *coeli ipsius*.

26 Der christliche Gott wird mit einer für die humanistische Literatur der Zeit typischen Formel bezeichnet, die in der lateinischen Tradition dem paganen Gott Jupiter gilt (*Deus Optimus Maximus*). Zu dieser poetischen Praxis, die auch in Frischlins *Descriptio* durchgängig zu beobachten ist, vgl. Henkel 2021, 147f.

[B jr] aut frustra collocatum esse existimet. Cum enim hoc tantum opus vestrae Reipublicae maximis impensis, publici commodi, et praesertim studii Astronomici illustrandi causa adornatum sit, minime committendum putavi, ut tam praeclari operis structura in uno templi vestri angulo lateret, sed omnibus mihi viribus in id elaborandum censui, ut publici iuris fieret, et aliqua eius utilitas ad plurimos homines longe lateque perveniret. Videmus enim hac extrema mundi senecta politiorem literaturam, et sublimiora artium ac disciplinarum studia paulatim vilescere, et hominum nostrorum animos aut ad luxum et voluptates rapi, aut ad quaestuosas artes et splendida pecuniarum aucupia converti. Nam hodie

dat Galenus opes, fulvum dat Bartolus aurum:
haec Ianus summus ab imo
Perdocet: haec pueri recinunt dictata, senesque,
Laevo suspensi loculos tabulamque lacerto

quemadmodum alibi de suis Romanis Horatius conqueritur. Artes autem humanitatis, et Mathematica studia minus ubique florere, nec nisi a paucissimis excoli videmus. Solet enim pueritia ea, quae a superiorum ordinum hominibus negligi et contemptim haberi videt, ipsa etiam negligere atque contemnere, quemadmodum longo iam usu et quotidiana experientia docemur. Quare vestro exemplo, viri Magnifici, atque amplissimi Proceres, aliorum magistratuum animos

oder als vergeblich verwendet erscheinen dürfte. Denn weil dieses ganze Werk ausgestattet worden ist, um den höchsten Aufwand eurer Reichsstadt, den öffentlichen Nutzen und insbesondere das Studium der Astronomie zu präsentieren, hielt ich es keineswegs deshalb für beschreibenswert,[27] damit der Bau eines solch berühmten Werkes in einem Winkel eures Tempels verborgen bleibt, sondern ich war der Ansicht, daran mit allen meinen Kräften arbeiten zu müssen, damit die Öffentlichkeit ein Recht darauf hat und der Ruf von seiner Nützlichkeit zu sehr vielen Menschen weit und breit gelangt. Wir sehen nämlich, dass in diesem letzten Zeitalter der Welt[28] die gepflegtere Literatur, die erhabeneren Künste und das Studium der Disziplinen allmählich an Wert verlieren und dass die Sinne unserer Menschen entweder zum Überfluss und Vergnügen hingerissen werden oder sich zum gewinnmaximierenden Gewerbe und zur Jagd nach glänzendem Geld hinwenden. Denn heute

> gibt Galen Reichtum, Bartolus gibt rötliches Gold:[29]
> Also lehrt Janus beim ersten, beim letzten Torgang, und so schallt's zurück von Jungen und Alten im Chore – Ganz als gingen sie noch mit Griffeln und Tafeln zur Schule (Hor. ep. I. 1,54–56),[30]

wie Horaz sich an einer anderen Stelle über seine Römer beklagt. Denn wir sehen, dass die humanistischen Wissenschaften und das Studium der Mathematik kaum noch irgendwo blühen und nur von sehr wenigen gepflegt werden. Es pflegt nämlich diese Jugend, die merkt, von Menschen höheren Standes geringgeschätzt und verachtet zu werden, auch selbst anderen mit Geringschätzung und Verachtung zu begegnen, wie uns die schon lange bestehende Praxis und die tägliche Erfahrung lehrt. Aus diesem Grund glaubte ich, nach eurem Beispiel, hochstehende Herren und bedeutendste Vornehme, die Aufmerksamkeit der anderen Amtsträger

27 Frischlin überblendet hier für das lat. Lexem *opus* (›Werk‹) die wörtliche und die übertragene Bedeutung, sodass die *Descriptio* metonymisch für die astronomische Uhr selbst steht.

28 *extrema mundi senecta*: Formulierung nach Luther, Genesiskommentar (WA 44: 560; LW,7: 351).

29 *Dat Galenus opes, fulvum dat Bartolus aurum.* Sprichwörtlich in der Bedeutung: ›Medizin und Recht bringen viel Geld ein‹ (TMPA 5,308). Bezug auf den antiken Arzt Galen (2. Jh. n. Chr.) sowie den mittelalterlichen Juristen Bartolus de Saxoferrato (1313–1357).

30 Übersetzung nach Fink 2011. Zur Erläuterung ebd., 327: »Auf dem Forum in Rom gab es mehrere dem Gott Janus heilige Bögen; zwischen dem obersten und dem untersten befanden sich die Stände der Geldwechsler. Deren Ansicht, Geld sei das Wichtigste, wird dem Gott in den Mund gelegt, und alle Welt plappert es nach, wie Schuljungen, die die Worte ihres Lehrers wiederholen.«

[B j^v] mihi excitandos putavi, ut, quanti haec studia facere, et quas in res potissimum sumptus impendere debeant, hoc scripto admoneantur. Cum autem et veteri et novo more receptum sit, ut labores nostros Moecenatum et bonorum virorum patrocinio dedicemus et commendemus, ego certe neminem habui, cui potius, quam vestro ornatissimo ordini hanc descriptionem nuncuparem et consecrarem. Nam et in vestram maxime gratiam scripta est, et vestri clarissimi nominis autoritate, velut Aiacis clypeo, adversus malevolos obtrectatores tutissima esse poterit. Neque enim mihi dubium est, quin omne id, quod mearum virium imbecillitate huic operi decedit, vestrae claritatis magnitudine et magnificentiae splendore compensetur. Quod igitur unum superest, Magnificentias et Amplitudines vestras summis precibus oro atque obsecro, ut hanc operam meam boni et aequi consulant, et eadem benevolentia, qua omnes literas bonas, earumque cultores, me quoque deinceps complectantur.

Datae Tubingae Idibus [13.] Decembris Anno reparatae salutis 1574.

Vestris Magnificentiis,
et Amplissimis dignitatibus
deditissimus
Nicodemus Frischlinus,
Academiae Tubingensis
Professor.

erregen zu müssen, damit sie durch diese Schrift ermahnt werden, wie viel diese Studien zu bewirken vermögen und für welche Angelegenheiten vor allem Aufwand erbracht werden muss. Weil es aber nach altem und neuem Brauch üblich ist, dass wir unsere Arbeiten dem Schutz von Gönnern und ehrenhaften Männern widmen und anvertrauen, hatte ich wahrlich niemanden, dem ich diese Beschreibung lieber als eurem vortrefflichsten Stand zueignen und weihen könnte. Denn sie ist hauptsächlich um euretwegen geschrieben worden und sie wird durch die Autorität eures berühmten Namens wie durch den Schild des Aiax[31] gegen böswillige Neider außerordentlich gut geschützt sein können. Ich zweifle nämlich nicht daran, dass all dies, was diesem Werk durch die Schwäche meiner Kräfte fehlt, durch die Größe eurer Berühmtheit und den Glanz eurer Hochherzigkeit kompensiert wird. Was also allein übrig ist: Ich rufe an und beschwöre eure Magnifizenz und Hoheit mit höchsten Bitten, auf dass sie dieses mein Werk in Gutem und mit Wohlwollen aufnehmen und auch mich fortan mit demselben Wohlwollen wie alle guten Wissenschaften und ihre Liebhaber annehmen mögen.

Gegeben zu Tübingen, an den Iden des Dezember [13.12.] im Jahr des wiedergewonnen Heils 1574.

Euren Magnifizenzen
und den hochstehenden Würdenträgern
ergebenster
Nicodemus Frischlin,
Professor an der Tübinger Akademie.

31 Der eherne siebenhäutige Schild, den der Künstler Tychios für Aiax gefertigt hatte (vgl. die Darstellung bei Hom. *Il.* 17,125–133).

[B ij^v] AD CIVITATEM ARGENTINAM.

Argentina, urbes inter celeberrima, salve.
Diligo te, colo te, quia multum temporis in te
Discens, profeci, dum nobilitate tenent me
Veteri celebres, Antonius atque Philippus.
Non sinere nomen tibi, sed magis aurea vere es.
In mundo sunt haec: corpus, natura, anima, et mens.
Vitaque, et Ens. indunt vim proxima quaeque priori.
Corpus alit natura, anima hanc tenet, ast animam mens,
Mentem vita fovet, sed vita ligatur ab Ente.
Sic tibi moenia sunt, et opes, populus, proceresque,
Et schola, relligioque: viget prius omne sequenti.
Moenia stant opibus, fovet hos populus, proceres hunc,
Hos schola dat, sed perficitur schola relligione.
Conspicitur signum praestans his, Horologeion,
Moenibus, atque opibus populo sapiente senatu,
Dignum opus, idque scholam spectans, et relligionem.
Dum doctus Dasypus, et Vuolkestaenius, acri
Perficiunt studio, Frischlinus divite vena
Decantat, crevere schola quae germina laeta.
Dum tibi tu curae, sapiens urbs, innuis esse
Praeceptum Domini, vigilando orare iubentis,
Quando nos lateat, qua sit venturus is hora.
Argentina vale, lumen Germanidos orae.
Praefulgens Microcosme. Deus te servet ab hoste!

Martinus Crusius,
Tybingae utriusque
linguae Professor.

An die Bürgerschaft Straßburgs

Sei gegrüßt, Straßburg, berühmteste unter den Städten!
Ich liebe dich, dich verehre ich, weil ich, für lange Zeit dein Schüler, (Lern-)Fortschritte gemacht habe, während mich die durch ihre Vortrefflichkeit berühmten Brüder von Werthern, Anton und Philipp,[32] beherbergen. Du hast deinen Namen nicht ohne Grund, in Wirklichkeit aber bist du vielmehr golden.[33]
In der Welt findet sich dies: Körper, Natur, Seele, Geist, Leben und Seiendes. Jedes Folgende verleiht dem Vorangehenden Kraft. Den Körper lässt die Natur gedeihen, diese erhält die Seele, die Seele jedoch der Geist, den Geist nährt das Leben, das Leben jedoch wird vom Seienden gebunden. Dergestalt verfügst du über Stadtmauern, Verteidigungsanlagen, ein Volk, Adlige, eine Schule und Religion: Jedes Vorangehende blüht für das Folgende. Die Stadtmauer besteht dank der Verteidigungsanlagen, das Volk und der Adel unterstützen sich gegenseitig, diese bringt die Schule hervor, vollendet aber wird die Schule durch die Religion. All diesem voran steht unseren Augen als Zeichen das Horologium, ein Werk, würdig der Stadtmauer und Verteidigungsanlagen, des Volkes und weisen Rates, da es Schule und Religion überschaut.
Während die gelehrten Dasypodius und Wolkenstein es [sc. das Horologium] mit unermüdlichem Eifer fertigstellen, besingt Frischlin mit reicher poetischer Ader die blühende Frucht, die in der Schule wuchs. Währenddessen zeigst du, weise Stadt, dass dir die Weisung des Herrn, der befiehlt, im Wachen zu beten, am Herzen liegt, da uns verborgen ist, zu welcher Stunde dieser kommen wird.[34]
Leb wohl, Straßburg, Licht der germanischen Küste, hervorleuchtender Mikrokosmos. Gott möge dich vor dem Feind beschützen!

Martin Crusius
Professor beider Sprachen in Tübingen[35]

---

32 Philipp (1525–1588) und Anton von Werthern (1528–1579) gelangten 1544 in Begleitung des Dichters und Pädagogen Georg Fabricius (1516–1571), der im Jahr zuvor von einer Italienreise mit dem ältesten Werthern-Bruder Wolfgang (1519–1583) zurückgekehrt war, nach Straßburg. Philipp und Anton studierten bis 1554 an dem von Johann Sturm geleiteten Straßburger Gymnasium, und seit 1551 war Martin Crusius, der Verfasser des Geleitgedichtes, ihr Hauslehrer. Vgl. Wolfgang Lippert: Werthern, Dietrich von, in: ADB 42 (1897), 116–122.

33 Der Ortsname *Argentoratum* wird (volksetymologisch) von lat. *argentum* (›Silber‹) hergeleitet.

34 Anspielung auf das Gleichnis von den klugen und törichten Jungfrauen (Mt 24,42).

35 Martin Crusius (Kraus) (1526–1607), eminenter Repräsentant des griechischen Humanismus in Deutschland, der die gesamte Gräzität einschließlich der nachklassischen, byzantinischen und zeitgenössischen Literatur- und Kulturgeschichte berücksichtigte. Ein Stipendium ermöglichte ihm zwischen 1545 und 1551 ein Studium der *artes liberales* am Straßburger Gymnasium. Bis zu seinem Tod war er Professor der Alten Sprachen an der Universität Tübingen. Drei Jahre, nachdem Frischlin sein Lehrgedicht über die Straßburger Münsteruhr veröffentlicht hatte, kam es zum Bruch zwischen C. und seinem ehemaligen Schüler, der in einen wüsten Streit ausartete. Die Gründe für das Zerwürfnis sind (vornehmlich) in Frischlins Reformen des Grammatikunterrichtes zu suchen, die dem ›konservativen‹ Gelehrten C. missfielen. Vgl. Canzik 1999. – Das der lat. Fassung vorangestellte gr. Geleitgedicht steht beispielhaft für C.s Bemühung um humanistische Poesie in griechischer Sprache.

[B iij'] VIRO CLARISSIMO DOMINO MAGISTTRO. NICODEMO FRISCHLINO, POETAE GRAVISSIMO, MACHINAE ASTRONOMICAE A SENATU POPULOQUE ARGENTORATENSIS NUPER MAGNIS SUMTIBUS ERECTAE CELEBRATORI OPTIMO, CHRISTIANUS EGENOLPHUS FRANCOF. SALUTEM.

Qui, Frischline prius vicisti carmine multos,
Nunc (mirum!) ingenio vinceris ipse tuo.
Qui sic? Stelliferas audens transcendere sedes,
Te mira humanis eripis arte plagis.
Salve, o sublimis fabricae clarissime praeco,
Salve non illo, Daedale, Crete minor!
Dum namque aetherios illustras carmine motus,
Sidera quis, Phaebus, Cynthia quisque meant,
Dumque breves vitae ficta sub imagine cursus
Docto et cristatam carmine pingis avem,
Fama tua aetherios pro sidere tendit ad orbes,
Argutaque, mori nescia, voce canit.
Et tecum, ac per te surgens preciosa, tuoque
Munere perpetua machina laude viget.
Ambigo, victricis tribuam utri munera palmae,
Moli, materiam quae dedit, anne tibi.
Parcite mi celebres, si quid delinquo, magistri,
Musa illo maius pondere pondus habet.
Unam se laudat moles, celebresque magistros;
Hos, illam coelo carmina seque vehunt.

Christian Egenolph[36] aus Frankfurt grüßt den hochberühmten Herrn Magister Nicodemus Frischlin, den bedeutenden Dichter und ausgezeichneten Verherrlicher der astronomischen Uhr, die vom Straßburger Rat und Volk jüngst unter Aufwendung hoher Kosten errichtet wurde.

Du, Frischlin, der du zuvor mit deiner Dichtung viele besiegtest, wirst nun – ein Wunder! – selbst von deinem Ingenium übertroffen. Wer ist von solcher Art? Indem du dich erkühnst, die bestirnten Sitze zu überschreiten, entfernst du dich mit staunenswerter Kunst aus den menschlichen Gefilden. Sei gegrüßt, o hochberühmter Verkünder der erhabenen Apparatur, sei gegrüßt, der du nicht geringer bist als der berühmte Daedalus aus Kreta![37] Denn während du im Gedicht die himmlischen Bahnen, auf denen Phoebus und Cynthia[38] je für sich die Gestirne durchlaufen, erklärst, den kurzen Lauf des Lebens im erdichteten Bild[39] und den kammtragenden Vogel[40] im gelehrten Gedicht vor Augen stellst, strebt dein Ruhm über das Gestirn hinaus zu den himmlischen Bahnen und singt, des Todes unkundig, mit klarer Stimme. Indem sie gemeinsam mit dir, durch dich und durch deine Leistung kostbar sich erhebt, blüht die Apparatur in ewigem Lobpreis. Ich schwanke, wem von beiden ich die Gabe der Siegespalme überreichen soll, der wuchtigen Konstruktion, die den Stoff liefert, oder dir. Schont mich, ihr berühmten (Bau-)Meister, wenn ich mich vergehe. Die Muse hat größeres Gewicht als jene. Der gewaltige Bau lobt sich allein und die berühmten (Bau-)Meister; jenen und sich selbst trägt das Gedicht zum Himmel.

---

36 In der Zeit um 1574/75 war Christian Egenolph der Jüngere, Sohn des gleichnamigen berühmten Frankfurter Buchdruckers, bereits verstorben. Der Verfasser des vorliegenden Gedichtes ist daher mit eben jenem Christian Egenolph zu identifizieren, der ein Dichterfreund Frischlins war und hinter dem Ludwig 2000, 423, einen Enkel des älteren Egenolph vermutet (vgl. ebd., 413–464).

37 Vgl. im Kontext unten Anm. 159.

38 Die antiken Gottheiten Apoll und dessen Schwester Diana (mit dem lat. Beinamen Cynthia) stehen für Sonne und Mond, vgl. unten Anm. 86.

39 Vgl. *Descriptio*, Kap. 7 (*Imagines quatuor horae partium, seu Quartarum*).

40 Gemeint ist der Hahn, vgl. *Descriptio*, Kap. 10 (*Gallus in aedicula ponderum*).

[B iij^v] COMPARATIO TURRIS ARGENTORATENSIS, FABRICAE IBIDEM NUPER EXTRUCTAE, EIUSDEMQUE PRAECONIS, EODEM AUTORE.

Annulus ut medium precio minor ambit Iaspin,
Sic turri magnae fabrica maior inest.
Fabrica cur maior turri, qua clauditur ipsa?
Aether subiecto maior et ipse solo est.
Dissimilis ratio, neque enim terra ambit Olympum,
Sed potius coeli vertice tecta iacet.
Turris at exiguae stat moles addita parti,
Fulget et augusti pars quotacunque soli.
Hinc bella orta. Suos minui praevidit honores
Turris, et huic fabricae: ›pars mea, dixit eris.‹
Sed cupida haec laudis, ›nempe es tu terrea‹, dixit,
›Coelum ingens humeris voluo, sed ipsa meis.‹
Vidit ea, et rupit venerandus bella senatus,
Et fabricae, ›tecti pars‹ ait, ›huius eris.
Ius prius huic longos cedit maiusque per annos,
Sit tibi in hac tuto posse latere, satis.
Sed qua maiori cedunt mare terraque coelo,
Laudi haec cessura est hac ratione tuae.‹
Vix haec sopierant grandaevi praelia patres,
Qui nova tentaret praelia, scriptor erat.
Hicque ut maiori certaret laude superbae
Molitus fabricae tristia bella fuit.
Hanque supra ad coelos nixus volitare senatu
Palmae pro voto praemia dante tulit.
Cur ita? Viderunt rapidis obnoxia flammis
Moenia, saxa, arces, turrigerasque domos,
Solos post flammas superesse et vincere vates,
Carminaque extremos spernere sola rogos.

Vergleich des Straßburger Turms und der dort jüngst errichteten Apparatur mit ihrem Lobredner.
Vom selben Autor (Christian Egenolph).

Wie ein Ring von niedrigerem Wert in der Mitte einen Jaspis umschließt, so befindet sich im kostbaren Turm eine noch wertvollere Apparatur. Weshalb ist die Apparatur wertvoller als der Turm, von dem sie selbst umschlossen wird? Der Aether selbst ist erhabener als der unter ihm liegende Grund. Dieser Ansatz ist unstimmig, denn nicht umschließt die Erde den Olymp, sondern sie liegt vielmehr bedeckt vom Himmelspol da. Hier aber steht die gewaltige Last des Turms dem kleinen Teil hinzugefügt und der noch so geringe Teil des erhabenen Grundes erstrahlt. Daraus erhoben sich Zwiste. Der Turm sah voraus, dass man seinen Ruhm schmälern würde, und sagte zur Apparatur: »Du wirst ein Teil von mir sein«. Diese aber, erpicht auf Lob, sprach: »Nun bist du ja irdisch, aber ich drehe auf meinen Schultern selbst den gewaltigen Himmel.« Dies sah der verehrungswürdige Rat, beendete den Streit, und sagte zur Apparatur: »Du wirst ein Teil dieses Gebäudes werden. Das höhere Recht ist zuvor viele Jahre lang von diesem ausgegangen, es genüge dir, darin sicher verborgen sein zu können.[41] Aber wie Meer und Erde dem größeren Himmel weichen, so wird dieser Turm auf die gleiche Weise deinem Lob weichen.«
Doch kaum hatten die ehrwürdigen Väter diesen Streit beigelegt, trat ein Schreiber auf den Plan, der einen neuen Angriff versuchte. Er erregte mit seinem Lob auf die hochmütige Apparatur grimmige Kämpfe,[42] um gegen den größeren Bau zu streiten. Und obwohl er danach trachtete, über diese hinaus bis in den Himmel zu fliegen, trug er den Siegespreis davon, weil der Senat seinem Wunsch entsprach. Warum es so kam? Die Ratsherren sahen, wie Stadtmauer, Steine, Bögen und betürmte Dächer den reißenden Flammen verfallen,[43] dass allein die Dichter nach den Flammen übrig bleiben und als Sieger hervorgehen, dass allein die Gedichte der endgültigen Feuersbrunst spotten.

---

41 Verweis auf den Aufstellungsort der Uhr, der als Platz zur Rechtsprechung diente. Vgl. Frick/Grütter 2021, 534.

42 Vergilische Junktur (*tristia bella*, *aen.* 7,323), hier mit ironischem Unterton: Die *tristia bella*, die in der *Aeneis* im Zusammenhang mit Aeneas' erbittertem wie verlustreichem Kampf um die Herrschaft in Latium stehen, sind hier auf das Wortgefecht von Apparatur und Turm gemünzt.

43 Verweis auf die Vergänglichkeit alles Irdischen angesichts des Jüngsten Gerichts. Vgl. *Descriptio*, Kap. 11 (*Picturae omnis generis*).

[B iiij^{r}] MAGISTER ERHARDVS CELLIUS SCHOLAE TUBINGENSIS PROFESSOR. AD LECTOREM.

Itala gens magnae laudat tecta ardua Romae,
Omnigenis passim tecta petita viris.
Gallia ponte sacri sese spiraminis effert,
Atque sui immensum queritat inde decus.
Tu te sublimem felix Germania tolle,
Argentina tui quod sit alumna soli.
Argentum reliquo quantum praestantius aere,
Teutonicis tantum moenibus illa praeit.
Hanc, velut ipse refert tuus, o Germania, phoenix
Sturmius, in magna maximus urbe decor:
Quattuor ob causas peregrini adeuntque videntque,
Commemorantque aliis quattuor ista locis.
Alma tenet primas illorum Academia partes,
Quae doctis mire est suspicienda viris.
Proxima turris adest cathedralis maxima templi,
Et molem, et tollens nomen in astra suum.
Inde stupenda suis armamentaria monstris:
Ordo stupor, novi fas, copiaque illa stupor.
Quodque magis rarum, et thesauro clarius omni:
Nativum haec cornu munocerotis habet.
Ast ego iam dictis quintum mirabile iungam:
Turris id in gremio continet alta suo.
Forte Dasypodius, coeli scrutator et orbis,
Molem illam, et turris grande stupebat opus.
Haec secum: ›haud omnes iuvat altae culmina turris
Scandere, et in varias lumina ferre plagas.
Suspicere ad nitidi rutilantia sydera coeli,
Atque videndo, aciem laedere saepe procul.
Hic statuamus opus, nostro memorabile saeclo,
Quod magni effigies, quod sit imago poli,
Tempora quod signet, quae solis et orbita lunae,
Lapsaque sub terras, ortaque signa notet.‹

Magister Erhard Cell,[44] Lateinprofessor an der Tübinger Schule, an den Leser.

Das italische Volk lobt die hochragenden Dächer des großen Rom, Dächer, die weithin von allerlei Völkern besucht werden. Gallien tut sich hervor mit der ›Brücke des Heiligen Geistes‹[45] und sucht deswegen eine eigene prächtige Auszeichnung zu erwerben. Glückliches Germanien, erhebe *du* dich in die Höhe, weil Straßburg Zögling deines Bodens ist. Um wie viel das Silber vorzüglicher ist als das übrige Erz, so sehr übertrifft jenes die germanischen Städte. Straßburg besuchen und besichtigen Fremde – wie Sturm selbst berichtet,[46] o Germania, dein Phoenix, die größte Zierde in der großen Stadt – aus vier Gründen und nennen diese vier an anderen Orten. Unter ihnen steht die segenspendende Akademie an erster Stelle,[47] die gelehrte Männer wunderbar bestaunen müssen. Zweitens ist da der gewaltige Turm der Kathedrale, der seine Masse und seinen Ruhm zu den Sternen erhebt. Drittens die aufgrund ihrer außergewöhnlichen Objekte staunenswerte Wunderkammer: Staunen erregt die Ordnung, die Ungewöhnlichkeit genauso wie die große Menge. Und sie besitzt, was noch viel ungewöhnlicher und berüchtigter als jeder Schatz ist: das natürliche Horn eines Einhorns.[48]
Aber schon will ich den genannten ein fünftes Wunder anschließen: Dieses hütet der hohe Turm in seinem Schoß. Einmal bestaunte Dasypodius, der Erforscher des Himmels und des Erdkreises, jenen gewaltigen Bau und das erhabene Turmwerk. Da sprach er Folgendes zu sich: »Nicht alle erfreut es, den Gipfel des hohen Turmes zu erklimmen und die Augen auf die verschiedenen Erdstriche zu richten, von unten zu den glänzenden Sternen des strahlenden Himmels emporzublicken und oft, beim Betrachten aus der Ferne, die Sehkraft zu schädigen. Hier wollen wir ein unserem Zeitalter denkwürdiges Werk errichten, das eine Nachbildung, ein Abbild des großen Himmels sei, das die Zeiten angebe, die Bahn von Sonne und Mond nenne und die Tierkreiszeichen, die (mit deren Bahn) auf- wie untergehen.«[49]

---

44 Erhard Cell, eigentlich Erhard Horn (1546–1606), folgte Frischlin auf die Professur für Poetik und Geschichte an der Universität Tübingen, nachdem jener, im Zuge des anhaltenden Streites mit Martin Crusius (s. oben Anm. 35), der Stadt den Rücken gekehrt hatte. Seit 1587 bis zu seinem Tode bekleidete C. ebenda eine ordentliche Professur.

45 Gemeint ist der Pont-Saint-Esprit (erb. im 13. Jh.), die älteste existierende Brücke über die Rhône.

46 Der Pädagoge und Rhetor Johannes Sturm (1507–1589) kam 1537 nach Straßburg und argumentierte in einem Gutachten des folgenden Jahres erfolgreich für die Zusammenführung der dortigen Lateinschulen in einem Gymnasium, dem er ab 1538 als *rector perpetuus* vorstand. Zur calvinistischen und reformierten Theologie hinneigend wurde der auf eine Vereinigung der alt- und der neugläubigen Kirche hoffende S. 1581 aus diesem Amt entlassen, weil er in Konflikt mit den strenglutherischen Theologen Johannes Marbach und Johannes Pappus geriet. Ab 1564 intensivierte sich S.s Engagement für das Straßburger Gymnasium: Er verfasste Lehrbücher, besorgte Klassiker-Editionen und legte pädagogische Programmschriften vor. Unter S.s Leitung erlangte das Gymnasium, das Maximilian II. 1566 in den Rang einer Akademie erhob, europaweiten Ruhm.

47 Zur Straßburger ›Akademie‹ vgl. oben Anm. 20.

48 Über dieses Straßburger Einhorn-Horn berichtet der Zürcher Gelehrte Conrad Gesner in seiner *Historia animalium* (1551, 1. Buch, S. 1103). Ein entsprechender Passus in der dt. Übertragung, im *Thierbůch* von 1563 (Bl. XXXVII^{v}).

49 Vgl. v. 101 in Frischlins *Descriptio*.

[B iiij^v] Nec mora fecit opus solerti indagine magnum,
Quod nunc est oculis dulce videre tuis.
Magnum opus, auditu, dictu, visuque stupendum,
Astra, polos, coelos, tempora, signa ferens.
Antea tale nihil tellus oenotria vidit,
Behia tale nihil, caetera tale nihil.
Forte sed obiicies: ›*caeco*[1] bene tuta colores
Dicere res non est. visa referre decet.‹
En ego Frischlini pandente poemate tanquam
Aure hausi, vidi lumine quaeque meo,
Ut videar praesens miracula tanta tueri.
Vidit is, et versu dat revidenda suo.
Tu quoque tam clari lege commentaria vatis,
Subiicient oculis omnia rite tuis.
Illa Maronaeo graviter sunt condita filo,
Doctrinae et magnas testificantur opes.
Philosophus nisi enim non ficto audiret honore,
Ni vero audiret iure, poeta sacer,
Haec se condigno praecone orbata fuisset
Fabrica. sed verum est hoc modo nacta fabrum.
Felicem quidam divinum duxit Achyllem,
Moenides quod ei praeco poeta foret.
Felix haec fabrica est, et uero nomine felix,
Quod, Frischline, tuo est concelebrata metro.
Non ita ter clarus venerem depinxit Apelles,
Ut ter clara tua hoc Musa polivit opus.
Ergo si variis plenissima carmina rebus,
Coelorum si quem mobilis ordo iuvat,
Si iuvat humanae cognoscere mentis acumen,
Praestare artifici quid quae at illa manu:
Hanc lege divino manantem flumine Musam,
Non audita prius, visa nec ante leges.
Atque Dasypodium longam traducere vitam,
Frischlinumque meum voce favente, iube.

---

1 caeco] eaeco *D1*.

Und ohne zu zögern schuf er mit kluger Erforschung ein großes Werk, das für deine Augen nun lieblich anzuschauen ist. Es ist ein großes Werk, das Staunen erregt beim Hören, Sprechen und Sehen, das die Sterne trägt, die Pole, die Himmel, die Zeiten, die Tierkreiszeichen. Nichts dergleichen hat zuvor die italische Erde gesehen, nichts solches die böhmische, keine andere etwas von solcher Art. Vielleicht wirst du aber einwenden: »Es ist kein Kunststück, vor einem Blinden die Farben zu loben.[50] Es ziemt sich, das Gesehene genau wiederzugeben.« Siehe da, indem ich Frischlins Gedicht auftue, habe ich, was es auch sei, gleichsam mit dem Ohr aufgenommen und mit meinem Auge gesehen, sodass es mir scheint, als betrachtete ich gegenwärtig so große Wunder. *Er* sieht sie und lässt sie in seinen Versen wiedererblicken.

Lies auch du die Ausführungen eines so berühmten Dichters; sie werden dir alles auf richtige Weise vor Augen stellen. Sie sind mit vergilischem Faden würdevoll gefügt und bezeugen den gewaltigen Nutzen der Bildung.[51] Denn wenn er nicht im Ruf eines wahrhaft berühmten Philosophen stehen würde, nicht im Ruf eines nach geltendem Recht heiligen Dichters, wäre diese Apparatur eines ganz trefflichen Verkünders beraubt. Aber es ist wahr, dass sie auf diese Weise einen Künstler gefunden hat. Ein gewisser hielt den göttlichen Achilles für glücklich, weil ihm der Dichter aus Mäonien[52] als Verkünder beschieden war. Glücklich ist diese Apparatur und wahrhaft glücklich zu nennen, weil sie, in deinem Gedicht, Frischlin, gepriesen ist. Nicht so hat der dreimal berühmte Apelles die Venus gemalt, wie deine dreimal berühmte Muse an diesem Werk gefeilt hat.[53] Wenn also Gedichte, die an mannigfaltigen Inhalten übervoll sind, wenn die bewegliche Ordnung des Himmels jemanden erfreut, wenn es erfreut, den Scharfsinn des menschlichen Geistes zu erkennen und was jene Muse mit kunstfertiger Hand zu erweisen vermag: Dann lies dieses aus göttlichem Strom fließende Gedicht – noch nie zuvor Gehörtes, noch nie zuvor Gesehenes wirst du lesen – und wünsche Dasypodius und meinem Frischlin mit gewogenen Worten ein langes Leben!

50 Verbreitete Redewendung, vgl. TMPA 2,39.

51 Hier lobt Cell Frischlins Stil, der an den Werken des römischen Dichters Vergil geschult sei (*Bucolica, Georgica, Aeneis*). Vgl. dazu die Nachweise im Kommentar zur *Descriptio*.

52 Homer, der in seiner *Ilias* vom Zorn des Achilles handelt (*Il.* 1,1: ›Singe, o Göttin, den Zorn des Peleiaden Achilleus‹).

53 Zum gr. Maler Apelles vgl. unten Anm. 63.

[C j'] DESCRIPTIO HOROLOGII ARGENTORATENSIS

Astra polosque novos, et nexos orbibus orbes,
Horarumque vices varias, Solisque labores,
Et Lunae metas, discretaque corpora certis
Limitibus, coeli veros imitantia motus,
Artifici fabricata manu, miracula rerum,
Hinc canere incipiam. Coeli mihi summa potestas
Dextra adsit, faveantque meis pia numina coeptis.
Urbs antiqua iacet: primi coluere Trebaces,
Argentoratum, ripis contermina Rheni,
Dives opum, et nulli veterum virtute secunda,
Sive fidem spectes, et relligionis honorem,
Sive forum, canosque patres, sanctumque Senatum,
Iustitiaeque decus, seu limina culta Lycaei,
Insignesque viros, seu duro moenia saxo
Condita, et armatas adversa in praelia vires,
Marmoreasque domos, atque ardua tecta domorum.
Hac templum augustum, caelataque turris in urbe
Vertice prospiciens alto (mirabile visu)
Surgit, et excelsum caput inter nubila condit.
Tota toreumatibus, pictisque excisa columnis,
Tota patens luci, et leni perflabilis aura,
Et cono insignis galeae, et testudine circum

Beschreibung der Straßburger Uhr

[vv. 1–7] Von Sternen und neuen Himmeln, verschlungenen Windungen und den mannigfaltigen Wechseln der Stunden, von den Mühen der Sonne, den Wendepunkten des Mondes und nach festen Grenzen unterschiedenen Körpern, welche die wirklichen Bewegungen des Himmels abbilden, von den Wundern der Welt, die eine kunstfertige Hand schuf, will ich zu singen beginnen. Des Himmels höchste Kraft stehe mir gnädig bei, und das fromme Walten möge mein Vorhaben unterstützen.[54]

[vv. 8–16] Es gibt eine alte Stadt, die als erste die Triboker bewohnten:[55] Straßburg.[56] Sie grenzt an die Ufer des Rheins, ist reich an Gütern und steht in ihrer Vorzüglichkeit keiner von den alten Städten nach, sei es im Hinblick auf den Glauben und die Achtung der Frömmigkeit, auf den Markt und die ehrwürdigen Väter und den heiligen Rat (die Zier der Gerechtigkeit) oder die Schwellen zum gebildeten Gymnasium,[57] im Hinblick auf die ausgezeichneten Männer oder die auf festem Stein gegründete Stadtmauer und die auf Kämpfe ausgerichtete Waffengewalt, auf die marmornen Häuser und ihre steilen Dächer.

[vv. 17–32] In dieser Stadt befindet sich eine ehrwürdige Kirche, und ein ziselierter Turm, der von ihrer hohen Spitze über die Stadt schaut (wunderbar anzusehen!), ragt empor und birgt sein erhabenes Haupt in den Wolken.[58] Er ist über und über mit Reliefdarstellungen und bemalten Säulen verziert, bei Tag völlig sichtbar und einer sanften Brise ausgesetzt; ringsum bedeckt von einer auffallenden Helmspitze und einem vierfachen Schilddach,

---

54 Anschluss an Verg. *georg.* 1,5. Vgl. Kühlmann 2016, 99.

55 Germ. Volk (unteres Elsass).

56 Beginn des folgenden Städtelobs (Kühlmann 2016, 99) nach Verg. *aen.* 1,12f.

57 Die Straßburger Akademie, vgl. Anm 20.

58 Vergilische Referenz (*caput inter nubila condit*) mit Bezug auf die Wesensart der Fama (*aen.* 4,177).

[C j^{v}] Quadruplici septa, et nullo violabilis ictu.
Prima solo posuit quidam fundamina duro,
Steinbachia natus de gente Ervinus, et omne
Ad galeam duxit opus, et testudine sepsit,
Tempore quo imperii gessit Rhodolphus habenas
Habspurgus, Comitum Germanus origine Caesar.
Nunc illam multis servantque foventque minores
Impensis, magnoque locant in honore, suosque
Maiores hac laude aequant. nam fulmine tactam
Saepius immensi repararunt sumtibus aeris.
Iamque adeo nuper, foribus qua proxima templi
Stant adyta Austrinis, socia testudine iuncta,
Excelso fabricam posuerunt pariete muri
Intus, ut exactas mortalibus indicet horas,
Et Solis Lunaeque vias, noctesque diesque,
Et menses f*e*stosque, in longum digerat aevum.
Mirum opus ingenii, mirandaque arte paratum,
Quale laboriferi nescisset radere torvus
Praxitelis, Cous nec depinxisset Apelles,
Nec Polycletaeus duxisset in aere caminus,
Quale nec Aetnaeis olim Telchines in antris,
Nec rigidus Steropes, nec, qui polit arma Tonanti,
Mulciber aeterna potuisset fingere massa,
Quale nec hoc toto quisquam conspexit in orbe,
Nec facile aspiciet, seu Gallica regna pererret,
Seu totam Italiam lustret, seu Teutonis orbem
Viribus ingenii superantem climata mundi

ist er gegen jeden Angriff gewappnet. Die ersten Fundamente legte auf hartem Grund ein gewisser Erwin aus dem Geschlecht Steinbach.[59] Er führte das Werk bis zur Helmspitze und umhegte es mit dem Schilddach, zu der Zeit, als Kaiser Rudolf von Habsburg[60] die Zügel des Reiches lenkte, ein Deutscher aus gräflichem Geschlecht. Jetzt erhalten und pflegen die Jüngeren diesen Turm mit hohem Aufwand, halten ihn in großen Ehren und kommen ihren Vorfahren mit diesem Verdienst gleich. Denn nachdem er öfters vom Blitz getroffen worden war,[61] hatten sie ihn unter Aufbietung eines beträchtlichen Vermögens wiederhergestellt.

[vv. 33–51] Gerade vor Kurzem haben sie im Inneren, wo das Allerheiligste der Kirche, verbunden über das gemeinsame Schilddach, nächst dem Südtor steht, an der hochragenden Mauerwand einen Bau errichtet, damit er den Sterblichen die genaue Uhrzeit, die Bahnen der Sonne und des Mondes und die Nächte und Tage anzeige und die Festmonate für einen langen Zeitraum abteile. Das staunenswerte Werk eines Genies ist mit staunenswertem Geschick bereitet, wie es weder der Meißel des Strapazen duldenden Praxiteles[62] zu glätten verstanden noch Apelles von Kos[63] gemalt oder Polyklet[64] in seinem Ofen in Erz gebildet hätte, wie es einst in den Höhlen des Ätna weder die Telchinen[65] noch der starrende Steropes[66] oder Mulciber, der dem Donnerer die Waffen polierte,[67] aus ewiger Masse[68] hätten gestalten können; ein Werk, wie es auf dieser Welt keiner je gesehen hat und auch nicht leicht erblicken dürfte, mag er nun das Gallische Reich durchirren oder ganz Italien durchwandern, den Erdkreis des Teuto,[69] der die Gegenden der ganzen Welt an Geisteskräften übertrifft,

59 Gemeint ist der gotische Architekt Erwin von Steinbach (gest. 1318), dem Goethe im Aufsatz *Von Deutscher Baukunst* (1773) ein Denkmal setzen wird. Laut Böker 2019 plante Erwin auch das Freiburger Münster.

60 Mit Graf Rudolf IV. (1218–1291) bestieg erstmals ein Habsburger den Kaiserthron im Heiligen Römischen Reich.

61 Als Frischlins Lehrdichtung 1575 gedruckt wurde, lag der letzte verheerende Blitzschlag nur ein Jahr – 17. Juni 1574 – zurück. Einzelheiten über die Unwetter, denen das Straßburger Münster ausgesetzt war, berichten der Chronist Oseas Schadaeus: Summum Argentoratensium Templum […]. Straßburg 1617, 19–22, und (für die Zeit bis ins 18. Jahrhundert) Daniel Théophile Schuler: Das Straßburger Münster. Straßburg ^{2}1817, 19–22.

62 Athenischer Bildhauer (4. Jh. v. Chr.), schuf die berühmte Statue der Aphrodite von Knidos (s. Anm. 131).

63 Apelles aus Kolophon oder Ephesus (4. Jh. v. Chr.), gest. vermutl. in Kos, der größte Maler der Antike, war besonders berühmt durch das Gemälde der Venus Anadyomene, das als Weltwunder galt. Seine Werke sind nur in Erwähnungen und Beschreibungen in der antiken Literatur überliefert.

64 Polyklet (auch Polyklet d. Ältere genannt, 4./5. Jh. v. Chr.). Die Hera-Statue des Heraions von Argos zählt – neben dem Diadumenos und dem Doryphoros – zu den berühmtesten Werken Polyklets. Er schuf überwiegend Bronzestatuen, die allesamt verloren sind.

65 Die Telchinen bezeichnen ein in der Ägäis lokalisiertes mythisches Urvolk, das der Antike als (zwielichtige) Entdecker der Metallurgie bekannt war.

66 Zusammen mit seinen Brüdern Brontes und Pyracmon wirkt der Kyklop Steropes in Verg. *aen.* 8,425 als Helfer des Schmiedesgottes Vulcanus (vgl. die folgende Anm.).

67 Mulciber (der Weichmacher) ist ein Beiname des Vulcanus, der in seiner unter dem Ätna gelegenen Werkstatt für den Donnergott Jupiter Waffen schmiedet.

68 Lava.

69 Zeitgenössische Lesart für den Gott Tuisto (bzw. Tuisco). Vgl. Tac. *Germ.* 2.

[C ij[r]] Totius, invisat, seu Persica rura peragret,
Sive adeat Libyen, atque ultima littora Thules.

(I) GLOBUS COELESTIS.

Primus humi nitens pennis se ostentat, et alis
Explicitis, diroque ferit sua viscera rostro,
Et gerit impositum Pelicanus tergore coelum,
Arte nova factum tenui de cortice coelum,
Non fictum ex nihilo. Deus hoc sibi vendicat uni.
Utque Atlas humero stellatum coelifer axem
Torquet, et incurvo suffulcit sidera tergo,
Sic paribus nitens Pelicanus firmiter alis,
Artifici factum dextra sustentat Olympum.
Quo non humani penetrarunt pectoris artes?
Ecce polos et picta manu, nova sidera coeli
Signiferumque orbem stellis fulgentibus aptum,
Quique illum spaciis Aequator dividit aequis,
Et Tropicos geminos, et qui disterminat Arcton,
Innumerosque alios sublimi in vertice gyros,
Pleiadesque ipsas, fulvumque Orionis ensem,
Et rapidum Inachiden, et Gorgonis ora Medusae.
Et cum Cassiope natam, aligerumque caballum,
Aemoniamque lyram, et sidus pluviale capellae,
Et quaecunque alto profulgent[2] sidera coelo,
Omnia quae tacito sensim labentia cursu,
Concita ponderibus, coelestisque aemula motus,
Quattuor et viginti horis volvuntur in orbem.

2 profulgant *D2*.

besuchen, die persischen Ländereien durchstreifen oder Libyen und Thule,[70] die äußerste Küstengegend, bereisen.

(1) Der Himmelsglobus

[vv. 52–60] Als erster zeigt sich ein Pelikan, der sich mit Federn und ausgebreiteten Flügeln vom Boden aufstemmt. Er öffnet mit dem grausen Schnabel seine Eingeweide und trägt den auf seinem Rücken lastenden Himmel, der mit einem neuen Kunstgriff aus einer zarten Hülle gemacht wurde,[71] nicht etwa aus dem Nichts geschaffen – dies nimmt allein Gott für sich in Anspruch.[72] Und wie der Himmelsträger Atlas mit seinem Oberarm die bestirnte Achse dreht und die Sterne mit seinem gekrümmten Rücken stützt,[73] so hält der Pelikan den Olymp, gefertigt von einer geschickten Hand, empor, indem er ihn mit seinem Flügelpaar stemmt.
[vv. 61–74] Wohin waren die Künste des menschlichen Geistes nicht gedrungen? Siehe, die Pole und die neuen, von Hand gemalten Himmelskörper, den mit glänzenden Sternen geschmückten Tierkreis, den Äquator, der diesen in gleiche Hälften teilt und der die beiden Wendekreise und den Norden abtrennt, die unzähligen anderen Kreise am erhabenen Scheitelpunkt, sogar die Plejaden und das gelbliche Schwert des Orion, den reißenden Nachkommen des Inachus[74] und das Gesicht der Gorgo Medusa, die Tochter[75] mit Cassiope, das geflügelte Pferd,[76] die thessalische Leier[77] und die Ziegen, das Regen bringende Gestirn,[78] und alles, was kaum merklich auf stiller Bahn dahingleitend, angetrieben von Gewichten, im Wetteifer mit den himmlischen Bewegungen in vierundzwanzig Stunden im Kreis sich dreht.

70 Literarische Chiffre für den hohen Norden. Vgl. Verg. *georg.* 1,30.

71 Der Himmelsglobus wurde »aus einem mit Papiermaché beschichteten Weidenkorb« gefertigt (Oestmann 1993, 95).

72 Der Dichter hat die göttliche *creatio ex nihilo* im Blick, die er von der menschlichen *ars* qualitativ abgrenzt: Gott allein vermag es, Materie hervorzubringen, der Mensch aber weiß das Vorgefundene zu gestalten. Zu diesem augustinischen Gedanken Kiening 2015, 9f.

73 Riesenhafte Gestalt aus der gr.-röm. Mythologie; Atlas stützt den Himmel.

74 Perseus.

75 Andromeda.

76 Pegasus.

77 Lyra.

78 Die Assoziation des Sternbilds mit Regen ist antik. Vgl. bspw. Ov. *fast.* 5,13; Verg. *aen.* 9,668f.

[C ij^{v}] Utque faces aliae vero tolluntur in axe,
Et caput occultant aliae, redeuntque sub undas,
Sic etiam picto stellae hoc oriuntur in orbe,
Cum facibus coeli, et simili temone cadentem
Oceanum repetunt, vultusque sub aequore condunt.
Praeterea gemini diverso limite molem
Circa, fila trahunt orbes, immotus uterque,
Seque secant, partes dirimuntque in quattuor aequas.
Alter ab excelso decurrit cardine mundi,
Verticibus super incumbens, suaque inde per arctos
Fila trahit geminas, et mundi sustinet axem.
Ille polum supra terras undasque levatum
Denotat, inque gradus totum distinguit Olympum,
Et paribus spaciis occasum cernit et ortum,
Aequali totum dirimens discrimine coelum.
Tum, sibi quod nomen trahit alto a vertice, punctum
Desuper insistens, sublimi culmine monstrat.
Stella corusca polum signat, de vertice punctum
Angelus ostendit, flaventi effictus in auro.
Linea sed, medium transit quae immobilis orbem,
(Appellant axem) geminas deducta sub Arctos,
Ingentem obliquo circumfert tramite molem.
Hanc, mediumque orbem, tractumque a vertice circum[3],
Alter transverso flexu circumdat Horizon,
Et lato obliquam praecingit limite Sphaeram,
Dimidiumque tegit coelum, mediumque revelat,
Lapsaque, sub terras, exortaque sidera monstrat.

3 tractumque a vertice circum] tractumque vertice circum *D2.*

[vv. 75–109] Wie sich aber die einen Sterne in den Himmel emporheben und die anderen ihr Haupt verbergen und unter den Wogen wiederkehren, so gehen auch auf diesem bemalten Globus die Sterne mit den Lichtern des Himmels auf, streben wieder dem in einem ähnlichen Sternbild[79] sich neigenden Ozean zu und bergen ihr Gesicht unter der Meeresfläche. Außerdem spannen zwei Ringe um die Kugel herum auf diametraler Bahn ihre Gradnetze, schneiden sich – beide sind unbeweglich – und teilen den Himmelsglobus in vier gleiche Abschnitte. Der eine Ring läuft vom nördlichen Weltpol herab, indem er sich über die Achsenendpunkte legt und von dort sein Gradnetz durch die beiden Pole spannt und die Achse der Welt hält. Jener bezeichnet den über die Länder und Wogen erhobenen Himmel und teilt den ganzen Olymp in Grade ab und sieht den in gleichmäßigen Abständen erfolgenden Auf- und Untergang, indem er den ganzen Himmel nach gleichen Teilen unterscheidet. Dann zeigt er einen von oben in die höchste Stelle eingefügten Punkt, der seinen Namen vom hohen Pol hat.[80] Ein blinkender Stern bezeichnet den Himmel, von oben zeigt ein aus Gold gefertigter Engel einen Punkt. Die Linie aber, die unbewegt mitten durch den Globus hindurchgeht (man nennt sie ›Achse‹) verläuft durch beide Pole und dreht auf schräger Gerade die gewaltige Kugel im Kreis. Diese Achse, die Hälfte der Kugel und den Reif, der vom Nordpol verläuft, umgibt quer dazu als Horizontlinie der andere Reif, umgürtet auf weiter Bahn die schiefe Sphaera, bedeckt und offenbart den Himmel zur Hälfte und zeigt die Gestirne, die unter- und aufgehen.

79 Wagen.
80 Nordpol.

[C iij^{r}] Huic venti inscripti gyro, et superaddita circum
Ventorum simulacra, notis discreta locisque.
Hinc Notus, hinc Boreas gelida consurgit ab arcto,
Hinc Carbas Zephyrusque adversa nubilus ora
Respondet, medio quos inter limite pugnant
Africus, oppositusque illi velocior Eurus,
Et Caurus, turbansque suas violentior undas
Circius, et, Calabrum qui littora perflat, Iapyx.
    Humanae o divina manus inventa! Quid usquam
Aut Deus, aut Natura facit, quod pollice nostro
Non imitemur opus, nostri gens aemula Patris?
Et quisquam has fabricas satis admiretur, et ore
Praedicet? Antiquus si tale videret Aratus
Structum opus, egregio quam conderet aethera versu?
Si Proclo Sphaeram licuisset cernere talem,
Nonne putas illum longe meliora fuisse
Scripta relicturum, quae postera disceret aetas?
Sed quid commemorem Pelicanum viscera rostro
Tondentem, et coeli torquentem fortiter axes,
Pascentemque suo ieiunos sanguine pullos?
Fallor? An hac manifesta fides fit imagine Christi,
Et pietas mitis, quoque est complexus amore
Humanum Deus ille genus, cum sanguine fuso
Mortales culpas, et crimina nostra piavit,
Unus homo ut nobis moriendo restituat rem,
Amissumque decus reparet, veteremque cruore
Effuso vitam mortalibus afferat aegris?

Auf dieser Scheibe sind die Winde verzeichnet und ringsum noch Abbildungen der Winde hinzugefügt, unterschieden durch Kennzeichen und Orte. Hier geht der Südwind [Notus], dort der Nordwind [Boreas] vom kalten Nordpol auf, hier der Ost-Drittel-Nordostwind [Carbas] und, am gegenüberliegenden Rand, der Wolken bringende Westwind [Zephyrus], zwischen denen der Westsüdwestwind [Africus] und, jenem entgegengesetzt, der zügigere Südostwind [Eurus] streiten, dann der Nordwestwind [Caurus] und der kräftigere Nordwest-Drittel-Westwind [Circius] – er macht die Wogen stürmisch – und der Westnordwestwind [Iapyx], der die Küsten der Kalabrier durchweht.

[vv. 110–138] O ihr göttlichen Erfindungen einer menschlichen Hand! Was bringt jemals Gott oder die Natur hervor, das wir, ein Geschlecht im Wetteifer mit unserem Vater, nicht als Kunstwerk mit unserer Hand nachahmen würden? Und könnte einer diese Apparate genug bestaunen und mit Worten rühmen? Wenn der alte Arat[81] ein solches Werk errichtet gesehen hätte, mit welch herausragenden Versen hätte er den Himmel besungen? Wenn es dem Proklos[82] vergönnt gewesen wäre, eine solche Sphaera zu schauen, glaubst du nicht, dass er weit bessere Schriften, welche die Nachwelt lernen würde, hinterlassen hätte? Aber wozu rufe ich den Pelikan in Erinnerung, der mit dem Schnabel sein Inneres aufkratzt, tapfer die Achsen des Himmels dreht und die hungrigen Jungvögel mit seinem Blut nährt? Täusche ich mich? Oder wird in diesem Bild die Treue Christi offenbar, seine milde Barmherzigkeit und die Liebe, mit der dieser Gott das Menschengeschlecht umarmt hat, als er mit seinem vergossenen Blut die Schuld der Sterblichen und unsere Sünden sühnte, damit ein einziger Mann im Sterben unseren Zustand wiederherstellt und die verlorene Zier erneuert und mit seinem vergossenen Blut den leidenden Sterblichen das alte Leben bringt?[83]

81 Der hellenistische Lehrdichter Arat (3. Jh. v. Chr.) ist für seine astronomisch-meteorologische Schrift *Phainomena*, ›(Himmels-)Erscheinungen‹, bekannt. Das fragmentarisch überlieferte Lehrgedicht hat eine seinerseits bruchstückhaft erhaltene Übersetzung Ciceros angeregt und diente Vergil und Manilius als Quelle ihrer jeweiligen Lehrgedichte (*Georgica*, *De rerum natura*).

82 Neuplatonischer Philosoph (5. Jh.), der ab 412 während fünfzig Jahren die platonische Akademie leitete. Das reiche, in der Hauptsache philosophische und mathematisch-naturwissenschaftliche Werk ist nur in Fragmenten auf uns gekommen. Unauthentisch ist diejenige Schrift, die Frischlin an dieser Stelle besonders im Auge haben dürfte: die *Sphaira*/*Sphaera*, bei der es sich um ein Exzerpt aus Geminos' Einführung in die Astronomie (1. Jh. v. Chr.) handelt.

83 Die überkommene christologische Auslegung des Pelikans hat ihre Grundlage bekanntlich im *Physiologus*.

[C iijv] I tu nunc, Roma, et Tarpeia rupe vetustum
Admirare canem lambentem vulnera lingua
Aerea, et huic posita iuratos lege ministros
Praefice, qui capitis servent canis ora periclo.
Ecquid enim potuit celsa canis aereus aede
Spectantum monuisse oculos, dum vulnera lambit?
Nos Pelicanus avis, Christi praelustris imago,
Admonet effuso passi de sanguine Christi,
Et simul impositum prono fert corpore coelum,
Praeripit et veteri divinum munus Atlanti.

(2) DUAE ROTAE CUM REGULA IMMOBILI

Sed qui sunt illi rubicundis orbibus orbes
Impliciti, et numeris diversi coloribus aucti,
Plurima quos aequis distinguit linea metis,
Erectosque adyti paries sub lumina profert?
Prima suo denos complectitur orbita recto
Axe pedes, instar canthi, cirumque rotatur
Quoque anni spacio semel, a laevaque Boraei
Parte axis Libycum tardo pede vergit ad Austrum.
Hac[4] menses annique vices numerique dierum
Depicti, quos illa suo certissima motu
Explicat, et totum metitur leniter annum.
Stant gemini circum, proles Latonia, Poebus,
Et Phoebi Diana soror, praesignis uterque
Virgineo vultu, et telis clypeoque decoro

4 Huc *D2.*

Geh du nun, Rom, und bewundere den alten Hund auf dem tarpejischen Hügel, der mit einer ehernen Zunge seine Wunden leckt, und setze ihm vereidigte Diener vor, die das Maul des Hundes per Gesetz unter Einsatz ihres Lebens beschützen.[84] Denn was zu betrachten konnte der goldene Hund die Augen mahnen, während er seine Wunden leckte? Uns erinnert der Vogel Pelikan, ein besonders anschauliches Bild Christi, an das vergossene Blut Christi, der gelitten hat. Zugleich trägt er den Himmel, der auf seinem vornübergebeugten Körper ruht, und entreißt dem alten Atlas[85] die göttliche Aufgabe.

(2) Zwei Kalenderscheiben mit einem unbeweglichen Zeiger

[vv. 139–149] Aber was sind das für ineinander verwickelte und durch verschiedenfarbige Zahlen hervorgehobene rote Scheiben, die zahlreiche Linien in gleich große kegelförmige Felder abteilen und die die Wand des Allerheiligsten aufgerichtet vorzeigt? Der Durchmesser der ersten Scheibe umspannt zehn Fuß. Sie ist so groß wie ein Reifen und dreht sich innerhalb eines Jahres einmal ringsum; auf der linken Seite neigt sich die Achse des Nordwindes mit langsamen Schritten zum libyschen Südwind. Hier sind die Monate, die Wechsel des Jahres und die Zahlen der Tage dargestellt, die jene hochpräzise Scheibe mit ihrer Bewegung entfaltet, und ruhig durchmisst sie das ganze Jahr.
[vv. 150–159] Ringsum stehen die Zwillinge, der Spross der Latona, Phoebus und des Phoebus Schwester Diana.[86] Beide sind ausgezeichnet mit jungfräulichen Zügen und auf beiden Seiten mit Pfeilen und einem schönen Rundschild dargestellt.

---

84 Plin. *nat.* 34,38: »Zu unserer Zeit sah man auf dem Kapitol, vor dem kürzlich durch die Anhänger des Vitellius angefachten Brand, in der Cella der Juno eine ihre Wunde leckende Hündin aus Bronze; ihre außerordentliche Besonderheit und von der Wirklichkeit nicht unterscheidbare Ähnlichkeit kann man nicht nur daraus ersehen, daß sie dort geweiht war, sondern auch aus der Bürgschaft: Weil nämlich keine Geldsumme angemessen erschien, bestimmte der Staat, daß die Wächter mit ihrem Kopfe für sie hafteten.« (Übers. nach König 1989).

85 Vgl. oben Anm. 73.

86 Phoebus und Diana sind identisch mit den in vv. 154/155 genannten Apollo und Phoebe.

[C iiij^{r}] Hinc atque hinc pictus. Telo, de parte sinistra
Orbis, Apollo diem quemvis toto indicat anno.
Oppositam digito Phoebe notat aurea noctem
Indice, quae medium post annum tarda sequetur.
Sic tibi totius mirabile munus hic orbis
Praestat Ephemeridis, mensesque diesque revolvit
Omnes, quos in se totus complectitur annus.
Huic inserta rotae numeris est altera pictis
Orbita, lata pedes a vertice ad ima novenos,
Multiplici descripta nota, variisque figuris,
Tota rubens, nisi quos numeri peperere colores
Diversos, teretesque arcus et linea sectrix.
Haec tardo motu segnes se vertit ad Arctos,
Et semel in centum tacite devolvitur annis.
Aureus hic fulget numerus, cyclique notantur
Solares, Christique insunt aequaliter anni,
Et quem Bissextum proprio cognomine dicunt,
Festaque mobilia, et spaciis distantia certis
Intervalla, quibus concurrens additur annus,
Et quicquid magnis par est committere fastis.
O superi, quantae artis opus? Quam fabrica docti
Astonomi, in longum qui tam procul aspicit aevum!
Quid? Quod in hac etiam Solis super aethere metae,
Insunt diversae, quibus ille hyemalibus horis
Imminet his propior terris, aut altior iisdem.
Extat, ubi aestivos spaciosius exigit ignes,
Aut etiam noctes exaequat rite diebus?

Mit seinem Pfeil zeigt Apollo, auf der linken Seite der Scheibe, jeden beliebigen Tag im ganzen Jahr an. Die goldene Phoebe bezeichnet mit dem Zeigefinger die entgegengesetzte Nacht, die nach einem Halbjahr langsam folgen wird. So erfüllt dir diese Scheibe die staunenswerte Aufgabe eines ganzen Tagewerks und breitet alle Monate und Tage aus, die das ganze Jahr in sich schließt.
[vv. 160–172] Auf diese Scheibe ist eine zweite mit farbigen Zahlen daraufgelegt. Sie ist vom Scheitel bis zum untersten Punkt neun Fuß breit, beschriftet mit vielfältigen Zeichen und verschiedenen Figuren und, abgesehen von den Zahlen, die unterschiedliche Farben hervorgebracht haben, und den runden Bögen und der Scheidelinie, völlig rot. Diese Scheibe neigt sich langsam in gemächlicher Bewegung zum Norden und dreht sich still einmal in hundert Jahren. Hier strahlt die goldene Zahl[87] und werden die Sonnenzyklen bezeichnet, auch die Jahre Christi sind darauf gleichmäßig angegeben und dasjenige, das man mit eigenem Namen Bissextus[88] nennt, sowie die beweglichen Feste[89] und die gemäß bestimmter Zeiträume voneinander entfernten ›Estomihi‹-Intervalle,[90] denen ein Schaltjahr hinzugefügt wird, ebenso alles, was sich an großen Festtagen zu begehen schickt.
[vv. 173–179] O ihr Himmlischen, von welch gewaltiger Kunst ist das Werk! Wie sehr das Konstrukt eines gelehrten Astronomen, der in der Zeit so weit vorausschaut! Was soll man dazu sagen, dass sich auf dieser Scheibe sogar die verschiedenen Marken der Sonnenwende über dem Äther befinden, an denen jene Sonne in den Winterstunden der Erde näher steht oder weiter von ihr entfernt ist, wo sie die Sommertage lang macht[91] oder auch die Nächte den Tagen genau angleicht?

87 Mit der goldenen Zahl (*numerus aureus*) lässt sich ein Jahr in dem jeweils 19 Jahre umfassenden Mondzyklus bezeichnen. Sie ist relevant für die Terminierung des Osterfestes.
88 Schaltjahr.
89 Zu den beweglichen Festen gehören solche, deren Datum nicht auf einen fixen Termin fällt.
90 Die Zeit zwischen Weihnachten und dem siebten Sonntag vor Ostern.
91 Nach Prop. 3,20,11f.: *Phoebe, qui aestivos spatiosius exigis ignes.*

[C iiij^v] Has namque octavi variat trepidatio coeli,
Immutatque vias Solis, punctosque dierum
Nocti aequatarum, et moto cum cardine vertit
Solstitia. Ille suum motus tardissimus orbem
Voluit ab Austriacis gelidos Aquilonis ad axes,
Absolvitque gradum, centum annis circiter, unum,
Ut veterum quidam studio solerte notarunt.
Cumque duae fuerint mediataque Myrias actae
Annorum, et tacitis ierint iam passibus octo
Secula, sexque decem primaevo a tempore messes,
Tunc liquidi hunc totum coeli conversio gyrum
Finiet, ut numeri docuit Copernicus arte.
Tunc annus veniet (si vera est fama) Platonis,
Et veterum rediviva hominum gens sedibus Orci
Surget ab Elysiis ad pristina lumina vitae.
Alter erit tum Tiphys, et altera, quae vehet Argo
Delectos heroas, erunt etiam altera bella,
Atque iterum ad Troiam magnus mittetur Achilles,
Denique totius facies reparabitur aevi,
Pristinaque antiquum[5] renovabunt secula cursum.
Sed quo digredior? Quaeve ad mendacia labor?
Vera placent Superis, veris de rebus agamus.
Et quoniam verum est, Solis super aethere metas,
Sider*e*osque[6] polos haud cardine semper eodem,
Solstitii nec stare loco vestigia fixo:
Nonne decus magnum hic paries laudemque meretur,
Rite quod has nobis punctorum ardentis Olympi

5 antiquam *D2*.
6 *D2*. Siderosque *D1*.

[vv. 180–199] Diese nämlich lässt die Trepidation[92] der achten Sphäre schwanken, verändert die Bahn der Sonne und kehrt mit dem erschütterten Wendepunkt die Zeiten des Äquinoktiums und die Sonnenwenden. Jene überaus langsame Bewegung rollt ihre Bahn von den Südwinden her zu den kalten Achsen des Nordwindes und vollendet einen einzigen Lauf in ungefähr hundert Jahren, wie einige Alte mit geschicktem Eifer bemerkt haben. Und wenn zwei halbe Myriaden[93] Jahre vorbei sind und schon auf leisen Sohlen das achte Jahrhundert und sechzehn Jahre seit der Frühzeit anbrechen, dann wird die Umkehrung des flüssigen Himmels diesen Kreis ganz vollenden, wie Kopernikus mit seiner Rechenkunst lehrte.[94] Dann wird (wenn das Gerücht wahr ist) das platonische Jahr[95] kommen, und das wiederbelebte Geschlecht der alten Menschen wird sich von den elysischen Sitzen des Orcus[96] zum früheren Licht des Lebens erheben. Dann[97] wird es einen zweiten Tiphys[98] geben und eine zweite Argo,[99] die auserlesene Helden[100] fährt, es wird auch einen zweiten Krieg geben und erneut wird nach Troia der große Achilles[101] geschickt. Schließlich wird sich das Antlitz des ganzen Jahrhunderts verjüngen, und die früheren Jahrhunderte werden den alten Lauf erneuern.

[vv. 200–207] Aber wohin schweife ich ab? Zu welchen Lügen gleite ich ab? Wahres gefällt den Himmlischen, von wahren Dingen wollen wir handeln. Nun ist es ja wahr, dass die Marken der Sonnenwende über dem Äther und die siderischen Pole[102] nicht immer auf derselben Achse und die Frühlingspunkte nicht an einer festen Stelle stehen. Verdient diese Wand dann etwa nicht eine große Auszeichnung und Lob, weil sie uns an einem festen Lineal diese Wechsel der Zeitpunkte am leuchtenden Himmel auf der bemalten Scheibe korrekt anzeigt?

---

92 Mit dem (erst im späten 16. Jh. verworfenen) Modell der Trepidation sollte ein (irrtümlich) angenommenes ›Oszillieren‹ der Äquinoktialpunkte erklärt werden, das man auf die Bewegung der achten Sphäre (Fixsternhimmel) zurückführte. Formuliert wurde die Theorie von dem arabischen Astronomen Thābit ibn Qurra (826–901; latinisiert: Thebit) in der nur lateinisch erhaltenen Schrift *De motu octavae sphaerae*. Vgl. Evans 1998, 274–280.

93 10.000 Jahre, hier metonymisch gemeint (›sehr lange‹).

94 Kopernikus' bahnbrechendes Werk *De revolutionibus orbium coelestium* (›Über die Umlaufbahnen der Himmelskörper‹, 1543) präsentiert nicht nur die Idee der Sonnenzentrierung, sondern auch detaillierte mathematische Modelle und Berechnungen, um die Bewegungen der Planeten und anderer Himmelskörper zu erklären, s. unten, Anm. 209.

95 ›Großes Jahr‹, auch Zyklus der Präzession oder platonisches Jahr genannt. Es dauert etwa 25.800 Jahre und ist in zwölf Abschnitte von etwa 2.160 Jahren unterteilt, den zwölf Tierkreiszeichen entsprechend. Während des Zyklus ändert sich die Position der Erdachse relativ zu den Fixsternen, was wiederum zu Veränderungen in der Ausrichtung der Jahreszeiten führt. Vgl. Kojer 2009.

96 Römische Unterwelt.

97 Anspielung auf die Verheißung eines neuen Goldenen Zeitalters (s. Anm. 157) in Vergils 4. Ekloge (vv. 34–36).

98 Steuermann der Argo.

99 Das redebegabte Schiff der von Jason angeführten Argonauten, zugleich das erste Schiff überhaupt – mit mythischer Frühzeit assoziiert, kann es bei Vergil wie Frischlin exemplarisch für den neu einsetzenden Zyklus der Weltalter stehen.

100 Argonauten.

101 Zu Achills Zorn als Hauptmotiv in Homers *Ilias*, s. Anm. 52.

102 Im Kontext der Erde ist der siderische Pol derjenige Punkt am Himmel, der sich entlang der Verlängerung der Erdachse in den Weltraum erstreckt und auf den Fixsternhintergrund zeigt. Im Gegensatz dazu bezieht sich der ekliptische Pol auf den Punkt, an dem die Erdachse auf die Ekliptik trifft. Der siderische Tag bezeichnet die Zeit, die für eine vollständige Umdrehung der Erde um ihre Achse benötigt wird, gemessen gegenüber den Fixsternen.

[D j'] Orbe vices picto, ad certam demonstrat amussim?
Hactenus exposui geminos tibi carmine circos,
Nunc extrema operi succedit cornibus altis
Orbita: quae reliquis, centrum haud, informe duabus
Insistit, tres lata pedes, viridique colore
Conspicua, et geminis superans extrema rotarum
Cornibus. Haec intra numerus tibi proditur anni,
A prima elapsi morientis origine mundi,
Aque Deo nato et numerus spacio Aureus aequo,
Solarisque cyclus, quodvis et mobile festum,
Et quicquid centum brumarum continet orbis.
Tum, ne quod spacium sit forte coloribus orbum,
In viridi plano Germanam subiicit oram,
Finitimasque plagas, et moenia clara vetusti
Argentorati, et celsae miracula turris,
Tectaque magnae urbis vivo depicta colore.
Praeterea in laterum muri compagine firma
Hinc atque hinc Lunae tenebrae, Solisque latebrae
Sunt scriptae, paries quotquot comprendere circum
Angustus potuit nam si comprendere centum
Annorum Eclipses spacium potuisset inane,
Omnes appictae digito solerte fuissent.
At[7] quae sunt inibi sex ultra lustra notatae,
Hae tibi principium et medium, finemque moramque
Cuiusque ostendunt, et certo limite signant.
Quae superant aliae, has geminae cepere tabellae,
Quarum post multos usus cum venerit annos,

7 Et *D2*.

[vv. 208–236] Bis hierher habe ich dir im Gedicht die Doppelscheiben auseinandergesetzt, jetzt folgt dem Werk die letzte Scheibe mit hochragenden Hörnern. Drei Fuß breit und von auffällig grüner Farbe stellt sich diese auf die beiden, wobei sie die äußerste der Scheiben mit ihren Doppelhörnern überragt. Auf diesen wird dir die Zahl des Jahres mitgeteilt, vom Anbeginn der Welt nach dem Fall der Sterblichen und im gleichen Zeitraum die goldene Zahl von Gott und seinem Sohn, ebenso der Sonnenzyklus und jedes beliebige bewegliche Fest und was der Erdkreis in einer Spanne von hundert Jahren umfasst. Darunter liegt dann, damit nicht etwa ein Bereich der Farbe entbehre, auf einer grünen Fläche die deutsche Küste, die benachbarten Gegenden, die berühmten Mauern des alten Straßburg, die Wunder des erhabenen Turms und die mit lebendiger Farbe gemalten Dächer der großen Stadt. Außerdem sind im festen Zusammengefüge der Ziegelmauer auf beiden Seiten so viele Mond- und Sonnenfinsternisse eingetragen, wie die schmale Wand ringsum fassen konnte. Denn wenn der freie Platz die Eklipsen von hundert Jahren hätte fassen können, wären alle mit geschicktem Finger hinzugemalt worden. Die jedoch, die dort über die nächsten sechs Lustren[103] vermerkt sind, zeigen dir den Anfang, die Mitte und das Ende und die Dauer einer jeden Eklipse und bezeichnen sie mit einer festen Grenze. Die anderen, die übrig bleiben, haben die beiden Tafeln aufgenommen. Wenn deren Nutzen nach vielen Jahren kommt,

103 Sechs Lustren: 30 Jahre.

[D j^v] Haec adyti poterunt depicta ad limina figi.
Usque adeo nihil est, quod quisquam carpere possit,
Neglectumve queri, aut unco suspendere naso.

(3) PLANETARUM MOTUS HEBDOMADARIUS

Haec supra, clari tectum profulget Olympi
Coeruleum, et stellis radiant nova culmina coeli.
Hinc atque hinc geminae panduntur in aethere valvae,
E quarum laeva, sinuato tramite ad Austrum
Qualibet una die curvis erratica bigis
Provehitur stella, et nitida se ostentat in aura.
Cumque dies Solis supremo lumine montes
Contigerit, tum primum alto se limite tollunt
Solis equi, elatis efflantes naribus ignem.
In curru Phoebus, claris lucente smaragdis
Considet, et levibus per coelum fertur habenis,
Dextra manus sceptro, caput est diademate fultum,
Laevaque fert almi radiantem lampada Solis.
Aureus ipse axis, temo aureus, aurea summae
Curvatura rotae radiorum argenteus ordo.
Inde ubi clara dies Lunae mortalibus almum
Extulit os terris, tum fulgida Cynthia curru
Invehitur biiugo, pharetram celeresque sagittas
Venatrix, arcumque gerens, sinuataque Lunae
Cornua habens laeva. Cervae subiere iugales
Temonem, et socia ducunt cervice Dianam.

können diese an der bemalten Schwelle zum Heiligtum befestigt werden. Bis hierher gibt es nichts, was einer tadeln, als übergangen beklagen oder an einer Hakennase[104] aufhängen könnte.

(3) Die wöchentliche Bewegung der Planeten

[vv. 237–257] Darüber blitzt das bläuliche Dach des Olymps hervor und von Sternen strahlen neue Gipfel des Himmels. Auf beiden Seiten öffnet sich im Äther eine doppelte Flügeltür; aus der linken fährt an jedem Tag ein Planet auf gewölbtem Zweigespann auf einem zum Süden geneigten Pfad hervor und zeigt sich am glänzenden Himmel. Und wenn der Tag mit dem letzten Licht der Sonne die Berge berührt, dann erst erheben sich aus dem hohen Haus die Pferde des Sol, die Feuer aus ihren stolzen Nüstern schnauben. Phoebus sitzt in einem Wagen, der von strahlendem Smaragd leuchtet, und fährt mit leichten Zügeln durch den Himmel.[105] Die rechte Hand ist mit einem Szepter, das Haupt mit einem Diadem geschmückt, und die Linke trägt die strahlende Fackel des segenspendenden Sol. Die Achse selbst ist golden, golden die Deichsel, golden die Rundung des äußersten Rads, silbern die Ordnung der Speichen.[106] Dann, wenn der helle Tag den Ländern der Sterblichen das nährende Gesicht Lunas heraufgebracht hat,[107] fährt die strahlende Cynthia[108] auf einem zweispännigen Wagen als Jägerin, die Köcher, schnelle Pfeile und einen Bogen trägt und in der Linken die gebogenen Hörner der Luna[109] hält, einher. Zughirschkühe ließen sich an den Wagen anspannen und führen Diana am gemeinsamen Joch.

104 Vgl. Hor. *sat.* 1,6,5. Gemeint ist spöttisches Naserümpfen.
105 Vgl. Ov. *met.* 2,23f.
106 Vgl. Ov. *met.* 2,107f.
107 Episch nach Verg. *aen.* 5,64f.
108 Cynthia ist ein Beiname der Mondgöttin, s. auch Anm. 38 bzw. 86.
109 Gemeint ist die Mondsichel.

[D ij^r] Tertia, sed clara cum lustrat lampade terram
Orta dies, foribus prodit Mars asper atroci
Invectus curru, manibus molitur habenas,
Quae consanguineo ductat Bellona flagello.
Ipse ensem, clypeumque, et rubrae cornua cristae,
Loricamque humeris gerit, et furit asper in armis.
Ut cum Turca ferox gelidi prope littora Ponti
Bella movens, immittit equos atque agmina curru
Proterit, et raptas fugientibus ingerit hastas.
Postera cum veniet tenebris Aurora fugatis,
Tum grave Mercurius coecis caput efferet umbris,
Alatosque pedes quatiet, virgamque levabit
Somniferam dextra, geminus quam circuit anguis,
Tegmen erit capiti fulva de parte galerus.
Mira Deo facies, et quam decet alitis esse,
Qui data per terras, et per mare nuncia portet.
Ibides hunc vectant iunctis per inania pennis,[8]
Ibides Aegypti volucrum genus, ibides acri
Adversae rostro serpentibus, et prope nullis
Expositae morbis, nec foedae sordibus, et quas
Lurida non unquam laedunt aconita veneni.
Hinc ubi se quintus sustollet ab aequore Titan,
Mercuriusque iterum noctis successerit umbris,
Protinus e foribus solio sublimis eburno
Iupiter egreditur, Pisaea qualis in aede
Phidiaco stabat torno caelatus, et auro
Undique munitus namque aurea fronte corona

8 marg. *D1 D2*: Vide Aelian. lib. 10 de animal. cap. 29.

[vv. 258–266] Wenn aber bei seinem Anbruch der dritte Tag mit heller Fackel die Erde beleuchtet, tritt der wilde Mars aus der Flügeltür hervor. Hineingeflogen auf einem grässlichen Wagen, lenkt er mit den Händen die Zügel, die Bellona mit der blutigen Geisel führt.[110] Er selbst trägt ein Schwert, einen Rundschild, Hörner mit einem roten Helmbusch und einen Panzer auf seiner Schulter und wütet trotzig in Waffen. Wie wenn die wilde Türkei, indem sie nahe der Küste des kalten Pontus[111] Krieg erregt, die Zügel schießen lässt und den Heereszug mit dem Wagen aufreibt und die geraubten Lanzen auf die Fliehenden häuft.[112]

[vv. 267–278] Wenn aus der vertriebenen Dunkelheit die nächste Morgenröte kommen wird, dann wird Merkur sein schweres Haupt aus den dunklen Wolken emporstrecken, seine geflügelten Füße[113] schütteln und die Schlaf bringende Rute, die zwei Schlangen umwinden,[114] mit der Rechten aufheben; dem Kopf wird als Bedeckung an der blonden Seite eine Mütze dienen. Der Gott hat eine wunderbare Gestalt, wie es sich für einen Geflügelten, der die aufgetragenen Botschaften durch die Länder und das Meer trägt, geziemt. Ibisse fahren ihn durch die Lüfte mit zusammengespannten Flügeln, Ibisse, eine ägyptische Vogelart, Ibisse, die mit ihrem scharfen Schnabel den Schlangen feindlich sind und für nahezu keine Krankheit anfällig, auch nicht hässlich von Schmutz und die niemals das leichenblass machende, giftige Eisenkraut schädigt.[115]

[vv. 279–289] Wenn sich dann der fünfte Titan[116] vom Meer erhebt und Merkur wiederum den Schatten der Nacht gefolgt ist, schreitet sogleich Jupiter auf elfenbeinernem Sitz heraus aus den erhabenen Flügeltüren, wie er, ziseliert vom Dreheisen des Phidias, im pisäischen Tempel steht;[117] er ist überall von Gold bedeckt, denn golden glänzt die Krone an der Stirn hervor

110 Darstellung der Bellona nach Verg. *aen.* 7,317.

111 Gegend ums Schwarze Meer.

112 Verweis auf die seit dem Fall Konstatinolpels (29. Mai 1453) allgegenwärtige Bedrohung durch das Osmanische Reich.

113 Flügelschuhe gehören zu den ikonographischen Attributen des Hermes-Merkur.

114 Vgl. Ov. *met.* 1,671f.

115 Wie Frischlin in einer Marginalie vermerkt, entstammt das hier versammelte Wissen über den Ibis aus dem *Tierleben* des römischen Rhetorikers Claudius Aelianus (2./3. Jh.). Die Robustheit und Reinlichkeit des Ibis erwähnt Aelian an dem von Frischlin angeführten *locus*, zur Feindschaft zwischen Ibis und Schlange vgl. man außerdem 1,38 und 2,38.

116 Mit dem Titan ist der Sonnengott Helios-Sol gemeint.

117 Wie der in v. 42 genannte Polyklet (s. Anm. 64) ist Phidias ein Bildhauer des 5. Jh.s v. Chr., der seinen Ruhm (u.a.) einer Sitzstatue des Zeus in Olympia verdankt, einem der sieben Weltwunder der Antike. Berühmt ist auch seine Statue der Göttin Athena Parthenos im Parthenon auf der Akropolis von Athen, die Frischlin an späterer Stelle erwähnt (vgl. unten Anm. 283).

[D ij^v] Emicat, et digitis sceptrum regale coruscis
Ipse gerit, trabeaque levat succinctus habenas.
Currum aquilae ducunt socia cervice iugales,
Reginae volucrum, sicut rex Iuppiter omnes
Aeternis regit imperiis hominesque Deosque.
Hunc Venus insequitur, lucem cum provehit almam
Sexta dies, Iovem[9] nata Venus, pia mater Amorum,
Perque leves auras iunctis invecta columbis
Advolat, inque sui durat statione diei.
Huic decor, et nullis facies obnoxia mendis,
Auricomumque caput, flavique in vertice crines,
Sidereique oculi, et vultus sine labe pudicus,
Et plane humano divina in corpore forma.
Ut merito huic cedant Gnidiae sacra marmora Divae,
Praxiteles olim tanta quam fecerat arte,[10]
Ut multorum hominum in sese converterit ora,
Accieritque procul Gnidon, in iuvenemque procacem
Ignibus a fictis veros immiserit ignes.
Tandem ubi iam summo nitidus se ostendet ab ortu
Lucifer, hebdomadique addet lux septima finem,
Horridus exibit vultu Saturnus atroci,
Pilento invectus. Socio lea iuncta draconi
Temonem ducit, dextra ipse immanis acerba
Infantem prensum crudeliter admovet ori,
Ut voret, et tepidos discerpat dentibus artus.
Laevo humero falcem gerit. hac mortalibus annos
Absecat, et tristem properat per funera mortem.

9 Iove *D2.*

10 *marg. D1 D2*: Plin. libr. 36. cap. 5.

und das königliche Zepter hält er selbst in blitzenden Fingern, und mit der Trabea[118] bekleidet hebt er die Zügel. Den Wagen führen Zugadler am gemeinsamen Joch, die Könige der Vögel, wie Jupiter als König alle Menschen und Götter mit ewiger Herrschaft regiert.
[vv. 290–302] Auf diesen folgt Venus, wenn der sechste Tag das segenspendende Licht hervorbringt, Venus, die Tochter des Jupiter, die fromme Mutter der Amoren, und sie fliegt durch die sanften Lüfte herbei, herangefahren von eingespannten Tauben,[119] und verharrt am Ort ihres Tages. Schön ist sie und ihr Äußeres mit keinem Makel behaftet, das Haupt goldhaarig und blond das Haar am Scheitel, die Augen strahlend wie Sterne, das Gesicht sittsam, ohne Fehl, und die Schönheit im menschlichen Körper vollkommen göttlich, so dass ihr verdientermaßen das heilige Marmorbildnis der knidischen Göttin weicht, die Praxiteles einst mit derart großem Kunstgeschick geschaffen hatte, dass sie die Blicke vieler Männer auf sich zog, diese fernher nach Knidos lockte und mit erfundener Liebesglut wahre Liebe in einem zudringlichen Jüngling entfachte.[120]
[vv. 303–313] Wenn schließlich vom höchsten Aufgang der strahlende Lucifer[121] sich zeigt und das siebte Licht die Woche beschließt, wird der starrende Saturnus, herangefahren auf einer Kutsche, mit wildem Antlitz herausgehen. Eine Löwin, verbunden mit einem Drachen als Begleiter, führt den Wagen. Er selbst, der ungeheuerliche, bewegt mit seiner abstoßenden Rechten auf grausame Weise das ergriffene Kind zum Mund, um es zu verschlingen, und zerreißt mit seinen Zähnen die schon erkaltenden Glieder.[122] Am linken Arm trägt er eine Sichel. Mit dieser schneidet er den Sterblichen die Jahre ab und eilt durch Begräbnisse zum grimmigen Tod hin.

118 Die purpurne, feierliche Variante der Toga, weiß oder scharlachrot gestreift.

119 Die Taube ist ein Attribut der Liebesgöttin Aphrodite-Venus.

120 Laut Plinius schuf der bereits in v. 41 genannte Praxiteles (s. Anm. 62) mit der Aphrodite von Knidos das herausragendste Standbild des Altertums. Der von Frischlin ausdrücklich referenzierte Plinius berichtet in seiner Naturgeschichte von der buchstäblichen Anziehungskraft der Statue, wie sie Frischlin erinnert (*nat.* 36,20f.): »Seine Werke [gemeint sind jene des Praxiteles] befinden sich in Athen auf dem Kerameikos; aber an erster Stelle aller Werke, nicht nur derer des Praxiteles, sondern auf dem ganzen Erdkreis, steht seine Aphrodite, zu der viele nach Knidos fuhren, um sie zu sehen. [...] Ihr kleiner Tempel ist ringsum ganz offen, so daß das Bild der Göttin von allen Seiten betrachtet werden kann, das, wie man glaubt, mit ihrem Segen verfertigt wurde. Von welcher Seite auch immer man sie sieht: sie verdient gleiche Bewunderung. Man berichtet, daß einer, der von Liebe ergriffen war, sich nachts verborgen hielt, das Standbild umarmte und als Beweis seiner Begierde einen Flecken hinterließ.« (Übers. nach Roderich König: C. Plinius Secundus a. Ä.: Naturkunde. Lateinisch–Deutsch. Buch 36: Die Steine. Düsseldorf [2]2007).

121 Der Lichtbringer (*lucifer*) meint den Morgenstern.

122 Zeus ausgenommen verschlang der mit Saturnus identifizierte Kronos alle seine mit Rhea gezeugten Kinder.

[D iij^{r}*]* Dira seni facies, et lurida mortis imago,
Terribilesque oculi, et sicca cava lumina fronte.
O securi homines, coecum qui tegitis[11] aevum,
Immemores lethi, huc oculos convertite vestros,
Et spectate gravis simulacrum flebile mortis,
Nam quid te Clarias animum coluisse per artes?
Quid silvis agitasse feras? Quid bella ciere?
Quid linguam eloquio iuvat informare diserto?
Regna quid, et totum patriis ditionibus orbem
Addere? Quid Veneris prodest decerpere fructus?
Omnia debentur morti, mors omnia tollit.
Nec tua te redimet multi doctrina laboris,
Nec validum robur membrorum, aut Martia virtus,
Nec dulce eloquium, nec regnum aut munera Croesi
Nec te blandus amor, Venerisque tenerrimus usus
Eripient mortis, quae dissipat omnia, falci.

(4) INDEX QUARTARUM HORAE, ET MINUTORUM CUM DUOBUS ANGELIS, DUOBUSQUE LEONIBUS.

Proxima nunc se offert supra ipsum Regula coelum
Aurea, quae quartas horarum tramite certo
Metitur partes, et quaque revolvitur hora,
Ostenditque oculis stella fulgente minuta,
Huic gemini appositi dextra laevaque coruscant
Aligeri infantes, formosi crinibus ambo,
Sidereisque oculis, et lucida membra decori,

11 degetis *D2.*

Der Alte hat ein grässliches Aussehen und ist das leichenblasse Abbild des Todes: Seine Augen sind schrecklich und liegen hohl auf der ausgetrockneten Stirn.
[vv. 314–327] O ihr sorglosen Menschen, die ihr ein mit Blindheit geschlagenes Leben führt, uneingedenk des Todes, wendet eure Augen hierhin und betrachtet das beklagenswerte Abbild des schweren Todes![123] Denn was nützt es, dass du deinen Geist mit den klarischen Künsten[124] verfeinert hast? Was, dass du im Wald Wildtiere gehetzt hast? Was, dass du Kriege erregt hast? Was nützt es, die Zunge mit beredtem Ausdruck zu bilden? Was, Reiche und den ganzen Erdkreis der ererbten Macht und Gewalt einzuverleiben? Was nützt es, die Früchte der Venus abzupflücken? Alles wird dem Tod geschuldet, der Tod hebt alles auf. Weder wird dich deine mühselig erworbene Bildung zurückkaufen noch die starke Kraft deiner Glieder oder Kriegstüchtigkeit, weder süße Beredsamkeit noch das Reich oder die Geschenke des Croesus,[125] auch die schmeichelnde Liebe oder der zarteste Gebrauch der Venus[126] werden dich der Sichel des Todes, der alles zersprengt, nicht entreißen.

(4) Der Viertelstunden- und Minutenzeiger mit zwei Putten und zwei Löwen

[vv. 328–341] Über dem Himmel selbst erscheint jetzt als nächstes ein goldener Zeiger, der auf fester Bahn die Viertelstunden misst und sich zu jeder Stunde einmal dreht und den Augen mit einem strahlenden Stern die Minuten zeigt. Ihm links und rechts beigesellt glänzen zwei geflügelte Knaben, beide mit schönen Haaren und Augen wie Sternen, und die Glieder leuchten zur Zierde,

123 Die hier erstmals angemahnte *meditatio mortis* vertieft Frischlin in den vv. 689–699/733–750. Vgl. auch Kühlmann 2016, 101.
124 Gemeint ist die Kunst des Apollo, dem auf Klaros eine bedeutende Orakelstätte geweiht war: die Dichtung.
125 Der Reichtum des lydischen Königs Kroisos/Croesus ist sprichwörtlich.
126 Metonymisch für die Liebe.

[D iij^v] Ut, quae nudorum tabula pinguntur Amorum.
Gratus in ore vigor, facies, quam dicere possis,
Angelicam in pueris, cervix, humerusque, manusque
Lacteolae, impubesque genae, quis plurimus ignem
Affudit rubor, et formosa per ora cucurrit.
Indum sanguineo veluti violaverit ostro
Si quis ebur, vel mista rosis ubi lilia fulgent.
Horum alter, cum lapsa sonos dedit hora supremos,
Sceptra manu movet, et totidem ciet aliger ictus.
Ut, cum forte novem modulantur carmina Musae,
In medio Phoebus tactumque modosque gubernat.
Alter, ubi finem dederit mors atra sonando,
Desieritque horae pulsus (mirabile visu)
Invertit vitrum laeva, inversumque tuetur.
Est geminum vitrum artifici sub pollice factum,
Lignoque inclusum tereti, circumque columnis
Distinctum exiguis, fundoque capacius imo
Ac supero. In medio cervix utriusque tenaci
Aptatur cera, et nodum coit aequa sub unum.
Pars supera in reliquam tenues devolvit arenas,
Metiturque horae labenti pulvere tempus,
Lamina quem parvo ferrata foramine mittit.
Qualis apud veteres erat olim Clepsydra Graios,
Defluxu tempus quae mensuraba*t*[12] aquarum,
Cecropiisque viris lucem signabat et horas,
Tale manu, quoties cursum definiit hora,
Aliger a dextro convertit limite vitrum.

12 *D2.* mensuraba *D1.*

wie jene der nackten Eroten, die auf einer Tafel gemalt werden.[127] Im Gesicht ist eine liebliche Frische, in den Knaben eine Schönheit, die du engelhaft nennen könntest, eine Nackenpartie, Arme und Hände, so weiß wie Milch, und kindliche Wangen, denen eine besonders kräftige Röte Feuer eingeflößt hat und die sich durch die schönen Gesichter zieht, wie wenn einer Elfenbein mit blutrotem, indischem Purpur befleckt, oder wenn Lilien durchmischt mit Rosen strahlen. [vv. 342–361] Der eine von beiden rührt ein Zepter mit der Hand, wann immer eine Stunde vorübergegangen ist und die letzten Töne hören lässt, und es holt die Putte zu ebenso vielen Schlägen aus, wie wenn die neun Musen gerade ein Lied singen und Phoebus in der Mitte den Takt und die Weisen schlägt. Der andere dreht – wunderbar zu schauen! – mit seiner Linken ein Stundenglas um, wenn der schwarze Tod mit Tönen das Ende gegeben und der Stundenschlag aufgehört hat, und verwahrt es dann verkehrt herum. Es ist ein Doppelglas, gemacht von kunstfertigem Finger, eingeschlossen in zartes Holz und ringsum unterschieden mit kleinen Säulen, und mit größerem Fassungsvermögen am unteren und am oberen Boden. In der Mitte wird der Hals beider Gläser mit zähem Wachs zusammengefügt und läuft gleichmäßig in einer einzigen Verbindung zusammen. Der obere Teil lässt winzige Sandkörner in den anderen rieseln und misst die Dauer einer Stunde, während der Sand, den ein mit Eisen beschlagenes Blech durch eine winzige Öffnung entlässt, herunterläuft. Wie einst bei den alten Griechen die Klepsydra,[128] die mit dem Herabfließen des Wassers die Zeit maß und den attischen Männern den Tag und die Stunden anzeigte, beschaffen war, dreht die Putte, sooft eine Stunde ihren Lauf vollendet hat, das Glas mit ihrer Hand im Uhrzeigersinn um.

127 Frischlin übernimmt den Vergleich mit den Eroten aus Ovids *Metamorphosen*. Beim römischen Dichter dient er dazu, die Schönheit des Adonis zu unterstreichen (*met.* 10,515–518).

128 Wasseruhr.

[D iiijv] Obvia turba hominum vultus ad sidera tollit,
Miraturque manus pueri, causasque requirit.
Sunt qui numen inesse putent: pars vivere credunt.
Plerique occultas puerili in corpore vi*r*es[13]
Permixtas dicunt. homines stupor arripit omnes.
Nec sane immerito: quis enim prius audiit unquam
Talia Lysippi caelo[14], tornove Myronis,
Praxitelisve exculpta manu? Quis vidit in orbe
Tale quid huic operi compar, similemve laborem,
Seu totam aspicias fabricam, seu singula membra?
Nam quid ego hic malum memorem? quid torta colubri
Pectora, et antiqui simulacra hic fixa Draconis,
Ut tabulae immineant, Adae testantia lapsum
Atque Evae, primorum hominum, quos perfida adegit
Fraus anguis vetitos decerpere ab arbore fructus?
Quid dicam infantes alios? Quid torva leonum
Ora, trucesque ungues, quibus illi insignia gestant
Argentorati, et galeam cristasque comantes?
Quid multis? Nihil est, quod quis desideret usquam,
Quando nihil defit, nihil ulla in parte redundat.

(5) ASTROLABIUM CUM SEPTEM PLANETARUM INDICIBUS ET DRACONE.

Sed qua laude canam? Quo denique persequar ore
Insignem viginti horis et quattuor arcum,
Et septem indicibus clarum, medioque Dracone,
Axeque signifero, et ductis a vertice gyris?

13 *D2.* vies *D1.*

14 coelho *D2.*

[vv. 362–381] Die entgegenkommende Menschenmasse hebt ihr Gesicht zu den Sternen empor und bestaunt die Hand des Knaben und fragt nach den Gründen. Es gibt solche, die glauben, eine göttliche Kraft wohne in ihm. Ein Teil glaubt, er lebe. Die meisten sagen, magische Kräfte seien unter den kindlichen Körper gemischt worden. Alle Menschen zieht das Staunen in seinen Bann. Und natürlich nicht umsonst. Denn wer hörte je zuvor, dass solches vom Grabstichel des Lysipp,[129] dem Drechseleisen des Myro[130] oder der Hand des Praxiteles[131] ausgemeißelt wurde? Wer sah auf der Welt etwas so Großes, das diesem Werk vergleichbar wäre, oder eine ähnliche Arbeit, magst du nun den ganzen Bau anschauen oder die einzelnen Bestandteile? Denn wozu erwähne ich hier den Apfel?[132] Wozu die Brust der gewundenen Schlange und das Bildnis des uralten Drachen, das hier angebracht ist, damit es über der Tafel rage und den Fall Adams und Evas bezeuge, der ersten Menschen, die der treulose Betrug der Schlange dazu brachte, die verbotene Frucht vom Baum abzupflücken? Wozu soll ich die anderen Kinder nennen? Wozu das finstere Gesicht der Löwen und die wilden Krallen, mit denen sie jenem die Insignien berühmten Straßburgs tragen, und den Helm und die behaarten Helmbüsche? Was bedarf es vieler Worte? Es gibt nichts, das man jemals vermissen würde; weil nichts fehlt, ist an keiner Stelle etwas im Überfluss vorhanden.

(5) Das Astrolabium mit Zeigern der sieben Planeten und einem Drachen

[vv. 382–399] Aber mit welchem Lob soll ich besingen, mit welchen Worten nun endlich einmal rühmen den Bogen, der mit vierundzwanzig Stunden ausgezeichnet ist und mit sieben Zeigern, einem Drachen in der Mitte, einer mit Zeichen versehenen Achse und vom oberen Punkt ausgehenden Kreisen hervorsticht?

129 Dem Altertum war Lysipp (4. Jh. v. Chr.) für seine besonders lebensechten Bronzeplastiken bekannt.

130 Wie Lysipp so ist auch Myro(n), Bildhauer des 5. Jh. v. Chr., berühmt für realitätsnahe Bronzeplastiken und für seine Tierdarstellungen. Vgl. dazu von Mosch 2021, 311–386.

131 Vgl. oben Anm. 62.

132 Die Frucht vom Baum der Erkenntnis.

[D iiij^v] Mirum opus ingenii, mirandae haec machina dextrae,
Qua melius nullum, qua nec perfectius unquam
Extitit artis opus, veterum nec docta virorum
Plenius ingenuo[15] monimenta labore pararunt.
Heu quod non apta est numeris haec fabrica nostris,
Et fugiunt molles desueta vocabula versus.
Nam quo hanc appellem, quove apto nomine digner?
Dicam Astrolabium, quamvis mihi curta repugnet
Syllaba, quando parum, quo dicam nomine, refert.
Ornari res ipsa negat, contenta doceri.
Et si qua externa referantur nomina lingua,
Hoc operis, non vatis erit. Non omnia flecti
Possunt, et propria melius sub voce notantur,
Ceu veterum quidam cecinit cultissimus augur,
Sed tamen unde mei capiam primordia versus?
Unde hic incipiam, tanta est ubi copia rerum?
Exterior limbus (quid enim vetat inde moveri?)
Quattuor et viginti apte discriminat horas,
Temporibusque dies et noctes terminat aequis.
Interior variis depicta est area gyris,
Orba omni motu pars horum circinat arcus,
Pars flexu incedit transverso, et dissecat orbes.
In medio punctum est (nostri de vertice nomen
Illi indunt, Arabum dixit vox barbara Zenith.)
Quod capiti insistens quavis regione locorum
Et quaque urbe suum, populis haud omnibus unum est.
Hoc aliqui cingunt arcus, instarque coronae.

15 ingenio *D2.*

Wunderbar ist das Werk des Genies, diese Maschine einer staunenswerten Rechten, verglichen mit der kein besseres, auch kein vollkommeneres Kunstwerk jemals existierte; auch die gelehrten Bauwerke der alten Männer haben unter Mühe nichts geschaffen, das reicher an erfinderischer Kunst wäre. Ach, dass dieser Bau sich nicht unserem Metrum fügt und sich die ungewohnten Begriffe den zarten Versen entziehen. Denn wie nenne oder mit welchem passenden Namen würdige ich diesen? Wenngleich mir die kurze Silbe widerstrebt, will ich ›Astrolabium‹ sagen, da es keinen großen Unterschied macht, mit welchem Namen ich es bezeichne. Die Sache selbst verbietet es, geschmückt zu werden, bescheidet sich damit, gelehrt zu werden. Und wenn irgendwelche Bezeichnungen mit ausländischer Zunge wiedergegeben werden, ist dies ein Problem des Geräts, nicht des Dichters. Nicht alle Bezeichnungen lassen sich flektieren und werden besser mit eigenen Lauten ausgedrückt, wie dies ein gewisser hochgebildeter Augur der Alten gesungen hat.[133]
[vv. 400–418] Aber dennoch – woher soll mein Vers seinen Anfang nehmen? Von wo soll ich hier, da die Fülle der Dinge so groß ist, anheben? Die äußere Einfassung (denn was verbietet, sich dorther vorzuarbeiten?) unterscheidet auf passende Weise 24 Stunden und grenzt die Tage und Nächte in gleiche Zeiten ab. Weiter innen findet sich eine Fläche, die mit verschiedenen Kreisen bemalt ist. Ein Teil von ihnen, der gänzlich der Bewegung entbehrt, macht kreisrunde Bogen, der andere Teil geht mit schiefer Krümmung hinein, und schneidet die Kreise. In der Mitte befindet sich ein Punkt (die Unsrigen legen ihm die Bezeichnung ›Scheitelpunkt‹ bei, die fremde Sprache der Araber nennt ihn ›Zenith‹). Er erhebt sich auf der Hauptscheibe und ist in jeder Erdregion, jeder Stadt ein eigener, nicht bei allen Völkern derselbe. Diesen Punkt umschließen die einen Bogen; sie sind so groß wie eine Krone

133 Zitat nach Manilius (*astronomica* 3,39–42): *ornari res ipsa negat* [...] *melius sub voce notantur*. Vgl. unten Anm. 140.

[E jr] Circumeunt, Arabes quos Almicantara dicunt.
Atque hi surgentes vasto de gurgite flammas
Monstrant, quotque gradus quaevis peragrarit. Eorum
Maximus, obliquo qui ducit fila meatu,
Arcus Finitor, terramque et sidera mutat,
Ostentitque aliud tibi coelum, aliudque relinquit.
Ipsum aliqui punctum dirimunt, mediumque pererrant
Transversum ducti[16] sublimi a vertice gyri.
Azimuth hos Arabum vox barbara nomine dicit.
Sunt tres praeterea diverso tramite picti,
Distantes spaciis inter se aequalibus orbes.
Alter ad octipedis deflectens brachia Cancri,
Aestivumque trahens medio sibi nomen ab aestu,
In quo producit Titan lucemque moramque
Fervidus, et longas[17] metitur tardior horas.
Alter Hyperborei vergens ad sidera Capri,
Ultima designat redeuntis lumina Phoebi,
Attingitque oram parvo discrimine limbi.
Tertius in media fabricae regione locatus
Componit spacio aequali noctemque diemque,
Signiferumque pari distinguit limite circum,
Lanigeri signo et lato curamine Librae.
Sunt orbes etiam bissenum hac parte domorum,
Omnia qui ostendunt totius limina coeli
I*n*ferius[18] picti, facies qua lata patescit
Astrolabi. His reliqui iuncti stant ordine gyri,
Quotquot inaequales monstrant mortalibus horas.

16 ductum *D2.*
17 longus *D2.*
18 *D2.* Iferius *D1.*

und verlaufen rings herum, die Araber nennen sie Almukantarate.[134] Und diese zeigen auch die Sterne, die aus dem unermesslichen Abgrund sich erheben, und wie viele Grade ein jeder durchwandert hat.

[vv. 419–434] Der größte von diesen, der auf gekrümmter Bahn die Fäden zieht, die Abgrenzung des Bogens, verändert Erde und Sterne und zeigt dir teils den Himmel, teils verlässt er ihn. Die anderen scheiden eben diesen Punkt und laufen quer durch die Mitte, nachdem sie vom höchsten Scheitelpunkt Kreise gezogen haben. Azimute nennt die ausländische Sprache der Araber sie mit Namen.[135] Außerdem sind drei in gleichen Abständen von einander entfernte Kreise mit unterschiedlichen Bahnen gemalt. Der eine neigt sich zu den Armen des achtfüßigen Krebses hinab und leitet seinen Namen *aestivus*[136] unmittelbar von der Hitze ab, in der der glühende Titan den Tag eine Zeitlang ausdehnt und recht träge die langen Stunden durchmisst. Indem sich der andere den Sternen des hyperboreischen Ziegenbocks zuneigt, bezeichnet er die letzten Lichter des wiederkehrenden Phoebus und berührt in geringem Abstand den Saum des Randes. Der dritte, platziert in der mittleren Gegend des Baus, vereinigt in gleichem Abstand sowohl die Nächte wie die Tage, und unterscheidet den Tierkreis nach gleich großen Häusern, mit dem Zeichen des Wolleträgers und mit dem weiten Bogen der Waage.[137]

[vv. 435–454] Weiter unten sind auf dieser Seite sogar Kreise der zwölf Häuser, die alle Schwellen des gesamten Himmels zeigen, gemalt, dort, wo die breite Oberfläche des Astrolabiums sich erstreckt. Mit ihnen verbunden stehen so viele weitere Kreise, wie den Sterblichen die ungleichen Stunden zeigen, wohlangeordnet da.

134 Zu dieser Spezialbezeichnung vgl. oben Anm. 17.
135 Zum astronomischen Begriff ›Azimuth‹ s. Anm. 18.
136 Der Sommerwendekreis.
137 Vgl. Ov. *met.* 2,130.

[E j^{v}] Hos super, incumbens Reti sua fila retorquet
Signifer ingenti stellarum cinctus amictu,
Sideraque ostentat tacito labentia motu
Leniter, et variis animantia picta figuris.
Laniger hic Aries, adversaque[19] Libra refulgent,
Hic Taurus, Tauroque adversus Scorpius ictu,
Hic gemini, appositoque minax Iacularius arcu,
Hic Cancer micat, et vultu Capricornus atroci,
Hic Leo, et obliqua fluvinalis Aquarius urna,
Hic Virgo, et Pisces adversi virginis astro,
Omnia reflexi plano signa addita gyri,
Aethereas per quae Phoebus moderatur habenas.
Isque fere totidem Circus convertitur horis,
Et duodena suo circumfert signa meatu,
Extima dividui quot denotat orbita limbi.
Sed neque carminibus centrum sublime tacebo,
Indicibus septem constructum atroque Dracone.
Quos inter primus labentis tempora Solis
Indicat, et lucem spaciis disterminat aequis,
Et quibus in vita communibus utimur horis
Noctes atque dies, digito circum indice monstrat.
Tum quod signiferi teneat Sol aureus astrum
Quoque die, quavisque hora, quamque altus ab undis
Oceani exierit, quo insistat vertice coeli,
Quamque domum intrarit (Sunt limina plura domorum).
At reliqui reliquos demonstrant orbe Planetas
Signifero circum errantes, mediumque loquuntur

19 adversasque *D2.*

Indem er sich auf das Rete legt, dreht über diesen Kreisen der Tierkreis, gegürtet mit einem ungeheuren Gewand von Sternen, seine Fäden rückwärts und zeigt langsam die Sterne, die in stiller Bewegung dahingleiten und, figürlich vielfältig dargestellt, zu leben scheinen. Hier leuchten der Wolle tragende Widder und die gegenüberliegende Waage auf, hier der Stier und dem Stier gegenüber der Skorpion mit seinem Stachel, hier die Zwillinge und der mit angesetztem Bogen drohende Schütze, hier blinkt der Krebs und mit wildem Gesicht der Steinbock, hier der Löwe und der fließende Wassermann mit seinem geneigten Gefäß, hier die Jungfrau, und gegenüber die Fische mit dem Stern der Jungfrau. Alle Zeichen, durch die Phoebus die himmlischen Zügel lenkt, sind der Fläche des gebogenen Kreises hinzugefügt. Und dieser Kreis dreht sich in der Regel in ebenso vielen Stunden und führt die zwölf Sternzeichen auf seiner Bahn herum, wie sie der äußerste Kreis des halben Limbus bezeichnet.

[vv. 455–482] In meinem Gedicht werde ich aber auch nicht das erhabene Zentrum verschweigen, das aus sieben Zeigern und einem finsteren Drachen besteht. Der erste von ihnen zeigt die Zeiten der gleitenden Sonne an und grenzt das Licht in gleiche Abschnitte ab und zeigt die Nächte und Tage, die wir im Leben in gemeinsamen Stunden besitzen, mit einem ringsum laufenden Anzeiger. Dann, an welchem Tag und zu welcher Stunde in welchem Sternbild des Tierkreises die goldene Sonne steht, wie hoch aus den Wogen des Ozeans sie hervorgegangen ist, auf welchem Scheitelpunkt des Himmels sie Halt macht und in welches Haus sie getreten ist (es gibt nämliche mehrere Eingänge in die Häuser). Die übrigen Zeiger jedoch bedeuten die verbleibenden Planeten auf dem Tierkreis, die ringsum irren, und nennen die mittlere

[E ij^r] Cuiusvis motum, quo signo quisque moretur
Zodiaci, quae quisque domus coelestia servet
Limina, quo celsi consistat vertice coeli,
Quantum hinc Hesperio, quantum illinc absit Eoo
Falcifer, aut surgens felici Iupiter ortu,
Gradivusve fero minitans immania vultu,
Aut Veneris sidus, Maiave Atlantide natus,
Aut quae noctivagis Luna implet cornibus orbem.
His Draco terribilis, squamisque ingentibus horrens
Additur indicibus, sinuatque volumina tergo
Immensa, et moto cum signis circuit axe.
Ille vias Lunae monstrat, Solisque labores,
Condit ubi ardentes atra caligine currus,
Involvitque orbem tenebris. Ille ora Dianae
Luce orbanda notat, quoties fraterna sorori
In capite et caudis opponit lumina Phoebus.
Quid tibi opus posthac numeratis arte tabellis,
Ut ventura notes obscuri lumina Solis,
Stellarumve faces longe lateque requiras,
Et quantum a media distent erratica meta
Sidera Signiferi, et coeant quo rursus in axe,
Atque iterum oppositis opponant ignibus ignes?
Hic propius cernis, quos dant vaga sidera, vultus,
Cernis congressus varios, et mutua nexu
Corpora iuncta suo, et socio concordia motu,
Cernis et oppositos, quos praebent desuper, ignes.
Hic media sub nocte vides argentea Solis

Bahn eines jeden, bei welchem Zeichen des Zodiaks sich jeder aufhält, welches Haus ein jeder hütet, auf welchem Scheitelpunkt des Himmels ein jeder Halt macht, wie weit auf dieser Seite vom Abendstern, wie weit auf jener vom Morgenstern der Sichelträger entfernt ist, ebenso Jupiter, der sich vom glücklichen Aufgang erhebt, oder Gradivus, der mit wildem Gesicht Gewaltiges androht, der Stern der Venus oder der Sohn der Atlantin Maia, oder welche Luna mit nächtlich schweifenden Hörnern den Erdkreis erfüllt. Starrend vor gewaltigen Schuppen, wird diesen Anzeigern ein schrecklicher Drache hinzugefügt; in gewaltigen Kreisen windet er den Rücken und geht auf einer beweglichen Achse mit den Zeichen im Kreis. Er zeigt die Wege des Mondes und die Mühen der Sonne, wenn der Wagen mit dunklem Nebel die Sterne verbirgt und den Erdkreis in Finsternis hüllt. Er bezeichnet die Züge Dianas, die sich verdunkeln muss, sooft Phoebus der Schwester die brüderlichen Lichter am Haupt und im Schweif gegenüberstellt.
[vv. 483–500] Wozu benötigst du hernach die kunstvoll bezifferten Tabellen? Damit du die kommenden Lichter der dunklen Sonne bemerkst oder die Strahlen der Sterne lange und weithin erforschst, wie weit von der mittleren Bahn die irrenden Sternzeichen des Tierkreises entfernt sind, in welcher Achse sie wieder zusammenkommen und den gegenüberliegenden Sternen Licht spenden? Hier siehst du genauer, welche Züge die schweifenden Sterne zeigen, siehst du die verschiedenen Konstellationen und die durch ihre Verknüpfung wechselseitig verbundenen Körper und die Eintracht in der gemeinsamen Bewegung, siehst auch die entgegengesetzten Sterne, die sie darunter zeigen. Hier siehst du mitten in der Nacht die goldenen Lichter der Sonne

[E ij^{v}] Lumina fulgere, et media sub luce Dianam
Splendere, et coelum noctuque dieque coruscum,
Stellarumque faces, seu clara lampade Phoebus
Illustret coelum, seu nubilus ingruat aether,
Cum neque sunt astrorum ignes, nec lucidus aura
Siderea polus, obscuro sed nubila coelo,
Et Lunam in nimbo nox intempesta recondit.
O mirandum opus! Et quisquam satis omnia versu
Explicet, aut possit verbis aequare laborem?
Eheu, cur numeris volui committere tantum
Pondus, et insuetos coecus perrepere saltus,
Perque vias nostris mortalibus ire negatas?
Nam quis sat dignis possit comprehendere verbis
Omnia, quae miris haec praestat machina normis?
O vates Lucane, et tu sublimis Arate,
Tuque potens numeris et mente sagace Manili,
Hoc debebatis iam primum vivere seclo,
Ut vestri ornarent opus hoc mirabile versus,
Quando hodie pauci coelestia sidera vates
Rimati aetherios celebrarunt carmine motus.
Sed quia nunc vobis, fato poscente, carendum,
Esto satis, nostrae quod tentavere Camoenae.

(6) LUNAE ILLUMINATIONES.

Ecce autem interea stellati limen Olympi
Panditur, et faciem Lunae mortalibus offert.
Qualis enim vero profulget menstrua coelo

strahlen und mitten am Tag Diana leuchten, den Himmel bei Nacht und Tag funkeln und die Lichter der Sterne, mag nun Phoebus mit heller Fackel den Himmel erleuchten oder der Himmel Wolken auftürmen, wenn weder das Licht der Sterne sichtbar noch der Himmel hell vom Sternenschimmer ist, sondern Wolken am dunklen Himmel hängen und tiefe Nacht den Mond in einer Regenwolke verbirgt.
[vv. 501–515] O es ist ein staunenswertes Konstrukt! Wer könnte denn alles hinreichend in Versen erklären oder vermöchte mit Worten dem Werk gleichzukommen? Ach, warum wollte ich eine so große Last den Versen aufbürden und blind die ungewohnten Triften durchstreifen und Wege durchschreiten, die uns Sterblichen untersagt sind? Denn wer könnte genügend mit würdigen Worten alles erfassen, was diese Maschine mit staunenswerten Messinstrumenten bedeutet? O Dichter Lucan[138] und du, erhabener Arat,[139] und du Manilius,[140] versmächtig und mit scharfem Verstand, ihr hättet schon längst in diesem Jahrhundert leben müssen, damit *eure* Verse dieses staunenswerte Konstrukt schmücken könnten, da in unserer Zeit nur wenige Dichter, die die himmlischen Sterne durchforscht hatten, die Bewegungen des Himmels in einem Gedicht besangen. Aber weil man jetzt, da es das Fatum so will, Euch entbehren muss, sei es genug, was unsere Musen versucht haben.

(6) Die Mondphasen

[vv. 516–535] Aber siehe, inzwischen öffnet sich die Schwelle zum bestirnten Olymp und zeigt den Sterblichen das Antlitz des Mondes. Denn wie am echten Himmel

---

138 Marcus Annaeus Lucanus, Epiker des 1. Jh.s n. Chr, berühmt für sein Epos *De bello civili* (bzw. *Pharsalia*) über den römischen Bürgerkrieg zwischen Caesar und Pompeius. Kennzeichnend für Lucans Werk ist ein gegenüber Vergils *Aeneis* weit pathetischeres Register.

139 Vgl. oben Anm. 81.

140 Marcus Manilius, römischer Dichter und Astrologe (1. Jh. n. Chr.). Sein bekanntestes Werk ist ein Versgedicht über Astrologie und Astronomie in fünf Büchern (*Astronomica*), das als Orientierung für die Konstruktion der Straßburger Münsteruhr gedient haben soll.

[E iij^{r}] Dictynna, alternatque vicet, et lumina quondam
Exerit, aut faciem obscura caligine mergit,
Nunc nova, nunc pleno complens sua cornua vultu,
Nunc medium sinuans diviso lumine gyrum,
Talis in hoc etiam varia micat aethere forma
Cynthia, nec faciem retinet sibi semper eandem,
Interdumque micat, lumenque obscura vicissim
Deprimit, obtusis interdum cornibus errat.
Saepe revertentes sinuata recolligit ignes,
Saepe coit pleno completis cornibus orbe,
Et solida humentes prospectat imagine terras.
Regula quin etiam, parili circumflua motu,
Aetatem illius telo demonstrat acuto,
Lumine seu crescat, medium seu contrahat orbem.
Utque rota inferior totum tibi denotat annum,
Astrolabumque dies quosvis designat et horas,
Sic ista exactum commonstrat regula mensem.
Quis furor, Aeaeo deductam carmine Lunam
Credere, Medeaeve olim pollentibus herbis
Detractum summo coeli de vertice Solem?
Carmina nil coelo possunt inferre, perenni
Quod lege innocuum manibus non subiacet istis,
Nec patitur gelidi violenta aconita veneni.
Sola ars, quae coeli motus rimatur, et ortus
Occasusque notat, longoque examinat anno,
Est Medea sagax, est Solis filia Circe.
Sed mihi vos causam interea memorate Camoenae,

Dictynna[141] monatlich aufleuchtet und sich verändert, zuweilen ihr Licht zeigt oder ihr Gesicht in undurchdringliche Finsternis taucht, ihre Hörner bald neu, bald zu einem vollen Gesicht anfüllt, den Kreis bald zur Hälfte mit geteiltem Lichtstrahl krümmt, so blinkt Cynthia[142] auch an diesem Himmel in verschiedenen Formen und bewahrt nicht immer dasselbe Aussehen; manchmal blinkt sie oder dämpft demgegenüber das Licht, manchmal irrt sie mit stumpfen Hörnern. Bald sammelt sie gekrümmt die zurückkehrenden Lichter wieder ein, bald läuft sie am vollen Himmel mit vollen Hörnern zusammen und schaut in ganzer Gestalt auf die feuchte Erde. Ja der Zeiger, in gleichförmiger Bewegung herumfließend, offenbart mit spitzem Pfeil sogar ihre Zeitphase, ob sie mit dem Licht zunimmt oder abnimmt. Und wie die untere Scheibe dir das ganze Jahr und das Astrolabium jeden beliebigen Tag und die Stunden anzeigt, so gibt dieser Zeiger den genauen Monat an.

[vv. 536–544] Welch Irrsinn, zu glauben, der Mond sei vom ääischen Zauberspruch[143] herabgeführt oder die Sonne einst mit den mächtigen Kräutern der Medea[144] vom höchsten Scheitel des Himmels hinuntergezogen worden! Zaubersprüche können dem Himmel nichts anhaben, weil er unversehrt gemäß ewiger Satzung keinen solchen Mächten unterliegt und auch das schädliche Gift des tödlichen Eisenhuts nicht duldet. Allein die Kunst, welche die Bewegungen des Himmels durchforscht und die Aufgänge und Untergänge registriert und im langen Jahr untersucht,[145] ist eine scharfsinnige Medea, ist eine Kirke,[146] die Tochter des Helios.

[vv. 545–565] Aber, ihr Musen, nennt mir indessen den Grund,

141 Wie Cynthia (siehe Anm. 108 zu v. 253) sind Dictynna und Phoebe (v. 566) Epitheta der Mondgöttin Luna.

142 Vgl. oben Anm. 119.

143 Frischlin hat die antike (abergläubige) Erklärung für Mondfinsternisse vor Augen, wonach thessalische Hexen mit Zaubersprüchen den Mond herabführen; diese Vorstellung liegt auch der unten in Anm. 144 angeführten Stelle aus den *Metamorphosen* Ovids zugrunde.

144 Die Junktur *pollentibus herbis* verweist auf ein Gebet der Medea in den *Metamorphosen* Ovids (7,192–219). Während Frischlin die in den Zauberkünsten bewanderte Medea die Sonne hinunterziehen lässt, ist es bei Ovid der Mond, den Medea herabzuführen vermag (v. 207).

145 Die Astronomie.

146 Zauberin (Tochter des Helios).

[E iij^v] Cur, modo cum totum complevit lumine gyrum,
Decrescat rursum, et sinuet nova cornua Luna,
Donec in obscuras mergatur tota tenebras.
An, quia parte sui media globus ipse nitorem
Fert proprium, et varias splendor solet edere formas,
At parte ex reliqua nitidi stat luminis expers,
Dimidiumque globi obscura caligine mersum est?
Ut cum forte pilam candenti lumine pictor
Ornavit parte ex media, mediaque reliquit
Obscuram, et nulla fulgentem luce coloris.
Cumque globum profert lucentem ex aethere Luna
Orbe voluta suo, paulatim cornua sumit,
Et lucem ostendit, donec pars fulgida totam
Extulerit faciem, et plenum compleverit orbem.
Inde minutatim lumen Lunare recedit,
Hincque aliquid de lucifera parte abditur, illinc
Obscurae quiddam partis succedit in orbem,
Velato donec fiat nova lumine Luna?
Nam sic Astologi veteri Babylone docebant,
Culta ut sublimis testantur scripta Lucreti.
An vero, quia fraternis obnoxia Phoebae
Stat radiis, Solisque micat perculsa nitore,
Luce carens omni, nisi quam de sole receptam
Spargit, et in fuscas per noctem proiicit umbras?
Utque rei in speculo repraesentatur imago,
Inque acies nostras ab eodem missa recurrit,
Si*c*[20] Solis nocturna capit Diana figuram,

20 *D2*. Si *D1*.

weshalb Luna, sobald sie ihr Rund gänzlich mit Licht angefüllt hat, wieder abnimmt und neue Hörner formt, bis sie völlig in tiefe Finsternis taucht.[147] Etwa, weil die Kugel auf ihrer einen Seite eigenen Glanz führt und die Helle verschiedene Formen von sich zu geben pflegt, sie auf der anderen jedoch des glänzenden Lichtes entbehrt und die Hälfte der Kugel in undurchdringliches Dunkel getaucht ist, wie wenn etwa ein Maler einen Ball zur Hälfte mit strahlendem Licht ziert und zur Hälfte dunkel und von keinem Licht des Anstrichs leuchten lässt? Und wenn Luna, nachdem sie ihre Bahn durchlaufen hat, die Kugel leuchtend aus dem Äther hervorbringt, allmählich ihre Hörner nimmt und ihr Licht offenbart, bis der strahlende Teil das ganze Gesicht heraufgebracht und den Kreis vollständig angefüllt hat – zieht sich das Mondlicht daraufhin schrittweise wieder zurück und wird auf der einen Seite etwas von der Licht bringenden Hälfte verborgen, während auf der anderen ein Teil in das Rund der dunklen Hälfte folgt, bis ein neuer Mond aufgeht, nachdem er sein Licht verhüllt hat? Denn so lehrten es die Astrologen im alten Babylon, wie die kundigen Schriften des erhabenen Lukrez[148] bezeugen.

[vv. 566–586] Oder aber, weil Phoebe auf die Strahlen ihres Bruders[149] angewiesen ist und nur berührt vom Glanz des Sol strahlt, wobei sie des Lichtes gänzlich entbehrt, wenn sie nicht welches, das sie von der Sonne empfangen hat, streut und durch die Nacht in die bräunlichen Schatten wirft? Und wie das Bild einer Sache im Spiegel dargestellt wird und, von ebendiesem zurückgeworfen, in unsere Augen gelangt – fängt so die nächtliche Diana die Gestalt der Sonne

147 Frischlins Diskussion des Lichtwechsels des Mondes (vv. 545–586) folgt (bis in die Bildsprache hinein) der entsprechenden Partie (vv. 705–736) im fünften Buch von Lukrezens Lehrgedicht *De rerum natura*. Die Erklärungen, die Frischlin für den Lichtwechsel gibt, sind gegenüber seiner Vorlage jedoch vertauscht: So erwägt Lukrez zuerst, der von der Sonne erleuchtete Mond nehme in Abhängigkeit von seiner relativen Position zur Sonne unterschiedliche Formen an, und erst im Weiteren zieht er in Betracht, dass der (sich um die eigene Achse drehende) Mond wenigstens zur Hälfte eigenes Licht führen könne. (Eine dritte Begründung des Römers klammert Frischlin aus.) Der Vergleich des Mondes mit einer Kugel ist ebenfalls lukrezisch. Vgl. Frick/Grütter 2021, 543f.

148 Vgl. Lucr. 5,720–730.

149 Phoebus bzw. Apollo, identifiziert mit Helios.

[E iiijr] Lucemque et radios, quibus illustrata revisit
Mortales oculos, et noctis semovet umbras?
Longius hinc quanto solis secedit ab orbe,
Tanto eadem semper maiori lumine crescit,
Donec eum adversa mundi prospectat ab ora,
Exoriensque videt[21] labentis lumina Solis,
Et plenis effert completum cornibus orbem:
Inde reversa, suique petens primordia signi,
Qua nova deserto natalia cornua Phoebo
Sumserat, ex alio signorum tramite cursum
Dirigit, et quanto propius iam Solis ad ignes
Accedit, tanto magis ac magis aurea condit
Lumina, fitque minor, donec iam proxima Soli
Iungitur, ostenditque novum mortalibus orbem?
Sed quo progredior? Vos haec memorare potestis
Aptius Astrologi, qui, quae natura negavit
Visibus humanis, oculis ea mentis aditis.
Nunc alio me vela vocant, feror aequore magno,
Et longum mihi restat iter, circumque tuenti
Multa nova occurrunt versu memoranda recenti.
Nam quocumque oculos, fabricae usque ad culmina vertas,
Obvia semper ibi, quae demireris, habebis.

(7) IMAGINES QUATUOR HORAE PARTIUM, SEU QUARTARUM.

Iamque adeo numeris veniunt celebranda, lebetes
Quae circum assiduo volitant simulacra meatu,

21 vidit *D2.*

sowie Licht und Strahlen ein, von denen erleuchtet sie die Augen der Sterblichen aufsucht und die Schatten der Nacht beiseiteschafft? Je weiter sie sich entfernt vom Rund der Sonne, mit desto größerem Licht wächst sie, bis sie auf jene vom entgegengesetzten Rand des Kosmos blickt und in ihrem Aufgang die Lichter der gleitenden Sonne sieht und mit vollen Hörner den gefüllten Kreis erscheinen lässt; nachdem sie sich von dort umgewandt hat, strebt sie zum Ursprung ihres Zeichens zurück, wo sie beim Verlassen des Phoebus neu entstehende Hörner angenommen hatte, lenkt den Lauf aus einer anderen Bahn der Zeichen, verbirgt, je näher sie schon den Strahlen des Sol kommt, mehr und mehr ihre goldenen Lichter und wird kleiner, bis sie schon als Nachbarin dem Sol beigesellt wird und den Sterblichen einen neuen Kreis zeigt.
[vv. 587–594] Aber wohin schreite ich voran? Ihr Astrologen könnt dies auf passendere Weise darlegen, die ihr euch den Dingen, welche die Natur den menschlichen Blicken versagt, mit den Augen des Geistes nähert. Nun rufen mich meine Segel[150] anderswohin, ich werde getragen auf einem großen Meer, und ein langer Weg steht mir noch bevor, und ringsum begegnen dem Betrachter viele neue Dinge, die in neuer Poesie darzulegen sind. Denn wohin auch immer du die Augen wendest, bis zur Spitze des Baus – du wirst dort immer Dinge vorgesetzt bekommen, bei denen du mit Verwunderung verweilen wirst.

(7) Bilder der vier Stundenabschnitte bzw. der Viertelstunden

[vv. 595–602] Und schon erscheinen Gestalten, die, in Versen zu feiern, um ein Becken herum in beständigem Lauf fliegen,

150 Topische Metaphorisierung der Dichtung als Schiff. Vgl. Curtius ^{3}1961, 138–141. Für die Lehrdichtung ist die Schiffsmetapher in Ovids *Fasti* belegt (2,1–4; 2,863f.). Vgl. auch Grütter 2020, 75.

[E iiij^{v}] Et sese pariter fugiunt, pariterque sequuntur,
Quadruplicique horae pulsant discrimine partes,
Quattuor omnino (Tot enim distinguitur hora
Partibus, ut solers veterum doctrina probavit).
Haec nostrae peragunt sculptis imitamina membris
Quadrifidae aetatis, nostros mentita colores.
Iamque ubi prima horae delapsa est quarta, sonumque
Poscit, ibi parvus, puerique simillimus aevo,
Infans progreditur, flaventique aerea malo
Tintinnabla ferit, sonitumque dat acriter unum.
Egregius forma puer, et florentibus annis,
Succinctus Tyriam chlamydem, cultuque superbus.
Quo parvos regum posset praecedere natos.
Laudaret faciem Livor quoque nam decor oris
Integer, et nigri formosae frontis ocelli,
Et malae impubes, et eburnea colla, manusque
Lacteolae, et Phryxo crines et Apolline digni.
Quid multis? Pueri numeris decor omnibus aptus,
Ut similem huic quondam vix aurea viderit aetas.
Mox, ubi quarta horae tacito venit altera lapsu,
Consequitur telo iuvenis, duroque secundam
Partem horae pulsu quatit et conduplicat ictum.
Illi imberbis adhuc facies, et concolor aevo
Vultus, et apta comis verno de flore corona.
Tum praetexta pedes vento demissa sub imos.
Membris robur inest, et adhuc florentior aetas
Apparet, viridesque genae, rubefactaque picto

einander ebenso fliehen wie folgen und, vier im Ganzen, die vierfältig unterschiedenen Teile der Stunde schlagen. (Denn in so viele Abschnitte gliedert sich die Stunde, wie die geschickte Lehre[151] der Alten erwiesen hat.) Indem sie unser Äußeres[152] angenommen haben, stellen sie Abbilder unserer vier Lebensalter mit gemeißelten Gliedern dar.

[vv. 603–615] Und sobald schon die erste Viertelstunde vorüber ist und einen Ton verlangt, schreitet dort ein kleines Kind, das dem Knabenalter überaus ähnlich ist, hervor, schlägt mit einem goldenen Stock eherne Schellen und lässt einen einzigen, scharfen Ton hören. Der Knabe ist von herausragender Schönheit und steht in der Blüte seiner Jahre, bekleidet mit einem tyrischen[153] Mantel und stolz auf seine Kleidung, mit der er die kleinen Söhne von Königen übertreffen könnte. Auch der Neid lobte sein Äußeres,[154] denn unversehrt ist die Zier des Gesichtes, schwarz die Äuglein auf der schönen Stirn, die Wangen noch unerwachsen, der Hals elfenbeinern, die Hände milchweiß, die Haare eines Phrixus[155] wie eines Apollo würdig.[156] Wozu viele Worte? Die Anmut des Knaben, wie eine ihr ähnliche das Goldene Zeitalter[157] kaum einst gesehen hat, passt zu allen Versen.

[vv. 616–624] Sobald die zweite Viertelstunde still dahergleitet, folgt bereits ein Jüngling mit einem Pfeil nach, und mit einem harten Schlagstock schlägt er den zweiten Teil der Stunde und verdoppelt den Hieb. Sein Gesicht ist noch ohne Bart, und seine Züge entsprechen dem Lebensalter, und ein Kranz aus Frühlingsblumen schmückt sein Haar. Ferner ist die Purpurtoga vom Wind bis auf die Füße herabgelassen. Seinen Gliedern wohnt Kraft inne, und noch erscheint das Lebensalter recht blühend, frisch wirken die Wangen, das Gesicht ist rot von aufgemaltem

151 Junktur (*quattuor omnino*) nach Hygin (*astr.*, 3,11 u. 34).

152 Eine menschliche Gestalt.

153 Purpurfarben (die phönizische Stadt Tyrus florierte dank Purpurhandel).

154 Frischlin greift damit neuerlich den Passus aus Ovids Adonis-Erzählung auf (vgl. oben Anm. 127).

155 ›Krauswollige Haare‹, abgeleitet von der mythologischen Figur des Phrixus (vgl. Val. Fl. 1,291–293): Sohn des Athamas, des König von Böotien, und Nephele. Floh mit seiner Schwester Helle auf dem goldenen Widderkalb über das Meer; Helle verlor den Halt und stürzte ab (Hellespont). Phrixus erreichte das Land Kolchis, wo er den Widder opferte. Dessen Fell, das goldene Vlies, hängte er im heiligen Hain des Ares auf (vgl. Hyg. *fab.* 2,3,14,21; Ov. *her.* 17).

156 Die Dichtung legt dem Apoll gerne das Beiwort ›goldlockig‹ bei.

157 Die Vorstellung eines Goldenen Geschlechts (Hesiod) bzw. Zeitalters (Vergil, Ovid) steht am Beginn der antiken Kulturtheorien und beschreibt, innerhalb eines teilweise zyklisch gedachten Dekadenzmodells, einen idealen, friedvollen Urzustand. Arbeit und Krieg sind demgegenüber Charakteristika des Silbernen resp. des Eisernen Zeitalters. Zur Idee der ›Roma aeterna‹ vgl. Koch 1969.

[F jr] Ora croco, et solidis constantes viribus artus.
Excipit hunc leni paulo maturior aevo
Vir fortis, mediusque inter iuvenemque senemque
Temperie, et sumptis miles generosus in armis.
Namque habilis lateri gladius, loricaque tergo,
Et capiti galea est, et rubrae cornua cristae.
Dextra manus clavam regit; hanc, ubi tertia fluxit
Quarta horae, valide vibrat, et triplici insonat ictu,
Tandem, ubi summa horae veniunt momenta peractae,
Cana fronte senex, et fessus anilibus annis
Incedit, tardoque movet membra horrida passu,
Adiutis curvo baculi fulcimine nervis.
Canicies veneranda illi, promissaque barba,
Ipsa etiam cana, et discrimine secta bicorni
Prominet in rigidum pectus, tum plurima vultum
Ruga arat, inque cava stant humida lumina fronte.
Pero pedem tegit, antiquo pro more galerus
Tegmen inest capiti talos descendit ad imos
Laena duplex, hirtum removetque a frigore corpus.
Tunc ubi quarta sonum poscit suprema, senilem
Attollit baculum, sua tela, et tinnula plagis
Aera domans tremulis, aegre dat quattuor ictus.
Egregius sane ludus, mirandaque dextrae
Humanae fabrica, et magni res plena decoris,
Nec prisci immerito septem miracula mundi
Inter habenda, illis si non praeponere possis.
Fertur Erechthides sta*t*uas[22] posuisse, videntum

22 *D2.* stauas *D1.*

Safran und die Glieder bestehen in festen Kräften.
[vv. 625–631] Ihm unmittelbar folgt ein etwas reiferer tapferer Mann mittleren Alters; er hält nach seiner Beschaffenheit die Mitte zwischen Jüngling und Greis und ist ein edel gesinnter Soldat im Waffenrock. Denn an der Seite trägt er ein handliches Schwert, am Rücken einen Brustpanzer und auf dem Kopf einen Helm und einen roten Helmbusch. Die rechte Hand führt einen Schlägel; diesen schüttelt er kräftig, sobald die dritte Viertelstunde verflossen ist, und lässt drei Schläge ertönen.
[vv. 632–645] Sobald die letzten Augenblicke der vollendeten Stunde kommen, schreitet endlich ein Greis einher, die Stirne grau und matt vom hohen Alter, und mit langsamen Schritten bewegt er die starrenden Glieder; die Muskeln werden von einem gebogenen Stock gestützt. Er ist von ehrwürdigem Alter, und der Bart, den er sprießen ließ – selbst schon grau und in zwei Zipfel mündend geschnitten –, ragt hinein in die starre Brust. Außerdem pflügen zahlreiche Furchen das Gesicht, und in der hohlen Stirn sitzen feucht die Augen. Ein Stiefel bedeckt den Fuß, auf dem Kopf befindet sich als Bedeckung ein Hut nach altem Brauch, nach unten geht ein doppelter Mantel zu den Knöcheln herab und schützt den rauen Körper vor der Kälte. Sobald dann die letzte Viertelstunde den Ton einfordert, hebt er den Greisenstock, seine Waffe, hoch und gibt, indem er die tönenden Eisen mit zitternden Schlägen bändigt, mit Mühe vier Hiebe.
[vv. 646–660] In der Tat ein vortreffliches Spiel, ein staunenswerter Bau einer menschlichen Hand, eine Erscheinung voll großer Anmut und verdientermaßen unter die sieben alten Weltwunder[158] zu rechnen, wenn man es jenen nicht sogar voranstellen könnte. Der Erechthide Daedalus[159] soll Standbilder aufgestellt haben, Betrachtern

158 Zu diesen Weltwundern gehören: die Pyramiden (v. 669), das Mausoleum (v. 670), der Artemis-Tempel in Ephesos (v. 671 u. 833), die Zeus-Statue in Olymp (v. 282f. u. 834), der Koloss von Rhodos (vv. 838f.).

159 Daidalos (Daedalus), der Vater des Ikaros, ist ein Nachkomme des Erechtheus, eines mythischen attischen Königs. Für Erfindungsgabe und handwerkliches Geschick bekannt, ist sein Name untrennbar mit dem Minotaurus-Mythos verknüpft, auf den Frischlin in den vv. 654–657 anspielt. – Von den lebensechten (Holz-)Statuen des Daidalos (vv. 650–653) berichten beispielsweise Platon (*Men.* 97d–98; *Euthyphr.* 11c–d; 15d) und Diodor (4,67).

[F jv] Viventumque pares, et lignea Daedalus ora
Sponte impulsa sua, ac vivos spirantia vultus,
Vocalemque sonum in multis finxisse figuris.
Fertur in errorem variarum ambage viarum
Duxisse ambiguo Minoia limina flexu,
Inque illis geminam tauri iuvenisque figuram
Clausisse, Actaeo bis pastum sanguine monstrum.
Fertur et haec eadem Minois regna perosus
Insuetum per iter septem petiisse Triones,
Praepetibus pennis ausus se credere coelo.
Omnia pene fide finxit maiora vetustas,
Artifices mirata suos, et Graecia mendax
Indigenum evexit nimio rumore labores.
At nihil huic quondam veteres vidistis Athenae
Par operi, nec clara tuo Rhodos aurea Sole,
Nec Phrygii Pelopis tellus, nec Pisa nec Elis,
Nec tu, Roma potens, multisque superba theatris,
Et Martis Campo et Tarpeii culmine templi,
Nec tu Pyramidum cultrix Aegyptia tellus,
Nec Mausolaeo tumidissima Caria busto,
Nec Triviae mirata Ephesus memorabile templum.
Nam coeci haec fuerant spectacula ludicra mundi
Pleraque, nec magnum miseris mortalibus usum
Praeter vana dabant cupidae oblectamina menti.
At signa haec tereti circum labentia motu,
Et totam brevibus complentia passibus horam,
Egregia humanae monimenta aetatis, operta

und Lebenden gleich, und Gesichter aus Holz, die sich aus eigenem Antrieb bewegten; lebensechte Züge soll er gebildet haben und tönende Laute in vielerlei Gestalten. Den minoischen Palast soll er auf labyrinthischen Abwegen mit ungewissen Gabelungen in die Irre geführt und darin ein Doppelwesen aus Stier und Jüngling[160] eingeschlossen haben, ein Ungeheuer, das zweimal von attischem Blut genährt wurde. Auch soll er, voller Hass auf ebendieses Reich des Minos, auf ungewohntem Weg zum Siebengestirn[161] emporgeflogen sein, nachdem er das Wagnis eingegangen war, sich mit schnellen Flügeln dem Himmel anzuvertrauen.

[vv. 661–674] Die alte Zeit ersann alles einigermaßen Bedeutende, wiewohl wenig glaubhaft, weil es seine Künstler bewunderte, und das lügnerische Griechenland überhöhte die Leistungen der Eingeborenen mit allzu großem Beifall. Jedoch habt ihr Alten in Athen nichts gesehen, was diesem Werk vergleichbar wäre, weder du, berühmtes Rhodos, golden von deiner Sonne,[162] noch die Erde des phrygischen Pelops, weder Pisa noch Elis, weder du, mächtiges Rom, stolz auf viele Theater, auf das Marsfeld[163] und den Gipfel des tarpejischen Tempels,[164] noch du, ägyptische Erde, Erbauerin der Pyramiden, weder Karien, das sich mit seinem mausoléischen Grab brüstet,[165] noch Ephesus, das seinen berühmten Tempel der Trivia[166] bewunderte. Denn diese waren meist kurzweilige Schauspiele einer verblendeten Welt, auch gaben sie den armen Sterblichen keinen großen Nutzen außer nichtige Erheiterung für den begierigen Geist.

[vv. 675–681] Aber diese Figuren, die ringsum gleiten auf runder Bahn und die mit kleinen Schritten die ganze Stunde ausfüllen, herausragende Mahnmale der menschlichen Lebenszeit, lehren uns auf verhüllte Art und Weise,

160 Vgl. oben Anm. 159.

161 Das Siebengestirn steht hier metonymisch für den Himmel.

162 Frischlin spielt auf den Koloss von Rhodos an (vgl. oben Anm. 158).

163 Der den Krieg versinnbildlichende Campus Martius, auf dem Augustus im Jahr 13 v. Chr. symbolisch die Ara Pacis errichten ließ. Vgl. Rossini 2007.

164 Vgl. oben Anm. 84.

165 Vgl. oben Anm. 158.

166 Gemeint ist der Artemis-Tempel in Ephesos, vgl. oben Anm. 158.

[F ij^{r}] Nos ratione docent uti mortalibus annis,
Quando brevis miserae nobis data portio vitae,
Obrepitque homini non intellecta senectus,
Et momento aetas angustae labitur horae.
Ergo infans primum qui malo personat ictum,
Aetatem primam nascentesque indicat annos.
Ille docet tenerae lusus et lubrica vitae
Tempora, quamque cito decurrant omnia lapsu,
Ille docet fragili nihil esse fugacius aevo,
Ille docet vitamque suam formaeque decorem
Expositum morti, tacitoque senescere passu.
O pueri, huc oculos crebro convertite vestros,
Disciteque, o miseri, quam praeceps alea vitae,
Quam dubia haec aetas, quam paucis transeat horis.
Nam frustra, gelidus quando tardante senecta
Sanguis hebet, frigentque effaetae in corpore vires,
Frustra praeteritos iam deplorabitis annos.
Tum labor et curae veniunt, tristisque senectus,
Et genus omne mali circumsilit agmine facto,
Ipsaque morbi instar miseris mortalibus aetas,
Et mors dura atris hominem circumvolat alis,
Momentoque omni cervicibus imminet aegris.

(8) IMAGINES CHRISTI ET MORTIS.

Atque ecce ut tacito serpit pede, quolibet horae
Momento, informis lethi insidiantis imago!

von den sterblichen Jahren Gebrauch zu machen, da uns ein kurzer Teil elenden Lebens gegeben ist und dem Menschen das unbegreifliche Alter entgegenkriecht und innert einer knappen Stunde das Leben vorbeigleitet.
[vv. 682–699] Das Kind also, das mit seinem Stock den ersten Schlag ertönen lässt, zeigt das erste Lebensalter und die Jahre des Werdens an. Es lehrt das Spielen und die flüchtige Zeit des jungen Lebens und in welch schnellem Lauf alles vergeht, es lehrt, dass nichts flüchtiger ist als das zerbrechliche Lebensalter der Kindheit, es lehrt, dass sein Leben und die Schönheit seiner Gestalt dem Tod ausgesetzt sind und mit leisem Schritt alt werden. O Knaben, hierhin richtet oft eure Augen, und lernt, o ihr Unglücklichen, wie jäh das Geschick des Lebens ist, wie zweifelhaft diese Altersstufe, wie sie in wenigen Stunden vorübergeht. Denn vergeblich, vergeblich weint ihr den schon vergangenen Jahren nach, wenn das eisige Blut, indem das Alter es hemmt, erstarrt und die erschöpften Kräfte im Körper erkaltet sind. Dann kommen Strapaze und Sorgen und das traurige Alter, und jede Art von Übel springt im Kreis, nachdem es sich zu einem Heer verbündet hat, und das Alter selbst ist für die elenden Sterblichen wie eine Krankheit, und der unbeugsame Tod umfliegt den Menschen mit düsteren Flügeln, und in jedem Augenblick droht er über dem kummervollen Nacken.

(8) Die Darstellungen Christi und des Todes

[vv. 700–716] Und siehe, wie jede Minute auf leisen Sohlen das scheußliche Bild des lauernden Todes heranschleicht!

[F ij^v] Nam quoties passum absolvit, nataeque propinquat
Infantis tenera effigies, ut personet aere
Primam horae partem, toties fert obvia gressum
Desuper oppositum species asperrima mortis.
Utque auceps tacito cervis pede retia tendens
Vertice in Hercynio, tenebris obtectus et umbris,
Circuit hinc illinc positarum lina plagarum,
Dum tandem adducto consistens eminus arcu,
Collimet, pariterque oculos et spicula tendat,
Tum nervum intendit, telumque volatile torquet,
Alitis ut celeri contingat arundine pennas:
Haud secus insidias aetati pallida primae
Mors struit, intentatque necem, funusque minatur,
Atque omnes aditus, abitusque omnemque pererrat
Undique circuitum, et certum quatit improba telum.
Terribilis visu species, tota arida, tota
Ossea, nec venis, nec duris turgida nervis,
Nulla cutis, caro nulla, nec ullus fronte capillus,
Nulli oculi, sed fronte cava cava tempora livent,
Tota incana situ, scabri rubigine dentes,
Perpetuo nudi, tum livor in ore retecto
Plurimus, et macies manibus digitisque suprema,
Et ventris pro ventre locus, pendetque tremendum
Pectus, et a spinae tantummodo crate tenetur.
Articuli vix osse haerent, genuumque labascit
Orbis, et infirmo subsistunt poplite tali.
Adde quod ornatus nihil hic: non ullus obesis

Denn sooft das Standbild des zarten Knaben einen Schritt macht und näherkommt, um mit dem Eisen das erste Viertel der Stunde zu läuten, geht ihm darüber das raue Antlitz des Todes entgegen. Und wie ein Vogelfänger, wenn er verborgen in dunklen Schatten auf der hercynischen[167] Anhöhe mit leisem Schritt sein Netz nach Hirschen ausspannt, auf beiden Seiten um die Lappen der ausgebreiteten Jägergarne herumgeht, bis er sich endlich, den Bogen im Ansatz, in der Ferne aufstellt und zielt, Augen und Pfeil zugleich anspannt, dann die Sehne spannt und den geflügelten Pfeil abschießt, damit er mit schnellem Pfeil die Flügel des Vogels treffe – nicht anders stellt der blasse Tod der Kindheit Fallen, sinnt auf Mord, droht den Untergang an, durchirrt ringsum alle Zugänge und Ausgänge und jeden Umlauf und schwingt frech einen treffsicheren Pfeil.
[vv. 717–732] Seine Gestalt ist schrecklich zu schauen, ganz dürr, ganz knöchern. Sie strotzt weder von Venen noch von kräftigen Muskeln. Nirgends Haut, nirgends Fleisch, nicht ein Haar findet sich auf dem Kopf, keine Augen, sondern hohle Schläfen schimmern leichenfarben auf der hohlen Stirn, ganz grau von der Verwesung, die Zähne, völlig entblößt, sind schäbig vom Rost, im geöffneten Mund dann die intensive Leichenfarbe und an den Händen und Fingern die äußerste Magerkeit, statt eines Bauches die Stelle eines Bauches. Grässlich hängt die Brust und wird nur vom Brustkorb des Rückgrats gehalten. Kaum hängen die Glieder am Knochen, die Kniescheiben drohen einzuknicken und die Knöchel stehen auf schwachen Knien.[168] Weiter findet sich hier kein Schmuck. Kein einziger

167 *Hercynia silva* (Herkynischer Wald), bezeichnet eine Gebirgskette, die im Norden der Donau von Westen nach Osten Germanien in zwei Teile teilt (Caes. *Gall.* 6,24).

168 Die Beschreibung des Todes ist der ovidischen Darstellung der Fames (personifizierter Hunger) in den *Metamorphosen* nachempfunden (8,801–808). Vgl. Frick/Grütter 2021, 553f.

[F iij^r] Annulus est digitis, nullum diadema, nec ullus
Circuit ex auro collum lacrymabile torques.
Solum artus rigidos nivei velamen amictus
Contegit, et vili circundat tegmine cratem.
O diram faciem, o tetri crudelia rictus
Ora. Quis hac misera deformis imagine mortis
Non animo ingentem capiat luctumque metumque?
Quis mortem aspiciens fastu turgescat inani?
Quis cristas tollat? Quis spectet ludicra mundi,
Oblitusque sui, lethalisque immemor horae?
Nam quid te facie pulchra iuvat esse venustum?
Haec tua post mortem facies, tua forma futura est.
Quid terrae cumulasse iuvat tot munera, et auri
Vim tantam? Quando nullas Acherontis ad amnem
Hinc portabis opes, attritum praeter amictum.
O homines coeci, fragiles qui degitis annos,
Conicite huc oculos, et imagine discite ab illa,
Quid sumus, aut quidnam victuri gignimur, ordo
Quis datus, et curti quam molis[23] terminus aevi,
Omnibus a tergo pallens mors imminet horis,
Et quovis propior m*o*mento[24] accedit, ut[25] aeuvm
Mortale abrumpat, Stygiasque abstrudat ad undas.
Gratia sit Christo, rapidae qui livida mortis
Ora premit freno, et nostris cervicibus arcet,
Tuque adeo, Mors, siste gradum. Quid, perfida, tanto
Huc properas lapsu, tenero insidiata puello?
Siste gradum, digitosque inhibe, nondum imminet hora.

23 mollis *D2.*
24 *D2.* memento *D1.*
25 et *D2.*

Ring ziert die zerfressenen Finger, kein Diadem, kein Gehänge aus Gold läuft um den kläglichen Hals. Einzig die Hülle eines weißen Mantels bedeckt die starren Glieder und umwallt mit geringer Bedeckung den Brustkorb.
[vv. 733–750] O scheußlicher Anblick, o grause, widerwärtige Mundöffnung! Wen ergriffe ob dieser elenden Darstellung des hässlichen Todes im Herzen nicht unermessliche Trauer und Furcht? Wer schwelle, indem er den Tod anschaut, von eitlem Hochmut an? Wer höbe den Helmbusch in die Höhe? Wer beschaute den Zeitvertrieb der Welt, selbstvergessen und uneingedenk der Todesstunde? Denn was nützt es, dass dir ein schönes Äußeres Anmut verleiht? Dieses ist nach dem Tod dein Aussehen, diese deine künftige Gestalt. Was nützt es, so viele Gaben der Welt und eine so große Menge Goldes angehäuft zu haben, da du außer einem abgewetzten Mantel keine Güter von hier zum Fluss Acheron[169] tragen wirst? O ihr verblendeten Menschen, die ihr vergängliche Jahre verbringt, wendet eure Augen hierhin und lernt von diesem Bild, was wir sind oder zu welchem Leben wir geboren werden, welche Ordnung gegeben ist und wie unberechenbar das Ende des kurzen Lebens ist. Der blasse Tod lauert zu jeder Stunde im Rücken und kommt mit jedem Augenblick näher, bis er das sterbliche Leben zerreißt und zu den stygischen Wogen[170] hinabstößt.
[vv. 751–773] Dank sei Christus, der das leichenfarbene Gesicht des reißenden Todes mit einem Zügel lenkt und von unseren Nacken fernhält. Und du, Tod, bleib stehen! Was, Hinterhältiger, eilst du gewaltigen Schrittes hierhin, nachdem du auf das junge Knäblein gelauert hast? Bleib stehen, und behalte deine Hände bei dir, noch ist die Stunde nicht gekommen.

169 Unterweltfluss (wie die in v. 750 genannte Styx).
170 Vgl. vorige Anm.

[F iij^v] Nonne vides, mors atra, tuam prorepere mortem,
Natum Patre Deo, pura de virgine Christum?
Atque eccum, pueri quanto munimine partes
Defendat placidi effigies mitissima Christi.
Namque ubi prima horae puero momenta sonanti
Mors lethum intentat, iamque osse extrema minatur,
Tum subito Christus coelo procurrit aperto,
Os humerosque Deo similis, retroque repellit
Insidias saevae mortis, puerumque tuetur.
Qualis enim quantusque olim victricibus armis
Morte triumphata Stygiis redivivus ab oris
Ad superos rediit deiectis Christus Averni
Ditibus, et croceo victor velatus amictu,
Arboreaque cruce et spoliis insignis opimis
Insignem praedam coelestibus intulit oris.
Talis in hoc etiam Christi victoris imago
Aethere prorumpit, simulacraque mortis iniquae
Reprimit, et fines intra metasque cohercet.
O fidum humanae custodem[26] dulceque vitae
Praesidium, nostros quod parma protegit annos,
Proturbatque hostem, nosque atri faucibus Orci
Eripit, et populis donat mortalibus aeuvm,
Aevum coelestis vitae (Nam debita fato
Corpora vitali per mortem subtrahit aurae,
Sidereasque animos secum perducit ad arces).
Solus enim Christus superata morte beatam
Restituit vitam, solus de morte triumphum

26 costodem *D2.*

Siehst du, finsterer Tod, etwa nicht, dass dein Tod, Christus, der Sohn Gottvaters und der reinen Jungfrau, hervorschleicht? Und siehe da, mit welch großer Wehr das allermildeste Standbild des friedlichen Christus die Seiten des Knaben verteidigt. Denn sobald der Tod, wenn der Knabe die ersten Minuten der Stunde läutet, auf Vernichtung sinnt und schon mit dem Knochen das Äußerste androht, eilt Christus dann sogleich aus dem offenen Himmel hervor und verhindert, an Gesicht und Armen einem Gott gleich,[171] die Anschläge des wilden Todes und beschützt den Knaben. Denn dergestalt und von solcher Größe, wie Christus einst mit siegreichen Waffen nach dem Triumph[172] über den Tod wieder lebendig von den stygischen[173] Küsten in den Himmel zurückkehrte, nachdem er die Götter des Avernus[174] niedergerungen hatte, und als Sieger in einen safranfarbenen Mantel gehüllt[175] und mit dem hölzernen Kreuz und reicher Beute ausgezeichnet ausgezeichnete Beute in die himmlischen Gestade brachte, so bricht auch aus diesem Äther das Bild des Christus Victor[176] hervor und drängt die Gestalt des ungerechten Todes zurück und hält ihn in sicheren Schranken.

[vv. 774–787] O er ist ein treuer Wächter und süßer Schutz des menschlichen Lebens, weil er mit einem Schild unsere Jahre beschützt, den Feind wegstößt, uns aus dem Abgrund des finsteren Orcus[177] herausreißt und den sterblichen Völkern Ewigkeit schenkt, die Ewigkeit des himmlischen Lebens (denn die Körper, die man dem Schicksal schuldet, zieht er durch seinen Tod in die lebendige Höhe empor und führt die Seelen mit sich in die Himmelsburg). Christus allein hat nämlich das selige Leben durch die Überwindung des Todes wiederhergestellt. Er allein trug den Sieg über den ewigen Tod davon,

171 Vergilische Formel, in der *Aeneis* dem Trojaner Aeneas zugeordnet (*aen.* 1,589: *os humerosque Deo similis*), hier mit Bezug auf Christus gesetzt.

172 Frischlin denkt an den *descensus Christi ad inferos*, an die im apokryphen *Evangelium Nicodemi* überlieferte Höllenfahrt, die mit dem Sieg über den Teufel endet. Der *descensus* hat im Bereich der neulateinischen Literatur epische Nachdichtungen von Macario Muzio, Helius Eobanus Hessus und Johann Spangenberg angeregt. Vgl. Vredeveld 2012, 444–455; Grütter 2021.

173 Metonymisch für die Unterwelt. Die Perspektive auf den Kampf gegen die Höllenmächte ist antikisierend. Vgl. auch vv. 767f.

174 Römische Unterwelt.

175 Vgl. Ov. *met.* 10,1.

176 Zu diesem ikonographischen Typus Schiller 1986, 32–41.

177 Vgl. oben Anm. 96.

[F iiij^{r}] Aeterna retulit, solus penetralia Divum
Rupit, et obstructi reseravit limina coeli.
Idem hodie necis insidias et spicula abarcet,
Mortiferumque subit mucronem, ipsumque morando
Sustinet, et clypei obiectu fera tela repellit.
Illa sed ut tristem retro tulit acta repulsam,
Et pueri amisit praedam, palmasque tetendit
Christo humiles, tergumque Deo lacrymabile vertit,
Non longum cunctata, aliud secum ipsa volutat,
Et iuveni horrificum molitur perfida lethum.
Tum secum: ›Mene incepto desistere victam,
Nec posse ullius mortalem abrumpere vitam?
Quippe vetor fatis. quod si non ora puelli
Perdere morte licet, liceat iuvenemque virumque
Opprimere, et seros praecidere falcibus annos.‹
Haec ait ore fremens, et tristibus effera flammis,
Observatque virum, et iuvenis vestigia lustrat.
Vix etenim Christus repedat, gressumque reducit,
Cum coecis iterum sensim prorumpit ab antris
Lurida mors, iuvenique horae momenta sonanti
Altera, crudele intentat cum funere lethum.
Sed fugat hanc iterum perrumpens aethera Christus,
Et validis iuvenis tutatur viribus annos.
Quin etiam aetati minitantem saeva virili
Funera in obscurum reicit Deus optimus antrum,
Nec positos unquam patitur transcurrere fines.
Ter sonitus horae niveo mors osse minatur,

er allein brach das Innere des Himmels auf und öffnete die versperrte Himmelswohnung. Heute wehrt derselbe die Hinterhalte und Stachel des gewaltsamen Todes ab und nimmt die tödliche Pfeilspitze auf sich, hemmt diese und schlägt die wilden Geschosse mit entgegengestelltem Schild zurück.

[vv. 788–812] Aber sobald jener, nachdem er zurückgetrieben wurde, den Knaben als Beute aufgegeben, die Hände demütig zu Christus ausgestreckt und Gott den kläglichen Rücken zugewandt hat, fasst er bei sich, ohne lange zu zögern, einen neuen Gedanken und strebt hinterhältig danach, dem Jüngling einen grausigen Tod zu bereiten. Dann sagt er sich: »Dass ich besiegt von meinem Vorhaben abkomme und dem Leben nicht *eines* Sterblichen ein Ende machen kann? Die Fata[178] verbieten es mir ja. Wenn es nicht beliebt, das Antlitz des Knäbleins mit dem Tod zu verderben, mag es vergönnt sein, den Jüngling und den Mann niederzustrecken und mit der Sichel die späten Jahre abzuschneiden.« Dies murmelt er, wild mit schrecklichen Flammen, und beobachtet den Mann und stellt dem Jüngling nach. Kaum nämlich weicht Christus zurück, da bricht der leichenfarbene Tod allmählich wieder aus der dunklen Höhle hervor und droht dem Jüngling, der den nächsten Abschnitt der Stunde ertönen lässt, mit Verderben grausamen Tod an. Aber Christus schlägt ihn, indem er den Äther durchbricht, wieder in die Flucht und beschützt mit starker Kraft die Jahre des Jünglings. Sogar wenn der Tod dem Lebensalter des Mannes ein grausames Verderben androht, wirft ihn der beste Gott in die dunkle Höhle zurück und duldet niemals, dass er die gesetzten Grenzen überschreite. Für drei Viertelstundenschläge droht der Tod mit seinem weißen Knochenschlägel,

178 Das Schicksal. Verg. *aen.* 1,39: *quippe vetor fatis*: Zitat aus Junos Hassrede gegen die Trojaner.

[F iiij^{v}] Ter fugat hanc Christi occurrens victoris imago,
Donec ad annosum delapsa est hora Chremetem,
Tinnula uti plagis ille insonet aera quaternis.
Tunc etenim Morti Christus permittit, ut horam
Pulset, et incurvum feriat tristi osse lebetem,
Quando senex omnes vitae iam transiit annos,
Debeturque suo, naturae lege, sepulchro.
Nam praefixa homini Mortique est meta tremendae,
Et sua cuique dies, et inevitabile tempus,
Quod nemo poterit celeri transcurrere lapsu.
Non etenim dubio fluitant mortalia casu,
Arbitrium nec caeca regit fortuna, nec omnes
Res hominum tenui pendent sub tegmine fili.
Fata regunt homines, fato mors advenit aequo.
Nec citius morimur, morimur nec tardius unquam
Quam superis visum: nostras Deus ipse gubernat
Et vitae mortisque vices, quando omnia certo
Consilio firmata Dei, qui tempora pulchro
Ordine dispensat, qui iustis finibus annos
Includit vitae, et spacium determinat aevi.
I nunc fama vetus, Troum mirare laborem,
Instar montis equum, divina a Pallade factum,
Armatoque uteri completum milite costas.
Marmoreamque Ephesi verbis extolle Dianam,
Phidiacumque Iovem, clivosi numen Olympi.
I nunc, immanes veterum mirare Colossos,
Qualis erat, Lysippe, tuus quem sede locasti

dreimal verjagt ihn das entgegentretende Bild des Christus Victor, bis die Stunde zum bejahrten Chremes[179] gelangt ist, damit jener mit vier Schlägen das tönende Erz läutet.
[vv. 813–829] Und in der Tat: Dann erlaubt Christus dem Tod, dass er die Stunde und das gewölbte Becken mit dem grimmigen Knochen schlägt, wenn der Alte schon alle Jahre des Lebens zugebracht hat und sie, nach dem Naturgesetz, seinem Grab schuldet. Dem Menschen und dem zitternden Tod ist nämlich ein Ziel gesteckt und jedem sein Tag und ein unvermeidlicher Zeitpunkt bestimmt,[180] über den wohl niemand mit flinkem Schritt hinwegsausen kann. Denn das sterbliche Leben wogt nicht mit zweifelhaftem Geschick hin und her, auch lenkt nicht blindes Glück den freien Willen, und die Angelegenheiten der Menschen hängen nicht alle am seidenen Faden. Das Schicksal beherrscht die Menschen,[181] und der Tod kommt mit gleicher Bestimmung. Weder sterben wir schneller, noch sterben wir jemals langsamer, als es von den Himmlischen beabsichtigt ist. Gott selbst lenkt den Lauf sowohl unseres Lebens wie des Todes, da alles nach dem sicheren Ratschluss Gottes festgemacht ist, der die Zeiten wohlgeordnet verwaltet, der die Jahre des Lebens gerecht begrenzt und die Zeitspanne des Lebens bestimmt.
[vv. 830–850] Fort mit dir, Ruhm der Vergangenheit, bestaune die Not der Trojaner, das Pferd von der Größe eines Berges, von der göttlichen Pallas gefertigt und an der Seitenwand des Bauches besetzt mit bewaffneten Soldaten![182] Und erhebe mit Worten die marmorne Diana in Ephesos[183] und den Jupiter des Phidias, die Gottheit des steilen Olymps![184] Fort mit dir, bestaune die ungeheuren Kolosse der Alten, wie der deine, Lysipp, den du

179 Bei Chremes handelt es sich um eine Greisenfigur, die wiederholt in den Komödien des Terenz auftaucht (*Andr.* 472).

180 Vgl. Verg. *aen.* 2,324/10,466: *venit summa dies et ineluctabile tempus.*

181 Vgl. Juv. 9,32.

182 Der Bau des von Odysseus ersonnenen Trojanischen Pferdes, das den Trojanern den Untergang brachte, wurde von Pallas-Athene befördert.

183 Vgl. oben Anm. 158.

184 Vgl. oben Anm. 117.

[G j'] Herculei quondam (si vera est fama) Tarenti,
Aut qualis Rhodii Solis, quem Lindius ille
Condidit arte Chares, toto celebratus in orbe,
Aut qualem Arverni Teutatae habuere Colossum,
Schaffhusiique olim, ripis gens accola[27] Rheni.
Me Christi effigies, et mortis imago repulsae,
Praeliaque oblectant, et praesentantia vitam
Humanam simulacra viri, iuvenisque, senisque,
Infantisque iuvant, et delectamine grato
Perfundunt animum. Quis enim praeclarius ullum
Ullibi vidit opus, quascunque accesserit oras?
Sive Italos lustrarit agros, seu Celtica rura,
Extremosque hominum Morinos, seu littore rubro
Aegypti terras peragrarit, et ultima Bactra.

(9) CYMBALUM.

Sed quid ego hic simile humanae procul audio vocis?
Fallor? An excelsi subter fastigia coni
Insignis galeae, quae alti diadematis instar
Imminet, et variis opus omne decoribus ornat,
Cymbala tinnitum et vocum simulacra dedere?
Nam qua summum excrevit opus, sublimeque tectum
Attigit. hic superimposita est de marmore moles,
Tegmen magno operi, gemmatae instarque coronae,
Rupibus excisa, et variis caelata columnis,
Quae flexo in conum flammantem tramite surgunt,
Arte laboratae superadstant plurima circum

27 accula *D2*.

(wenn die Überlieferung wahr ist) einst auf dem Sitz des Herakles von Tarent platziert hast,[185] einer war oder wie der der rhodischen Sonne, den jener Chares von Lindion, der im ganzen Erdkreis gefeiert wurde, kunstvoll schuf,[186] oder den Koloss des Teutates, den die Arverner hatten,[187] und einst die Bewohner an den Ufern des Rheins in Schaffhausen.[188] Mich ergötzen die Gestalt Christi und das Bild des vertriebenen Todes und die Kämpfe, mich erfreuen die Standbilder von Mann, Jüngling, altem Mann und Kind, die das menschliche Leben darstellen, und übergießen mein Herz mit willkommenem Vergnügen. Denn wer hat irgendwo irgendein prächtigeres Werk gesehen, gleichgültig welche Küsten er erreicht hat, mag er nun die italischen Felder, die keltischen Ländereien und die von den Menschen sehr weit entfernten Moriner[189] bereist oder an rötlicher Küste die Länder Ägyptens und das äußerste Baktrien[190] durchwandelt haben?

(9) Die Zimbel

[vv. 851–864] Aber was höre ich hier von Ferne, das der menschlichen Stimme ähnelt? Täusche ich mich oder gaben Zimbeln unter dem Giebel des hochragenden, auffallenden Spitzhelmes, der ganz wie ein hohes Diadem emporragt und das gesamte Werk mit verschiedenen Prunkstücken ziert, Töne und Echos von sich? Denn dort, wo das Werk an den höchsten Punkt emporgewachsen ist und in der Höhe das Dach berührt, ist eine marmorne Platte darübergelegt, dem gewaltigen Bau eine Bedeckung und von der Größe der mit Edelsteinen besetzten Krone. Sie wurde aus Felsen herausgehauen und mit verschiedenen Säulen ziserliert, die sich auf gewundenem Weg in den strahlenden Kegel erheben. Kunstgemäß gearbeitet, stehen sie darüber um zahlreiche

---

185 In Tarent war eine imposante Herakles-Statue des Lysipp (vgl. oben Anm. 129) zu bestaunen.

186 Der Koloss von Rhodos, der bereits in v. 665 implizit präsent ist, war eine 32 Meter hohe bronzene Statue des Chares von Lindion, eines Schülers des Lysipp (4. Jh. v. Chr.). Zwischen 292 u. 280 v. Chr. im Hafen von Mandraki (Rhodos) errichtet, zählt der Koloss zu den sieben Weltwundern der Antike.

187 Gemeint ist die Bronzestatue des (mit dem keltischen Gott Teutates identifizierten) Merkur, den der kaiserzeitliche Bildhauer Zenodorus in Gallien schuf. Dazu Plinius (*nat.* 34,45): »Die ganze Größe der Standbilder dieser Art [gemeint sind Kolossalstatuen] übertraf aber zu unserer Zeit Zenodoros durch den Merkur, den er in der Stadt der Arverner in Gallien in zehn Jahren für einen Arbeitslohn von 40 000 000 Sesterzen herstellte; nachdem er seine Kunst dort genügend bewiesen hatte, wurde er von Nero nach Rom berufen, wo er den zum Standbild jenes Kaisers bestimmten Koloß von 119,5 Fuß Höhe ausführte, der, dem Sol geweiht, Verehrung findet, nachdem man die Verbrechen jenes Kaisers verurteilt hat.« (Übers. nach Roderich König: C. Plinius Secundus a. Ä.: Naturkunde. Lateinisch–Deutsch. Buch 34: Metallurgie. München, Zürich 1989).

188 Gemeint ist der sogenannte ›Große Gott‹ von Schaffhausen, ein hölzernes Kruzifix von etwa 7 Metern Höhe, das sich zwischen 1447 und 1529 im Schaffhauser Münster befand und zahlreiche Pilgerinnen und Pilger anlockte. Vgl. Frauenfelder 1962. Die Tatsache, dass Frischlin der (im Zuge der Reformation) längst entfernten Statue noch gedenkt, lässt ihre Berühmtheit erahnen.

189 Keltisches Volk.

190 Vgl. Verg. *aen.* 8,685–688.

[G j^v] Signa peristyliis, vivos spirantia vultus.
Ipsa intus tecti facies laqueata, tholoque
Condita marmoreo, sculptoque toreumate iuncta.
Illic sunt apto posita ordine tinnula circum
Aera pavimento, quae ferreus actus in orbem
Circulus impellit, quoties venit hora diei
Tertia, sole suos properante recondere vultus
Haec aut Psalmographi regalia carmina pulsa
Voce canunt, aut, cum veniunt natalia Christi
Tempora, de nato peragunt praeconia Christo,
Aut cantu celebrant redeuntem ad lumina vitae
Aetheriae, et crudi surgentem e faucibus Orci.
Aut etiam, sacri veniunt ubi tempora flatus,
Spiritui exolvunt communia vota sacrato.
Quis quaeso ista videns non admiretur, et oram
Teutonis Ausoniae, et Graiis non praeferat ipsis?
Ecquid enim septem turres, quas Cyzicon olim
Iactavit, maius potuere lebetibus istis?
Acceptas illae retulerunt ordine voces,
Ordine septeno constructae, auditaque mirum
Verba reportarunt, veluti resonabilis Echo.
Hae certarum edunt centum discrimina vocum,
Et superis apto modulamine carmina dicunt.
Sed neque vocali tellus Dodonia quercu,
Chaoniae nec aves, Dodonaeique lebetes
Huic operi praeferri ulla ratione merentur.
Nec simile huic veterum quisquam fabricavit, et usus

Standbilder mit scheinbar lebendigen Zügen im Peristyl. Die Oberfläche des Dachs ist im Innern getäfelt und mit einem marmornen Kuppeldach erbaut und mit einem geschnitzten Relief verbunden.

[vv. 865–875] Dort sind ringsum in schicklicher Ordnung klingende Erze am Boden platziert, die ein im Kreis laufender Eisenring so oft anschlägt, wie die dritte Stunde des Tages kommt, während die Sonne eilt, ihr Gesicht zu verbergen. Diese Erze singen die königlichen Gedichte des Psalmendichters[191] mit mechanisch angetriebener Stimme, rühmen, wenn der Geburtstag Christi kommt, den geborenen Christus oder feiern ihn mit Gesang, während er ins Licht des himmlischen Lebens zurückkehrt und sich aus dem Abgrund des grausen Orcus erhebt,[192] oder erfüllen sogar, wenn Pfingsten kommt, dem Heiligen Geist die gemeinsamen Gelübde.

[vv. 876–884] Wer bitte, der dies sieht, würde es nicht bestaunen und die Küste des Teuto[193] nicht sogar der ausonischen[194] und griechischen vorziehen? Denn vermochten etwa die sieben Türme, derer sie sich einst rühmte,[195] Größeres als diese Becken? Errichtet in einer Siebnerabteilung, gaben jene die Stimmen, die sie aufgenommen hatten, der Reihe nach wieder und überbrachten – ein Wunder! – die gehörten Worte wie die wiederklingende Echo.[196] *Diese* lassen hundert deutlich unterschiedene Stimmen ertönen und Gedichte in einer Melodie hören, die für die Himmlischen schicklich ist.

[vv. 885–899] Aber weder die dodonische Erde mit ihrer tönenden Eiche noch die chaonischen Vögel und die dodonäischen Becken verdienen es aus irgendeinem Grund, diesem Werk vorgezogen zu werden.[197] Und keiner der Alten verfertigte etwas, das diesem ähnlich wäre, oder führte es zum Nutzen

191 König David.

192 Vgl. oben Anm. 96.

193 Vgl. oben Anm. 69.

194 Dichterisch für ›italisch‹ (*Ausonia* ist die gr. Bezeichnung für [Süd-]Italien).

195 In der Stadt Kyzikos fanden sich nach Ausweis des Plinius sieben Türme, die ein Echo erzeugten (*nat.* 36, 99): »In derselben Stadt stehen neben dem sogenannten thrakischen Tor sieben Türme, die jeden Laut, den sie auffangen, in zahlreichem Widerhall vervielfachen. Diesem Wunder wurde von den Griechen der Name ›Echo‹ gegeben.«

196 Die aus der Narcissus-Episode in Ovids *Metamorphosen* (3,339–510) bekannte Nymphe.

197 Bereits in Homers Epen ist das Orakel in Dodona bezeugt. Göttersprüche waren dem Blätterrauschen der Eiche, weissagenden Tauben oder dem Erklingen der in v. 886 gedachten ›dodonischen Becken‹ zu entnehmen.

[G ijr] Duxit ad humanos, non Mulciber ipse camino
Aetnaeo, non prisca suo tale aere Corinthus,
Nec Sicyon, fabra quanquam memorabilis arte,
Fecit opus, nil tale Myro, nihil Elide tale
Phidiacae rasere manus: nihil arma Cononis,
Nil Polycletaeae maius finxere dolabrae.
Nil tu Praxiteles. et quis satis omnia versu
Commemoret? Labor est muri recitare figuras,
Et picturata fulgentia marmora vena,
Atque ebur, et dignas coelesti sede columnas,
Tota quibus structura, supraque intraque, renidet.

(10) GALLUS IN AEDICULA PONDERUM.

Nunc etiam te, Galle canam, mirabilis ales,
Vocali rostro insignis, leviumque volucri
Remigio alarum, sed non, quo carmine ferri
Dignus es, hoc alii poterunt praestare poetae
Aptius, e Clario quos ornat vertice laurus
Et qui de magnis quondam maiora loquuntur.
Nobis non tantae sunt ad nova carmina vires,
Quorum nullae hederae viridantia tempora cingunt.
Sed tamen experiar, quid et hic mea carmina possint.
Est domus a laeva fabricae regione, Boraeum
Versus in aede latus, miro caelata labore,
In formam turris consurgens vertice, at ima
Parte adstructa operi magno, qua pervius usus

der Menschen. Weder Mulciber selbst im ätnäischen Ofen[198] noch das alte Korinth mit seinem Erz[199] schuf ein solches Werk, auch nicht Sikyon, obwohl sie aufgrund ihrer Handwerkskunst in Erinnerung blieb.[200] So etwas schuf Myro[201] nicht, nicht kratzten die Hände des Phidias[202] in Elis so etwas, nichts Größeres bildeten die Waffen des Konon,[203] nichts Größeres die Hauen des Polyklet,[204] nichts du, Praxiteles.[205] Wer könnte hinreichend alles im Vers erwähnen? Es kostet Mühe, die Gebilde der Wand zu nennen und den von farbigem Geäder strahlenden Marmor, das Elfenbein und die dem himmlischen Sitz würdigen Säulen, von denen der ganze Bau innen und außen erglänzt.

(10) Der Hahn auf dem Gewichtsturm

[vv. 900–908] Nun will ich auch dich, Hahn, wundersamer Vogel, besingen, berühmt durch einen klangvollen Schnabel und ein geflügeltes Ruderwerk schneller Schwingen, aber nicht, weil du es wert bist, durch ein Gedicht Verbreitung zu finden; dies werden andere Dichter passender tun können, die der aus dem überaus glänzenden Himmel entstammende Lorbeer schmückt[206] und die einst Erhabeneres von Großem sangen. Wir verfügen nicht über solch große Kräfte im Hinblick auf die neue Dichtung, die noch nicht Ursache war, dass grünender Efeu die Schläfen umgibt. Aber dennoch will ich versuchen, was unter solchen Umständen meine Gedichte vermögen.[207]
[vv. 909–919] Im linken Bereich der Apparatur steht ein Gebäude, in der Kirche zur nördlichen Seite gerichtet, in wunderbarer Arbeit ziseliert, erhebt es sich in Gestalt eines Turms hinauf in die Höhe. Im untersten Teil ist es jedoch an das große Werk gesetzt, wodurch der Durchgang,

198 Vgl. oben Anm. 67.

199 ›Korinthisches Erz‹ bezeichnet eine in der Antike viel gerühmte Legierung, laut dem Zeugnis des Plinius kostbarer als Silber, ja fast noch kostbarer als Gold (*nat.* 34,6–8).

200 Die am Golf von Korinth gelegene Stadt Sikyon war berühmt als früher Sitz aller Künste und Wissenschaften, der Lyrik, Malerei und Bildhauerei, von Manufakturen und Fabriken. Sikyon brachte mehrere berühmte Künstler hervor, darunter Maler und Bronzegießer wie Apelles und Zeuxis (s. Anm. 286), den Bildhauer Lysippos (s. Anm. 129), aber auch Polyklet (v. 42; vgl. oben Anm. 64).

201 Vgl. oben Anm. 130.

202 Vgl. oben Anm. 117.

203 Athenischer Admiral (5. Jh. v. Chr.). U.a. in Athen erinnerten Statuen an Konons Überwindung der spartanischen Seeherrschaft.

204 Vgl. oben Anm. 64.

205 Vgl. oben Anm. 62.

206 Verweis auf die kaiserlich gekrönten *poetae laureati* – eine Praxis, die mit Francesco Petrarcas programmatischer Dichterkrönung als Rekurs auf den antiken poetischen Agon zum kulturellen Selbstverständnis der Humanisten gehört. Vgl. Flood 2006.

207 Die Formulierung *quid et hic mea carmina possunt* (v. 908) nimmt eine vergilische Junktur auf (*si quid mea carmina possunt*, Verg. *aen.* 9,446), mit der auf den Tod der Trojaner Nisus und Euryalus referiert wird.

[G ij^v] Fundorum inter se tegitur, coecique meatus,
Intus cannabeis librata rudentibus alte
Pondera dependent, quibus insita machina dextrae
A tergo fabricae dentatos commovet orbes,
Circumfertque rotas, horasque et tempora motu
Describit tacito, magnisque impulsa sinistrae
Molibus aediculae circum signa omnia voluit.
Exterior facies, multis speciosa figuris,
Et variis hominum formis, variisque Deorum
Conspicua. Hic vivo renitet Copernicus ore,
Cui decus eximium formae par fecit imago:
Os rubeum, pulcrique oculi, pulcrique capilli[28],
Cultaque Apellaeas imitantia membra figuras.
Illum scrutanti similem, similemque docenti
Aspiceres, qualis fuerat, cum sidera iussit
Et coelum constare loco, terramque[29] rotari
Finxit, et in medio mundi Titana locavit.
Hunc super effigies nitet admiranda colossi,
Aurea cui cervix, argentea pectora, venter
Aereus, e duro cum plantis tibia ferro,
Fictilis una pedum pars ferro mixta, lutoque
Composita e tenui, fulcrum imbecille colossi.
Qualem per somnum Nebuccadnesarus[30] olim
Viderat, imperii[31] sceptra interitura notantem
Quadrifidi. Namque Assyrii determinat Aurum
Imperii fines, sed pars Argentea Persas
Et Medos signat, Macedum pars Aenea Reges,

28 capelli *D2.*
29 terremque *D2.*
30 Nebucadnesaurus *D2.*
31 imperia *D2.*

der die Böden miteinander verbindet, verborgen wird[208] und die Verbindungsbahnen werden unsichtbar. Im Innern hängen hoch schwingende Gewichte an Hanfseilen herab; die darin angebrachte Apparatur hält auf der Rückseite des rechten Baus Zahnräder am Laufen, dreht sie im Kreis und beschreibt in stiller Bewegung die Stunden und Zeiten und bewegt, angetrieben von der großen Masse des linken Gebäudes, alle Sternbilder.

[vv. 920–929] Die äußere Erscheinung ist wohlgestaltet mit vielen Bildnissen und unterschiedlichen Gestalten der Menschen sowie der Götter. Hier erglänzt Kopernikus in lebendigem Antlitz,[209] dem das Bild die vortreffliche Zierde der Gestalt gleich gemacht hat: ein roter Mund, strahlende Augen und prächtige Haare, feine Glieder, die die Porträts des Apelles[210] nachahmen. Du könntest jenen [sc. Kopernikus] so anschauen, als ob er dem Forscher und Lehrer entspricht, wie er tatsächlich war, als er Sterne und Himmel an einem Ort stillstehen ließ und herausfand, dass die Erde sich im Kreis bewegt, und die Sonne in die Mitte der Welt setzte.

[vv. 930–943] Über diesem [sc. Kopernikus] erstrahlt das bewundernswerte Bild des Kolosses,[211] sein Hals ist aus Gold, seine Brust aus Silber, sein Bauch aus Erz, seine Schienbeine und Sohlen aus hartem Eisen, die Füße bestehen zum Teil aus Ton, zum Teil aus Eisen, zusammengefügt aus weichem Lehm – eine schwache Stütze für den Koloss, von solcher Art, wie ihn einst Nebukadnezar im Schlaf gesehen hat, der die dem Untergang geweihte Herrschaft über das viergeteilte Reich anzeigte, und zwar:[212] Das Gold bezeichnet die Grenzen des assyrischen Reiches, aber der silberne Teil repräsentiert die Perser und Meder, der eherne Teil die Könige der Makedonen,

---

208 Vergilische Junktur (*aen.* 2,453), die zur Beschreibung bautechnischer Verbindungen genutzt wird. In der *Aeneis* bezeichnet der *pervius usus* einen geheimen Durchgang zwischen den Häusern des Priamus, über den Andromache die Eltern ihres Mannes mit dem kleinen Astyanax zu besuchen pflegte.

209 Nikolaus Kopernikus, auch: Nicolaus Copernicus (1473–1543), Astronom und Mathematiker der Renaissance. Bekannt für sein Hauptwerk *De revolutione orbium coelestium* (1543), in dem er sein heliozentrisches Modell als Gegenentwurf zu dem bis dahin vorherrschenden geozentrischen Weltbild präsentierte.

210 Zum gr. Maler Apelles vgl. oben Anm. 63.

211 Zum Koloss von Rhodos vgl. oben Anm. 186.

212 Verweis auf Nebukadnezars Traum im Buch Daniel (Dn 2), der die Abfolge der Weltreiche symbolisiert.

[G iijr] Cecropiasque urbes, habitataque moenia Graiis,
Ferrea Romanas Aquilas, saevasque secures,
Pompeiique acies, et magni Caesaris arma,
Pene quibus totum sua sub iuga subdidit orbem.
Sed duplici divisa pedum discrimine planta
Teutonii ferro designat militis arma,
Ille quibus sceptro Imperii, Latiisque potitus
Fascibus, Ausonias quondam tractavit habenas.
At nunc mixta luto paulatim nobile nomen
Et veteres vires, antiqua et robora luxu
Amittit, residisque[32] terit lenta ocia vitae.
Ut cum forte acies longa rubigine ferri
Deperit, et vires roburque amittit acutum.
Parte alia turris fatalia pensa trahentes
Considunt Parcae, quarum Dea ferrea, Clotho
Ungue colum tenet, at Lachesis sub pollice fusum
Torquet, et humanam sortitur stamine[33] vitam,
Atropos, instantis saevissima mortis imago,
Fila secat cultro, mortalesque abripit annos.
Tres etiam celsi subter fastigia tecti
Artes depictae, quarum virtutibus ingens
Hoc excrevit opus: virgo Geometrica terrae
Metitur molem, Coelum rimatur et astra
Astronomia sagax, numerorum tertia leges
Explicat, et coeli docet omnem inquirere motum.
Ipsum sed culmen mirandi corporis ales
Obtinet, Aurorae volveris praenuncia, Gallus,

32 residesque *D2.*
33 stamina *D2.*

die attischen Städte und die von den Griechen bewohnten Zinnen, der eiserne Teil bezeichnet die römischen Adler, grimmige Beile, das Heer des Pompeius und die Waffen des großen Caesar, mit denen er beinahe den ganzen Erdkreis seiner Herrschaft unterworfen hat.

[vv. 944–952] Aber die aus zwei verschiedenen Teilen bestehenden Füße bezeichnen mit dem Eisen die Waffen des germanischen Kriegers, mit denen jener sich einst der italischen Herrschaftsinsignien bemächtigte und das ausonische Reich lenkte.[213] Aber der jetzt mit Lehm vermischte Teil verliert allmählich den edlen Namen und die alte Stärke sowie die vormalige Kraft durch Ausschweifung und bringt das untätige Leben in träger Ruhe zu, als ob etwa eine langes Schwert durch Eisenrost zugrunde geht, Gewalt und scharfe Durchschlagskraft verliert.

[vv. 953–958] Auf der anderen Seite des Turmes sitzen die Parzen, die die Schicksalsfäden spinnen. Ihnen gehört die eiserne Göttin an, Clotho, sie hält mit dem Finger den Faden, aber Lachesis dreht diesen, der unter dem Daumen läuft, und bestimmt mit dem Schicksalsfaden über das menschliche Leben. Atropos, ein grässliches Abbild des drohenden Todes, durchtrennt mit einem Messer den Faden und beendet die sterblichen Jahre.[214]

[vv. 959–964] Unter dem Giebel des aufragenden Daches sind auch drei der freien Künste dargestellt,[215] durch deren Tugenden dieses gewaltige Werk emporgewachsen ist. Die Geometrie vermisst als Jungfrau die Masse der Erde, die scharfsinnige Astronomie durchforscht Himmel und Sterne, die dritte [sc. Arithmetik] erklärt die Gesetze der Zahlen und lehrt, die gesamte Bewegung des Himmels zu erkunden.

[vv. 965–976] Aber auf dem Giebel selbst sitzt ein Vogel von bewundernswerter Gestalt, ein Hahn – du bewegst dich als Künder der Morgenröte –

213 Das Konzept der *translatio imperii* von den Römern auf die Franken. Vgl. Goetz 1958.

214 In der römischen Mythologie die Schicksalsgöttinnen, die den menschlichen Lebensfaden weben, messen und abschneiden. Vgl. dazu den im Mittelalter bekannten Memoriervers zur Aufgabenverteilung unter den Parzen: *Clotho calem baiulat, Lachesis net, Atropos occat* (›Clotho dreht den Faden, Lachesis spinnt ihn, Atropos schneidet ihn ab‹).

215 Die im Folgenden genannten freien Künste, Geometrie, Astronomie und Arithmetik, gehören im System der *septem artes liberales* dem Quadrivium an.

[G iij^{v}] Sublimi collo, nitidi quo sidera coeli
Spectat, et inter aves cervicem sola superbam
Erigit. Erecto stat rubra in vertice crista,
Atque uncum rostrum, curvique sub unguibus hami
Caudaque falcata et saevo metuenda leoni.
Iamque ubi finierint mirandum cymbala cantum,
Tum Gallus, similis gallo, ceu vera volucris,
Insonat, et plausis everberat aera pennis.
Bis plaudit pennis, et consonus exit in auras
Bis plangor, totumque implet clamoribus aedem.
Non illum terret curvi pictura Draconis
Proxima, ceu quondam volucres siluisse feruntur,
Et Lepido lepidum non abrupisse soporem,
Postquam membrana pictum videre Draconem.
Sed cum tempus adest, tantis hic vocibus aedem
Personat, ut vivos exaequet gutture gallos,
Nec servaturis vigili Capitolia voce
Anseribus cedat, nec amanti flumina cygno.
O memorandum opus ingenii, quos mente tremores
Hinc fero? Quam lassos per tot miracula visus?
Cede Tarentina Archyta memorate columba,
Qui volucres ligno potuisti inducere plumas,
Sed non et streperam potuisti affingere vocem.
Gallus hic expansis auram diverberat alis,
Et simul immensis tectum plangoribus opplet.
Quem si Roma potens olim, aut imbelle Tarentum,
Aut Pharus, aut Ephesus, celsove cacumine Pisa,

mit emporragendem Hals, durch den er die Sterne des glänzenden Himmels erblickt und als einziger unter den Vögeln den stolzen Nacken empor hebt. Auf dem hoch aufgerichteten Nacken steht der rote Kamm und der gebogene Schnabel, unter den Krallen sind gekrümmte Nägel und ein sichelfömiger Schweif, furchterregend für den grimmigen Löwen. Sobald die Zimbeln ihren wunderbaren Gesang vollendet haben, ertönt der Hahn, wie ein echter Hahn, ganz wie ein wirklicher Vogel und schlägt die Luft mit schwingenden Flügeln. Zweimal schlägt er mit den Flügeln, zweimal dringt dazu passend der Lärm in die Lüfte und er erfüllt das gesamte Gebäude mit seinem Geschrei.

[vv. 977–984] Ihn schreckt nicht das benachbarte Bild des sich windenden Drachen,[216] so wie einst die Vögel geschwiegen und dem Lepidus den leichten Schlaf nicht genommen haben sollen, nachdem sie den auf die Leinwand gemalten Drachen gesehen hatten.[217] Aber wenn die Zeit kommt, lässt der Hahn das Gebäude von seiner so lauten Stimme widerhallen, dass er mit seiner Kehle lebenden Hähnen gleichkommt und weder den Gänsen, die das Kapitol mit wacher Stimme schützen wollten,[218] nachsteht noch dem Schwan, der die Fluten liebt.

[vv. 985–997] O denkwürdiges Werk eines Genies! Was für eine Erregung trage ich seither im Herzen? Wie müde wird der Blick vor so vielen Wundern? Trete auch du zurück, Archytas von Tarent, berühmt durch eine Taube,[219] der du zwar Vögel aus Holz mit Federn austatten, aber sie nicht mit einer tönenden Stimme versehen konntest. Dieser Hahn zerteilt die Luft mit ausgebreiteten Flügeln und erfüllt zugleich das Gebäude mit gewaltigem Geräusch. Wenn diesen das einst mächtige Rom, das unkriegerische Tarent, Pharos[220] oder Ephesos,[221] Pisa mit seinem erhabenen Turm[222]

216 Zum Drachen vgl. Kap. 5 der *Descriptio* (*Astrolabium cum septem planetarum indicibus et dracone*).

217 Sage um den Triumvirn Marcus Aemilius Lepidus (um 90–12 v. Chr.), die Plinius in seiner *Naturalis historia* (35,11) berichtet. Lepidus soll in eine waldige Herberge gewiesen worden sein, wo er sich am folgenden Tag mit den Einwohnern so sehr gestritten habe, dass ihm durch das Geschrei der Vögel der Schlaf geraubt wurde. Diese malten daraufhin auf eine lange Haut einen Drachen, umgaben damit den Ort und brachten dadurch die Vögel zum Schweigen.

218 Zur silbernen Gans auf dem Kapitol, die die Römer vor dem Aufmarsch der Gallier warnt, vgl. die Schildbeschreibung bei Verg. *aen.* 8,655.

219 Archytas von Tarent (4. Jh. v. Chr.) war ein bedeutender antiker griechischer Philosoph, Mathematiker, Wissenschaftler, Staatsmann und Ingenieur. Er konstruierte eine Taube, die als eine der frühesten bekannten Flugmaschinen gilt. Diese Taube wurde mit Dampfkraft angetrieben.

220 Leuchtturm im Hafen von Alexandria, erbaut im 3. Jh. v. Chr., ca. 100 bis 130 Meter hoch. Die Spitze des Leuchtturms beherbergte eine offene Flamme oder ein Feuer, das nachts als Navigationshilfe für Seefahrer diente. Der Leuchtturm zählt zu einem der sieben Weltwunder der Antike und gilt als einer der bekanntesten der Geschichte.

221 Tempel der Artemis, im 4. Jh. endgültig zerstört, s. oben, Anm. 158.

222 Der Turm von Pisa, erbaut zwischen 1173 und 1372, war bereits in der Frühen Neuzeit ein bekanntes und ikonisches Bauwerk.

[G iiijr] Aut Phoebi natale solum, circumvaga Delus
Vidisset, nullum septem miracula mundi
Exiguumve decus sub tempora nostra tulissent,
Scriptaque vocalem celebrarent omnia Gallum.

(11) PICTURAE OMNIS GENERIS.

Quid vero memorem caelata toreumata circum,
Picturasque omnis generis? Quid culta parerga
Artifici descripta manu? Quid signa Deorum
Atque hominum, miro circum variata labore?
Namque ubi Ephemeridis lento concurritur orbis
Tramite, et ingentem describit passibus annum,
Illic quadrifidi lucent fatalia mundi
Quattuor imperia, humanis depicta figuris.
Prima hominis facies, inflatis turgida malis,
Et vultu atroci, rigido cui vertice mitra,
Assyrium capiti tegmen, bifidoque supernum
Flore riget labrum, Turci pro more, sed infra
Imberbe est mentum, nodo dependet amictus
Ex humero, et talos vestis laxatur ad imos.
Ipse manu clypeum gerit, immanemque leonem,
Terribili impexum seta, et velocibus alis
Insigne ostentat: Chaldaea hoc sceptra virosque
Assyrios, primi Imperii fulcimina, iactat.
Proxima braccati species nitet horrida Medi,
Neglecto squalens senio, vultuque severo

oder der Geburtsort des Phoebus, das unstete Delos,[223] gesehen hätten, dann hätten sie die sieben Weltwunder für keine oder (nur) eine geringe Zierde unserer Zeit gehalten, und alle Schriften hätten den tönenden Hahn gefeiert.

(11) Bilder aller Art

[vv. 998–1033] Wie kann ich aber die ringsum getriebenen Kunstwerke und Bilder aller Art erwähnen? Wie die feinen Nebenfiguren, die von der Hand eines Künstlers gezeichnet sind? Wie die Bilder der Götter und Menschen, die in wundersamer Arbeit ringsum dargestellt sind? Denn wo der Kreislauf des Tages sich auf langsamer Bahn bewegt und mit seinen Schritten das lange Jahr durchmisst, dort leuchten die vier schicksalhaften Reiche der viergeteilten Welt, bemalt mit menschlichen Gestalten.[224] Die erste ist ein Menschengesicht, geschwollen mit geblähten Backen und von wildem Antlitz; auf dem unbeugsamen Scheitel befindet sich eine Mitra, eine assyrische Kopfbedeckung, die Oberlippe starrt unter zweigeteiltem Bartflaum hervor, nach türkischer Art, aber darunter ist ein bartloses Kinn. Der Umhang hängt von der Schulter mit einem Knoten herab, und das Gewand öffnet sich bis hinab zu den Fußknöcheln. Er selbst [sc. der Mensch] trägt in der Hand einen Schild und ein gewaltiges Löwenfell, starrend vor schrecklichen Borsten, und er zeigt des Wappens schnelle Schwingen: Deshalb rühmt sich Chaldaea der Herrschaft und der assyrischen Männer, der Stützen des ersten Reiches. Daneben glänzt die grauenerregende Gestalt des Meders in Hosen, schmutzig im ungepflegten Alter und garstig mit strengem Blick,

223 Orakel von Delphi, am Hang des Berges Parnassos gelegen, war eines der bedeutendsten Orakel der antiken griechischen Welt. Es wurde im Jahr 393 n. Chr. geschlossen, als das Christentum unter Kaiser Theodosius I. zur Staatsreligion wurde.

224 Die folgende Darstellung gilt den vier Weltreichen: Das Babylonische Reich (v. 937), das Reich der Meder und Perser (vv. 938f.), das Griechische Reich (v. 940), das Römische Reich (vv. 941f.).

[G iiij^v] Tetrica, dividuaque albens lanugine barbae.
Laeva[34] gerit clypeum, medioque umbone frementem
Fert ursum, Phrygio capiti est pro more tiaras.
Haec tibi Persarum reges demonstrat et arma,
Innumerorum hominum quibus illi corpora durae
Demisere neci, fusumque hausere cruorem.
Sicut enim lato deformia guttura rictu
Pandit, et horrorem immittit venantibus ursus,
Nec tamen absterret, nec inevitabile telum
Vitat, ubi certam venator dirigit hastam,
Sic Persae totum implerunt terroribus orbem,
Europemque[35] Asiae Xerxaeo ponte ligarunt,
Tanquam uno hausturi Rhodopeia littora rictu,
Sithoniasque urbes, habitataque moenia Graiis.
Sed non Argolicae vitarunt vulnera dextrae,
Nec Macedum saevas olim fugere phalanges.
Post hos, insignem palma victrice coronam,
Bucephalumque ostentat equum satus Hercule magno,
Magnus Alexander, clypeoque insigne, ferocem
Pantheram gerit, horrendum et mirabile visu
Monstrum, quod volucres in tergo quattuor alas
Explicat, et totidem capita alto vertice tollit.
Os imberbe viro, teretique ex aere galerus
Tegmen inest capiti, fulvo diademate cinctus.
Haud equidem longos Macedum duravit in annos
Imperium, inque suae primaevo flore iuventae
Concidit ut, volucres cum ventus dissipat alas,

34 *D2.* Leva *D1.*
35 Europamque *D2.*

weiß durch den zerstreuten Bartflaum. Die Linke hält einen Schild und trägt mitten auf dem Schildbuckel einen brüllenden Bären; auf dem Haupt befindet sich eine Tiara nach phrygischer Sitte. Diese zeigt dir Könige und Waffen der Perser, mit denen jene die Körper unzähliger Menschen in den grausigen Tod geschickt und das vergossene Blut getrunken haben. Wie der Bär nämlich seinen klaffenden Rachen weit aufreißt und den Jägern einen Schrecken einjagt und sie dennoch weder fortscheucht noch das unausweichliche Geschoss meidet, sobald der Jäger die treffsichere Lanze ausrichtet, so haben die Perser den ganzen Erdkreis in Schrecken versetzt sowie Europa und Asien mit der Brücke des Xerxes[225] verbunden, als ob sie die rhodopischen Gestade, die thrakischen Städte und die von den Griechen bewohnten Zinnen durch *einen* gewaltigen Spalt verzehren wollten. Aber die griechischen Truppen vermieden keine Wunden und flohen nicht vor den grimmen Heeren der Makedonier.

[vv. 1034–1056] Nach diesen zeigt die mit der Siegespalme ausgezeichnete Krone und sein Pferd Bucephalus der Sohn des großen Herkules, Alexander der Große;[226] als Wappen am Schild trägt er einen wilden Panther, ein schreckliches Ungeheuer – wundersam anzusehen! –, das vier geflügelte Schwingen auf dem Rücken ausbreitet und ebenso viele Häupter auf dem erhabenen Nacken trägt. Der Mann hat ein bartloses Gesicht, ein Helm aus dünnem Erz dient dem Kopf als Schutz, umwunden von einem goldenen Diadem. Freilich hielt seine Herrschaft über die Makedonen nicht viele Jahre an, und er fiel in der ersten Blüte seiner Jugend wie geflügelte Schwingen und leichte Federn, die der Wind zersprengt

225 Die Brücke galt als bemerkenswerte Ingenieurleistung, die dem persischen König Xerxes I. zugeschrieben wird. Sie spielte eine Rolle während des Zweiten Perserkriegs (480–479 v. Chr.), insbesondere in der Schlacht an den Thermopylen.

226 Angebliche Abstammung Alexanders des Großen von Herkules, nach dem er auch den illegitimen Sohn mit seiner Geliebten Barsine nannte (geb. 327 v. Chr. in Baktrien).

[H j^r] Atque leves passim sparsit per inania plumas.
Parte alia Latio Caesar Romanus honore,
Os sublime effert, cui belli insigne superbum,
Tempora Apollinea fulgent victricia lauro,
In laeva clypei non enarrabile textum:
Terrificae nova forma ferae, cui corpore vires
Immensae, et duro serrati in gutture dentes,
Cornua fronte decem, reliquisque oculatius unum,
Ultima quod signat Romani tempora regni,
Exultatque, volente Deo, potioraque Graiis
Supplicibus late populis dat iura, suasque
Victrices toto orbe videt florescere lauros.
Haec supra Pater Omnipotens informia regna,
Materiamque rudem dirimit, liquidoque coruscum
Aethere secernit coelum, terrasque iacentes,
Et iubet immenso fulgescere sidera coelo,
Induratque solum, et discludit Nerea Ponto.
Inde hominem tenui format de pulvere terrae,
Ingeniumque indit, divinorumque capacem
Aspirat mentem, propriaque ab imagine sumtam
Fingit in effigiem, totumque huic subiicit orbem.
Nec procul hinc vetita decerpit ab arbore malum
Prima parens, audetque Dei contemnere legem,
Capta dolo colubri, qui torto corpore truncum
Amplexus circum, cristam et furialia membra
Exuit, atque hominis sese transformat in ora.
Tum matrem aggreditur verbis, fallitque furentem

und überall im leeren Luftraum zerstreut. An einer anderen Stelle zeigt der Römer Caesar, die Ehre Latiums, sein erhabenes Antlitz, dem als prangende Auszeichnung im Krieg die siegreichen Schläfen mit apollinischem Lorbeer leuchten. In seiner Linken ist das nicht erzählbare Gewebe des Schildes:[227] die neuartige Gestalt eines furchterregenden wilden Tieres, dessen Körper gewaltige Kräfte hat und gezackte Zähne im unerbittlichen Schlund; auf der Stirn sind zehn Hörner, eins augenfälliger als die übrigen, weil es das Ende des Römischen Reiches anzeigt. Es frohlockt mit Gottes Willen und gibt weithin den demütigen griechischen Völkern mächtigere Gesetze und sieht, dass seine siegreichen Lorbeeren auf der ganzen Welt erblühen.

[vv. 1057–1065] Darüber trennt der allmächtige Vater die grässlichen Reiche und die kunstlose Materie ab, er scheidet den blinkenden Himmel und die darunter liegende Erde vom klaren Äther und lässt die Sterne am unermesslichen Himmel leuchten, er härtet den Boden und sondert den Nereus vom Pontus ab.[228] Sodann formt er den Menschen aus dem feinen Staub der Erde, schenkt ihm den Verstand und haucht ihm einen für das Göttliche aufnahmefähigen Geist ein, er gestaltet ihn nach seinem eigenen Abbild und unterwirft ihm die ganze Welt.[229]

[vv. 1066–1079] Nicht weit von hier pflückt die erste Frau vom verbotenen Baum den Apfel und wagt es, gegen Gottes Gebot zu verstoßen, verführt durch die List der Schlange, die sich um den Baumstamm gewunden, den Kamm und die grässlichen Glieder abgelegt und sich das Aussehen eines Menschen verliehen hat. Danach spricht sie die Mutter an und täuscht ihr Herz,

227 Mit diesem Wortlaut leitet Vergil die Beschreibung des Schildes ein, den Vulcanus dem Aeneas für dessen finalen Kampf gegen Turnus geschmiedet hat. Vgl. Verg. *aen.* 8,625: *clypei non enarrabile textum.*

228 In der griechischen Mythologie zwei verschiedene Meeresgottheiten. Nereus ist der Sohn von Pontus und Gaia (Erde), Pontus der Sohn von Gaia und Uranos (Himmel), damit Bruder und gleichzeitig Vater des Nereus.

229 Bericht über die Schöpfungsgeschichte nach Gn 1.

[H j^v] Vipeream inspirans animam. Simul illa veneno
Percita Tartareo dictis pertentat Adamum,
Invertitque viri mentem, et formidine falsa
Elusum in fraudem verbis inducit eandem,
Pestiferumque ambo condunt in viscera fructum.
Hinc generi humano labor est exortus, et omnis
Erupit dolor, atque fames, et turpis egestas,
Lataque deformi patefacta est ianua letho.
Parte alia Christus coelo delapsus ab alto,
Induit humanam faciem, coelestibus oris
Editus, et genitore Deo, gaudetque parente,
Cui mare, cui tellus, cui totus subiacet aether.
Ille graves hominum miseratus in orbe labores
Verus homo nasci voluit, fusoque cruore
Diluit omne nefas, placataque aetheris ira
Restituit veteres humanae gentis honores.
Hoc duce, si qua manent sceleris vestigia nostri,
Irrita perpetua solvunt formidine terras.
Atque eccum, ut domita statuit de morte trophaeum
Ingenti plausu, spoliisque oneratus opimis[36]
Ingreditur, victorque hostes super eminet omnes.
Iamque alti ascendens super ardua culmina coeli,
Victor agit currus, hostes longo ordine capti
Incedunt: atra mors formidabilis umbra,
Peccatumque, ingens monstrum, et miserabilis Orcus,
Dentibus infrendens, Stygii regnator Averni
Captivos inter, centum religatus ahenis

36 opines *D2.*

rasendes Gift einhauchend. Sogleich versucht jene, vom höllischen Gift angestachelt, Adam mit Rede, verkehrt den Verstand des Mannes und verführt den durch falsche Furcht Getäuschten mit Worten zu demselben Betrug; beide verbergen die unheilbringende Frucht in ihrem Inneren. Seither war dem Menschengeschlecht Arbeit beschieden, der ganze Schmerz brach hervor, Hunger sowie der schändliche Sinn für Mangel, dem hässlichen Tod wurde das Tor weit geöffnet. [vv. 1080–1099] An einer anderen Stelle steigt Christus vom hohen Himmel herab, nimmt menschliche Gestalt an, hervorgebracht von den himmlischen Gefilden und dem Schöpfergott, findet er Wohlgefallen an seinem Vater, dem das Meer, die Erde und der ganze Äther untersteht. Jener erbarmte sich der schweren Leiden der Menschen auf der Welt und wollte als wahrer Mensch geboren werden, nahm durch sein vergossenes Blut alle Sünde hinweg und setzte nach der Besänftigung des himmlischen Zornes die vormaligen Ehren des Menschengeschlechtes wieder ein. Unter seiner Führung erlösen sie, wenn noch irgendwelche Spuren unseres Vergehens gegen die Ordnung bleiben, die Erde von der ewigen Furcht. Aber siehe da, wie Christus über den bezähmten Tod sein Siegeszeichen setzt unter gewaltigem Beifall, mit reicher Beute beladen einherschreitet und als Sieger alle Feinde überragt. Schon erklimmt er die aufragenden Gipfel des hohen Himmels, fährt siegreich im Wagen und die gefangen genommenen Feinde schreiten in langer Reihe einher: der finstere Tod, ein schreckenerregender Schatten, die Sünde, ein gewaltiges Ungeheuer, und der elende mit den Zähnen klappernde Orcus, der Herrscher über die avernische Styx[230] ist unter den Gefangenen, mit hundert ehernen Knoten

230 In der römischen Mythologie ist der Averner See (*Lacus Avernus*) ein Kratersee in der Nähe von Cumae, der mit dem Eingang in die Unterwelt in Verbindung gebracht wird. Die Styx ist ein Fluss in der Unterwelt, dessen Überquerung in den römischen Vorstellungen vom Jenseits und den Riten der Toten eine Rolle spielt. Vgl. Verg. *aen.* 6,438f.

[H ij^r] Post tergum nodis, fremit horridus ore cruento.
Non procul huic videas patefactis ossa sepulcris
Exire, et coeli subito descendere ab oris
Sublimes animas, iterumque ad tarda reverti
Corpora: et e tenebris ad lumina surgere vitae.
Haec tuba terribili sonitu, quo protinus omne
Contremuit coelum, et terrae intonuere profundae,
Elicit, ac[37] superas revocat clangore sub auras.
Ipse sedens crocea sublimis in Iride Christus,
Arbiter humani generis, nimboque refulgens,
Concilium vocat, et vitas ac crimina pendit
Quaesitor scelerum, trutinaque examinat aequa.
Hinc iustis dirimit sontes, hircosque bidentum
A grege secernit, dextraque a parte bidentes
Collocat, et coeli melioribus exipit oris,
Pax ubi secura, et requies aeterna laborum.
A laeva immanes hircorum collocat alas,
Castigatque auditque dolos, subigitque fateri
Crimina, et in seram commissa piacula mortem.
Protinus hos ultrix damnatos crimine Dira
Addicat inferno, et Stygias detrudit ad umbras,
Nox ubi perpetua, et densa caligine Ditis
Spelunca horrescit, vastoque immanis hiatu
Tartarus ignivomum eructat cum sulfure fumum.
Haec est illa dies, et ineluctabile tempus,
Quo veniet terrae exitium: multosque per annos
Sustentata ruet moles, et machina mundi,

37 ut *D2.*

am Rücken gebunden brüllt der Grausige aus dem blutigen Mund.
[vv. 1100–1131] Nicht weit von diesem kannst Du erkennen, wie die Gebeine die geöffneten Gräber verlassen und die erhabenen Seelen sogleich aus den Gefilden des Himmel hinabsteigen, wiederum in die trägen Körper zurückkehren und sich aus der Finsternis zum Licht des Lebens erheben. Die Trompete lockt sie mit schrecklichem Klang hervor, wodurch der ganze Himmel weithin erzittert und die Erde in der Tiefe donnert, und ruft sie mit dem Getöse zurück in die himmlischen Lüfte. Christus selbst sitzt erhaben auf dem goldgelben Regenbogen,[231] der Richter des Menschengeschlechtes, mit strahlendem Nimbus ruft er das Gericht ein, wägt das Leben und die Sünden ab, prüft die Vergehen und misst mit gleichem Maß. Darauf trennt er die Schuldigen von den Gerechten, sondert die Ziegenböcke aus der Herde der Schafe aus, setzt die Schafe auf die rechte Seite und nimmt sie in die seligen Gefilde des Himmels auf, wo der Frieden gesichert ist und die Ruhe vor Mühen ewig währt. Auf die linke Seite stellt er die riesigen Herden der Ziegenböcke, zürchtigt sie, hört die Listen an, zwingt sie, ihre Sünden zu gestehen, und legt ihnen Sühne auf, die zu einem lange währenden Tod führt. Gleich darauf führt die rächende Furie die für ihr Verbrechen Verurteilten der Unterwelt zu und stößt sie zu den stygischen Schatten hinab,[232] wo ewige Nacht und die vom Nebel verdunkelte Höhle des Dis in Schrecken versetzt, wo der gewaltige Tartarus aus seinem riesigen Schlund mit Schwefel versetzten feurigen Rauch ausstößt. Dies ist der Tag und die unvermeidliche Zeit,[233] in der das Weltende kommen und die viele Jahre lang bestehende Größe und Maschinerie der Welt einstürzen wird;

231 Iris: Figur der griechischen und römischen Mythologie, die als Botin der Götter und Personifikation des Regenbogens gilt.

232 Die Dirae: Rachegöttinnen (vgl. Verg. *aen.* 6), die gerade in der Unterwelt mit Vergeltung und Strafe verbunden sind.

233 Dublette zu oben, v. 818 (s. Anm. 180; Verg. *aen.* 2,324/10,466).

[H ij^v] Excutie*t*que[38] diem Titan, et sidera coelo
Labentur: totusque orbis considet in ignes.
Talia per totum videas emblemata corpus
Depicta insignis fabricae, circumque parerga
Innumera, aequaevi quae prima ab origine mundi,
Ad summum illius deducunt tempora finem.

(12) SOLARIA EXTRA TEMPLUM.

Hactenus aetherios imitantia corpora motus,
Annorumque vices centum, cursusque dierum,
Instabilesque horas, circumque volantia signa,
Cymbalaque, et Galli cantus, pictasque figuras
Lusimus, et tenui deduximus omnia versu.
Nunc templo egredimur, picta et solaria muris,
Et turri aeria canimus, Lunaeque meatus,
Quique inibi radius bissenas indicat horas.
Christe fave, et nostris iterum bonus annue coeptis.
Tectum ingens templi longo fastigia tractu,
Solis ab occasu, Solis deducit ad ortum.
Pars laterum Boream, pars altera respicit Austrum.
Huic turritum aliud transverso culmine tectum
Iungitur, Eoo qua stant penetralia templi
Limite, et a gelida tepidam prospectat ad Arcton.
Illic artifici solaria picta labore
Sunt aliquot, Solis Lunaeque notantia cursum.
Area lata patet subter fastigia tecti,

38 *D2.* Excutieque *D1.*

die Sonne wird den Tag auslöschen, die Sterne werden vom Himmel fallen und der ganze Erdkreis in Flammen aufgehen.
Solche Abbildungen, auf den gesamten Korpus des vortrefflichen Baus gemalt, und unzählige Ergänzungen ringsum kannst du erblicken, die die Zeit vom Anbeginn der unvergänglichen Welt bis zu ihrem allerletzten Ende darstellen.

(12) Die Sonnenuhren außerhalb der Kirche

[vv. 1132–1140] Bisher habe ich mich in der Beschreibung von Körpern, die himmlische Bewegungen nachahmen, Wechseln von hundert Jahren, vom Lauf der Tage, unterschiedlicher Stunden, der ringsum laufenden Zeiger, der Zimbeln, des Hahnenklangs und der gemalten Gestalten geübt und alles in dürftige Verse gebracht.[234] Nun verlassen wir die Kirche und besingen die auf die Mauern und den Turm gemalten und aus Erz bestehenden Sonnenuhren, den Umlauf des Mondes und den Strahl, der dort zweimal sechs Stunden anzeigt. Christus, sei uns gewogen und begünstige gnädig wiederum unser Unterfangen.[235]
[vv. 1141–1171] Das gewaltige Kirchendach begrenzt die Giebel in langer Ausdehnung von West nach Ost. Ein Teil der Seiten ist nach Norden, der andere Teil nach Süden gerichtet. Mit diesem verbunden ist ein anderes Turmdach mit einem Quergiebel, wo an der östlichen Begrenzung das Allerheiligste der Kirche steht, und blickt von Nord nach Süd.[236] Dort finden sich einige in kunstvoller Arbeit gemalte Sonnenuhren, die den Lauf von Sonne und Mond anzeigen. Unter dem Giebel des Daches öffnet sich eine breite Fläche

234 *Captatio benevolentiae*: Anspielung auf die von Frischlin in der Vorrede erwähnte Problematik, für die Beschreibung der astronomischen Uhr keine geeigneten sprachlich-stilistischen Vorbilder in der Latinität zur Hand zu haben. Vgl. die Aussage in Frischlins Vorrede, S. 70, Z. 55–58.

235 Vergilische Inspirationsbitte (*georg.* 1,40: *da facilem cursum atque audacibus adnue coeptis*), hier mit Bezug auf Christus.

236 Frischlin verwendet hier ein eigenwilliges Bild (›warmer und kalter Norden‹), um die Ausrichtung des Querhauses zu beschreiben.

[H iijr] In conum vergens, laterum compagine firma,
Et spaciis triplex includitur angulus aequis.
In summo muri, facies nitet aurea Phoebi,
Centri instar, roseo cuius multa exit ab ore
Linea, quae dirimit spaciis aequalibus horas.
Haec circum duplici coelestia signa meatu
Hinc atque hinc fulgent, altoque a vertice gyri
Deducti, atque Arabes quos Almicantara dicunt.
Inseritur medio Phoebi stylus aeneus ori,
Insignis nodo. Lucis stylus indicat horas
Totius, obscura, quam de se proiicit, umbra,
Quamque alte Oceani Titan emiserit undis,
Quantum hinc Hesperiis, quantum illinc absit Eois.
At nodus, quo forte meet Sol aureus astro
Signiferi, ostendit, sparsaque examinat umbra.
Sunt duo praeterea tecto solaria eodem,
Quorum unum Lucis consuetas indicat horas,
Ferrea quas tenui designat regula filo.
Alterum ab Eois horas regionibus aequas
Ad mediam lucem, mediaque a luce diei
Ad serum occasum, duodenaque limina coeli
Exhibet, et sparsa commonstrat desuper umbra.
In media muri facie notat aureus horas
Bissenas index spacio circumfluus aequo,
Et medios Lunae ac Solis super aethere cursus
Signifero, parili praesentat regula motu.
Tum globus auricomae profert nova cornua Lunae,

und verjüngt sich im festen Gefüge der Seiten zu einer Spitze; der Winkel wird dreimal im gleichen Maß gefasst.[237] Auf dem höchsten Punkt der Mauer erstrahlt das goldene Gesicht der Sonne,[238] einem Kreis entsprechend, von dessen rosenfarbenem Mund[239] viele Linien abgehen, die die Stunden in gleiche Abschnitte teilen. Rings herum erstrahlen auf der einen und auf der anderen Seite die Sterne in doppelter Bahn, vom hohen Scheitel gezogene Kreise, die die Araber Almukantarat[240] nennen. In der Mitte des kleinen inneren Kreises befindet sich ein eherner Stab, gekennzeichnet durch einen Nodus.[241] Der Stab zeigt die Stunden des ganzen Tages durch einen dunklen Schatten an, den er von sich wirft und den die Sonne aus den Wogen des Ozeans so weit hat hervorgehen lassen, wie weit sie von hier im Westen und von dort im Osten entfernt ist. Der Nodus aber, an dem die goldene Sonne gerade mit den Sternen entlanggeht, macht dies anschaubar und weist es mit dem geworfenen Schatten nach. Außerdem befinden sich am selben Gebäude zwei Sonnenuhren: Die eine von diesen zeigt die bekannten Stunden des Tages an, die ein eiserner Zeiger mit dünner Linie bestimmt; die andere stellt die gleich langen Morgenstunden bis zum Mittag, vom Mittag bis zum Sonnenuntergang sowie die je zwölf Häuser des Himmels dar und zeigt sie durch den von oben ausgebreiteten Schatten.

[vv. 1172–1192] Mitten auf der Vorderseite der Mauer kennzeichnet ein goldener Zeiger, der von einer gleichmäßigen Fläche umgeben ist, zweimal sechs Stunden und der Stab gibt die mittlere Bahn von Mond und Sonne am gestirnten Himmel in gleichmäßiger Bewegung an. Dann bringt die Kreisbahn die neue Sichel des goldgelockten Mondes hervor,

237 Es handelt sich um ein gleichseitiges und somit auch gleichwinkliges Dreieck (3 × 60 Grad).

238 Der antike Sonnengott Phoebus (bzw. Apollo) steht hier wie sonst in der *Descriptio* als Personifikation für die Sonne (s. auch Anm. 86).

239 Gemeint ist: der kleine innere Kreis.

240 Zu den astronomischen Spezialbezeichnungen s. die Angaben in der Vorrede (S. 73).

241 Das lat. Wort *nodus* bezieht sich auf einen Knoten oder Punkt auf der Schattenplatte oder dem Schattenstab der Sonnenuhr. Der Nodus markiert einen bestimmten Punkt auf der Sonnenuhr, der verwendet wird, um die Zeit abzulesen oder die Schattenposition zu interpretieren (vgl. Äquatornodus; Solstiznodus).

[H iij^v] Orbe alias minimo rubeum condentia vultum,
Pleno alias humiles spectantia lumine terras.
Utque vice alterna, rutilo super aethere Luna
Nunc radiis crescit, nunc plenum contrahit orbem,
Sic globus hic variam tecti sub culmine Phoeben
Circumfert, et clara novat, Lunae aemulus, ora.
Quid, quod in excelsa turri, qua lata patescit
Area, quaque alto vigilum domus ardua tecto
Eminet: artifici septem solaria dextra
Hinc illinc depicta nitent, Solisque tabella
Conspicitur, taciturna notans vestigia Phoebi,
Sive ille Oceano surgat, remeetve sub undas?
Mira tabella viam Solis demonstrat, et apta
Dirigere arte docet fabricae mirabilis horas.
Seu iubar emittat Phoebus, summoque feratur
Cardine, seu radios obscura nube recondat.
Dicite, Neccarides, causam mihi, discite Musae,
Lubrica quis variis primus descripserit umbris
Tempora, et humanos artem revocarit ad usus.
Et meministis enim Divae, et memorare potestis.
Primus Anaximenes, Mileti clarus ab urbe,
In veteri quondam Sparta solaria circum
Dicitur artifici templis posuisse tabella,
Et Phoebi servasse vias, umbramque cadentem.
Fertur et Hebraeus Solymis in moenibus Achas
Exigua cursum signasse Hyperionis umbra,
Bissenisque diem horarum secuisse figuris.

die an anderer Stelle im kleinsten Kreis ihr rötliches Gesicht verbirgt, wieder an anderer Stelle blickt sie mit vollem Licht auf die unten liegende Erde. Wie der Mond abwechselnd bald über dem rötlichen Himmel an Umfang zunimmt, bald einen vollen Kreis bildet, so umringt die Kreisbahn hier die vielgestaltige Sonne unter dem Giebel des Daches und erneuert, wetteifernd mit dem Mond, das strahlende Gesicht. Was bedeutet es, dass an dem hohen Turm, wo sich eine breite Fläche befindet und wo das steile Haus der Wächter am hohen Dach emporragt, sieben Sonnenuhren von einer kunstbegabten Hand, hier und dort gemalt, erglänzen und man eine Sonnentafel sieht, die die verschwiegenen Bahnen der Sonne bezeichnet, sei es, dass sie sich aus dem Ozean erhebt oder in die Wogen hinabtaucht? Das wunderbare Täfelchen zeigt den Weg der Sonne und lehrt mit passender Kunst die Stunden der wundersamen (mechanischen) Apparatur auszurichten, sei es, dass die Sonne ihre Strahlen entsendet und sich am Scheitelpunkt befindet, oder dass sie die Strahlen in dichtem Nebel birgt.

[vv. 1193–1217] Nennt mir den Grund, ihr Neckarnymphen,[242] lernt, ihr Musen, wer als erster die in vielgestaltigen Schatten entgleitende Zeit beschrieben und die Kunst dem menschlichen Nutzen wieder zugeführt hat. Denn ihr, Göttinnen, erinnert euch auch und könnt es ins Gedächtnis rufen.[243] Als erster soll der berühmte Anaximenes[244] aus der Stadt Milet einst im alten Sparta in den Tempeln weithin Sonnenuhren mit je einem kunstvollen Täfelchen versehen und die Bahnen der Sonne sowie die einbrechende Dunkelheit beobachtet haben. Man sagt, dass auch der Hebräer Achas auf den Mauern Jerusalems[245] die Bahn der Sonne mit einem schmalen Schatten bezeichnet und den Tag in zweimal sechs Zeichen für die Stunden eingeteilt haben soll.

242 Der Musenanruf nach klassischem Muster, hier aber mit Verweis auf den Ort der Niederschrift der *Descriptio* (Tübingen am Neckar). – Ein Musenanruf an die Neckarnymphen findet sich, in anderem Zusammenhang, auch in Friedrich Schillers Gedicht *An die Freunde* (1781): «Mädchen vom Neckar, es rauschen / Eure Wellen herüber, / Sagt mir an […].»

243 Teil des Musenanrufs nach vergilischem Muster (*aen.* 7,645): *et meministis enim, divae, et memorare potestis.*

244 Ionischer Philosoph (Vorsokratiker) aus Milet, Schüler bzw. Nachfolger des Anaximander (um 500 v. Chr.).

245 Achaz (Achas), König von Juda (8. Jh. v. Chr.), wird in mehreren biblischen Büchern erwähnt (Mt 1,1; Is 7, 10–14; 2 Sm 16,10–16). In der Bibel gibt es jedoch keine spezifischen Hinweise darauf, dass er direkt mit Himmelsvermessungen in Verbindung steht.

[H iij^r] Fertur Romulea statuisse Papyrius aede
Umbrarum legem, inque rudi pinxisse tabella,
Donec opus coeptum forma meliore Philippus
Martius instituit, normamque reduxit ad aptam.
Isque labor tantum Romana sede favoris
Repperit, ut Latii Censorum opus utile curae
Subdiderint Patres, summoque in honore locarint.
Ipse quoque Augustus scioteria mira colosso
Affinxit, Solisque umbram de rupe notavit
Immensa proiectam. apici superaddidit alto
Manlius auratum sublimi in vertice gyrum.
Omnia sed nostri monimenta laboribus aevi
Haec tantum cedunt, quantum vaga sidera soli,
Et quantum reliqui Lunae fulgoribus ignes[39].

(13) AEDILES ET PRAEFECTI FABRICAE.

Qua vero qua laude canam? Quo carmina dicam
Isignes pietate viros, quibus ardua curae
Sunt studia, et tanti non displicuere labores,
Et quorum larga bonitate, ac divite sumtu
Hoc opus excrevit, quo non praestantius ullum
Vidit in orbe aetas, vix postera saecla videbunt?
Non, mihi ahena sonent centum si vocibus ora,
Perque mea insinuet totus se pectora Phoebus,
Omnia percurram tantorum clara virorum
Nomina, nec meritis hic omnes laudibus ornem,

39 ignis *D2.*

Ferner habe Lucius Papirius[246] im Tempel des Romulus die Gesetzmäßigkeiten für Sonnenfinsternisse aufgestellt und sie in einem einfachen Täfelchen aufgezeichnet, bis Marcius Philippus[247] das begonnene Werk in einer besseren Gestalt eingerichtet und es auf eine passende Regel zurückgeführt hat. Diese Arbeit fand im Römischen Reich so großen Zuspruch, dass die römischen Senatoren die Sorge über das nützliche Werk den Zensoren übertragen und es in höchste Ehre gesetzt haben. Auch Augustus selbst hat eine wunderbare Sonnenuhr am Koloss befestigt und den Schatten der Sonne, vom gewaltigen Fels zurückgeworfen, ablesbar gemacht.[248] Über der aufragenden Spitze hat Manilius am höchsten Punkt einen vergoldeten Kreis angebracht.[249] Aber all diese Denkmäler stehen so weit hinter der Leistung unseres Zeitalters zurück, wie die unsteten Sterne von der Sonne und die übrigen Lichter von den Strahlen des Mondes.

(13) Die Ädilen und Präfekten der Apparatur

[vv. 1218–1249] Aber wie und mit welchem Lob soll ich singen? Mit welchem Gedicht soll ich die durch Tugend ausgezeichneten Männer bedenken, denen die beschwerliche Mühe am Herzen liegt und so große Arbeit nicht missfällt, durch deren freigiebige Güte und hohe Kosten dieses Werk emporgewachsen ist – ein Werk, wie es herausragender kein Zeitalter im Erdkreis je gesehen hat und kaum die künftigen Jahrhunderte sehen werden. Auch wenn mir aus ehernen Mündern hundert Stimmen erklängen[250] und Phoebus Apollo[251] sich ganz in meiner Brust befände, könnte ich nicht alle berühmten Namen so vieler Männer aufzählen noch würde ich all diejenigen mit dem verdienten Lob schmücken,

246 Lucius Papirius Cursor d. J. (Konsul 293; 272 v. Chr.) ließ in Rom die erste öffentliche Sonnenuhr im Tempel des Quirinus (Theonym für Romulus) aufstellen.

247 Quintus Marcius Philippus (Konsul 186; 189 v. Chr.) soll 164 v. Chr. eine Sonnenuhr für den Horizont Roms eingerichtet haben.

248 Vgl. Plin. *nat. hist.* 36,72. Die Sonnenuhr des Augustus, die sich auf dem Campus Martius in Rom befand. Sie war Teil eines Sonnenuhrkomplexes (errichtet zwischen 10 und 9 v. Chr.), bestehend aus einer Obelisken-Sonnenuhr (*Solarium Augusti*) und einem von Agrippa, einem Schwiegersohn des Augustus, entworfenen Horologium. Der Obelisk war so positioniert, dass er als Schattenwerfer für die Sonnenuhr diente. Vgl. Buchner 1982.

249 Metonymischer Verweis auf die ›goldene Kugel des Manilius‹ (vgl. Plin. *nat. hist.* 36,72), die an der Spitze des Obelisken angebracht war und eine exaktere Ablesbarkeit der Zeit erleichterte. Zu Manilius vgl. oben Anm. 140.

250 Klassischer Unsagbarkeitstopos, vgl. Verg. *aen.* 6,625f.: Die Priesterin Sibylle verweist auf die unaussprechlichen Verbrechen derer, die sich im Tartarus befinden, selbst wenn sie hundert Zungen und Münder und eine eiserne Stimme hätte (*non, mihi si linguae centum sint oraque centum, / ferrea vox, omnis scelerum comprendere formas* [...].)

251 Hier ist Apollo als Gott der Dichtkunst angesprochen.

[H iiij^{v}] Quoscunque huic operi sancti pia cura Senatus
Praefecit, sumtusque omnes expendere iussit,
Aut qui sponte sua caeptum iuvere laborem.
Nam quem te memorem Ioam Theobalde, vetusta
Orte domo, priscos qui aequas virtute parentes?
Nam quanquam veteris tibi gentis origo nitescit,
Et decus antiquis proavi natalibus addunt,
Ex te maior honos, tibi dignum sanguine prisco
Pectus inest, et cana fides, operosaque virtus,
Et pietatis amor, et mens sibi conscia recti,
Tecum honor, et laudes, et Rheni cura paterni,
Molem humero imponens, et vix tractabile pondus.
Cumprimis tibi larga manus, tibi dulce loquendi
Fulmen, et attonitas sermo qui mulceat aures,
Ora supergressus Pylii senis, oraque regis
Na*r*icii[40]. Hinc laurus crines praetoria vinxit
Fascibus, et patrias dedit insedisse curules.
Quid moror? Hoc aevo tibi nil, Theobalde relictum,
Quo virtus animo, quo famae gloria crescat,
Et nunc venturi debent tibi multa nepotes
Munera, quod patriae victus telluris amore
Iuvisti eximii sumtu monimenta laboris.
Proximus hic se offert paribus pietatis in armis,
Lichtensteygerus patria virtute Michael,
Et mente insignis: rerumque exercitus usu,
Patricios inter clarissimus unus, et urbis
Imperio praestans. Manibus gerit ille secures

40 *D2.* Narticii *D1.*

die die fromme Sorgfalt des ehrwürdigen Rates zum Hüter dieses Werks eingesetzt hat und sämtliche Kosten investieren ließ, oder diejenigen, die freiwillig die begonnene Mühe gefördert haben. Wen soll ich nämlich erwähnen? Joam Theobald,[252] einem alten Hause entstammend, der du hinsichtlich der Tugend deinen altehrwürdigen Vorfahren gleichkommst? Denn obwohl dir der Ursprung aus altem Geschlecht erstrahlt und die Vorfahren den früher Geborenen Zierde verschaffen, ist deine Ehre größer, dir wohnt eine Brust inne, die des alten Blutes würdig ist, ehrwürdige Treue, geschäftige Tugend, Liebe zur Frömmigkeit, ein Geist, der sich des Rechten bewusst ist, bei dir ist Ehre und Lob und die Sorge um den heimischen Rhein, du nimmst die Masse und das kaum zu tragende Gewicht auf deine Schulter. Besonders hast du eine freigiebige Hand, dir eignet eine Rede von anmutiger Kraft und eine Redeweise, die bestürzte Ohren besänftigt; du übertriffst die Worte des pylischen Greises[253] und diejenigen des Königs von Ithaka.[254] Deshalb hat der prätorische Lorbeer dir das Haar mit Ehrenzeichen umwunden[255] und dich im von den Vätern ererbten Amtsstuhl Platz nehmen lassen. Was zögere ich? In diesem Zeitalter ist für dich, Theobald, nichts übrig, wodurch die Tugend im Herzen, der Ruhm des Namens wachsen könnte, und nun schulden dir die künftigen Nachkommen viele Gaben, weil du aus völliger Hingabe zur Heimat Denkmäler gefördert hast mit einem Aufwand an außerordentlicher Mühe. [vv. 1250–1260] Als nächster, ihm an Frömmigkeit gleichkommend, zeigt sich Michael Lichtensteiger[256] von heimischer Tugend und durch Geisteskraft ausgezeichnet, tatkräftig, unter den Edlen ein ganz besonders berühmter, er leitet die Stadt durch seine Weisung. In den Händen trägt er die Rutenbündel

252 Theobald Joam von Mundelsheim war von 1573 bis 1580 Präfekt der seit dem späten 14. Jh. zu Württemberg gehörenden Grafschaft Mömpelgard (Comté de Montbéliard). Er ist 1572 in Straßburg mit einem Haus am Hof des Domkapitels bezeugt. Vgl. Seyboth 1890, 24.

253 Nestor, sagenhafter Herrscher vor Pylos, der am Trojanischen Krieg teilnahm, ist in den Dichtungen Homers (*Ilias*, *Odyssee*) für seine Weisheit und sein hohes Alter bekannt sowie für seine Redegewandtheit.

254 Odysseus. Neritius ist der poetische Name für Ithaka (abgeleitet vom Berg Neritos). So auch bei Ovid: *Dux quoque Neritius* (*fast.* 4,69). Die Form *naritius* bzw. *naricius* ist in der mittelalterlichen Textüberlieferung bezeugt, vor allem bei Boethius (vgl. Mairhofer/Mazurek 2020, 51).

255 Bezug auf die Amtsstellung des Theobals Joam von Mundelsheim (s. oben, Anm. 252).

256 Michael Lichtensteiger von den Maurern war in den Jahren 1569, 1575, 1581, 1587 Ammann von Straßburg.

[I j'] Consulis, et leges et candida iura tuetur,
Eloquio pollens, et quem nitor oris honestat,
Condecorant mores, animus formosior ornat,
Cuius in egregio posuerunt pectore sedem
Cana fides, et blandus amor pietatis et aequi,
Iusticiaeque decor, magno et cum pondere virtus.
Nec tu carminibus nostris indictus abibis,
Ingenio, Friderice, potens, sincera bonorum
Congeries, in quo veteris vestigia recti
Agnosco, et mores ductos meliore metallo.
Tu pietatis amans, tu iuris cultor et aequi
Iusticia cives, placidaque in pace tueris,
Et patria castas defendis in urbe Camoenas,
Nemo tibi procerum tentat, licet aere vetusto
Floreat, et clarum trahat alto a sanguine nomen,
Se iactare parem, tu castas natus ad artes
Pierio polles studio, dulcique redundas
Eloquio, mentemque levas docta arte senilem,
Et procul ambitione, locos et amoena vireta
Musarum invisis, doctorumque alma frequentas
Limina, et Aoniae tutaris castra Minervae.
Sed neque deformes inhonori sanguinis ortus.
Nec te antiquorum series ingloria patrum,
Obscurum proavis, et priscae lucis egentem
Plebeia de stirpe tulit. Gottshemia vivit
Clara domus, veteremque videt revirescere gentem
Auspiciis, Friderice, tuis, et alacribus ausis.

des Konsuls[257] und wacht über die Gesetze sowie das altehrwürdige Recht, ausgewiesen in der Redekunst: Denjenigen, den der Glanz der Rede ehrt, zieren gute Sitten, schmückt ein schönerer Geist. In seiner vortrefflichen Brust haben sich ehrwürdige Treue, gewinnende Liebe zu Frömmigkeit und Recht, die Zierde der Gerechtigkeit und – von besonderer Bedeutung – die Tugend niedergelassen.

[vv. 1261–1286] Nicht wirst du ohne Erwähnung in meinen Gedichten bleiben, Friedrich,[258] mächtig im Geiste, eine wahrhafte Summe an Gutem, in welchem ich die Spuren des alten Rechtes erkenne und die aus besserem Erz abgeleiteten Sitten. Du liebst die Frömmigkeit, du pflegst Recht und Billigkeit, du wachst mit Gerechtigkeit über die Bürger und mit ruhigem Frieden, du verteidigst in der Heimatstadt die keuschen Musen. Niemand von den Edlen unternimmt es, sich als dir ebenbürtig zu rühmen, möge er auch aus altem Erz blühen und einen berühmten Namen aus altem Blut herleiten; du bist geboren für die reinen Künste und meisterhaft im Musendienst, dir entströmt anmutige Rede, du erhebst den durch gelehrte Kunst erfahrenen Geist und, jenseits von Ehrgeiz, besuchst du die Wohnsitze und lieblichen Haine der Musen, bist häufiger Gast in den erquickenden Häusern der Gelehrten und beschützt die Lager der aonischen Minerva.[259] Aber weder hat dich eine minderwertige Abkunft aus ehrlosem Blut noch eine ruhmlose Reihe alter Väter, von den Ahnen her unbekannt und früheren Lichtes entbehrend, aus niedrigem Stamm hervorgebracht. Das berühmte Haus Gottsheim lebt und sieht das alte Geschlecht wiedererstarken unter dir, Friedrich, günstigen Vorzeichen und durch deine tüchtigen Unternehmungen.

257 Im antiken Rom waren die sogenannten *Secures* (Rutenbündel) ein Symbol der königlichen und später konsularischen Autorität. Ein Konsul, der höchste Beamte der römischen Republik, führte normalerweise zwölf Rutenbündel, um seine Macht und Autorität zu repräsentieren.

258 Friedrich von Gottsheim, als Mitglied des Straßburger Rates in der Abfassungszeit der *Descriptio* bezeugt.

259 Beiname der Minerva als Schutzherrin der Wissenschaften und Künste.

[I j^v] Vester honos vivit, quem non ventura silebunt
Tempora, nec densa condet sub nube vetustas.
Namque olim grato celebrabunt ore nepotes
Magnificas patriae impensas, operumque laborem,
Et laudes vestras maiorum annalibus addent.

(14) ARTIFICES TOTIUS OPERIS.

Nunc etiam artifices numero graviore canendi,
Egregii artificis[41], quorum alta indagine mentis,
Ingeniique acie, manibusque atque arte magistra,
Tam pulcrum processit opus, miroque labore
Eximia haec placidum sortita est machina finem.
Prima Dasypodio debetur gratia docto,
Lucida qui summi rimatus sidera coeli,
Fulgentesque plagas, radiantiaque astra recenset.
Machina quo vivat motu, quae semita Lunam
Ducat, et excluso pallentem fratre relinquat,
Quae moveant momenta polum: cur sidera septem
Obluctata illi, retro nitantur in ortus,
Aetherium qua carpat iter Mavortius ignis,
Qua vaga flamma Iovis, qua velox orbita Phoebes,
Pigraque Saturni, quantum Cytherea sereno
Curriculo, Phoebique comes Cyllenius erret.
Cumque animo et vigili perceperit omnia cura,
Sollicitoque domi signarit pollice cursum
Aetheris, et numeros secum revocarit ad aptos,

41 artifices *D2.*

Eure Ehre lebt, die die kommenden Zeiten nicht verschweigen und das hohe Alter nicht in dichtem Nebel verbergen werden. Denn einst werden die Nachkommen mit dankbarem Mund den reichhaltigen Verdienst am Vaterland rühmen sowie die für Werke verwandte Mühe und sie werden euren Ruhm den Annalen der Vorfahren hinzufügen.

(14) Die Handwerker des ganzen Werkes

[vv. 1287–1313] Nun sind auch die Handwerker im epischen Versmaß zu besingen. Es sind herausragende Handwerker, durch deren tiefsinnige Erforschung des Geistes und Scharfsinnigkeit des Verstandes, Leistungsvermögen und meisterhafte Kunst, dieses so schöne Werk vorangeschritten und diese vortreffliche Apparatur durch wundersame Arbeit zu einem gefälligen Ende gelangt ist. Der erste Dank gebührt dem gelehrten Dasypodius, der die leuchtenden Sterne des hochragenden Himmels genau erforscht sowie die glänzenden Zonen und strahlenden Sternbilder aufgezeichnet hat: durch welche Bewegung die Apparatur ihr Leben erhält, auf welcher Bahn der Mond zieht und ohne Licht zurückgelassen wird, wenn die Sonne verdeckt ist, welche Kräfte den Pol bewegen, warum sieben Sterne ihm entgegen laufen und wiederum zum Aufgang zurückdrängen, wie das Strahlen des Mars den Weg am Himmel nimmt, wie der weitreichende Blitz des Jupiter, wie die schnelle Kreisbahn des Mondes und die langsame des Saturn verlaufen, wie weit Venus im heiteren Kreis und Merkur als Begleiter des Pheobus ziehen.[260] Wann immer er alles im Geiste und mit wachsamer Sorgfalt wahrgenommen, zuhause mit fleißiger Hand den Lauf des Himmels aufgezeichnet und in das angemessene Zahlenverhältnis gebracht hat,

260 Anspielung auf das wohl bekannteste Werk des Konrad Dasypodius, in dem er sich mit der heliozentrischen Theorie des Nikolaus Kopernikus (s. Anm. 209) auseinandersetzt (*Hypotyposes orbium coelestium*, Straßburg 1568).

[I ijr] In medium discenda adfert, coetumque iuventae
Perdocet, ingeniis non vestigata priorum.
Utque oculis hominum motum, et vaga sidera coeli
Subiiceret, longique vices praescriberet anni,
Et Lunae, ac Solis tenebras, mensesque notaret,
Solennesque dies in longum conderet aevum,
Haec opera effinxit coelestem imitantia cursum,
Mira acie ingenii, mirandae pollice dextrae.
Nam studia haec vitae teneris sectatus ab annis
Extera terrarum subiit loca, qua vagus udas
Sequana voluit aquas, et Gallica rura pererrat,
Immensoque libros conquisiit undique sumtu,
Ut veterum possit studio superare labores.
Et nunc Graiorum Romanis floribus artes
Irradiat, verni quas proferet aura Favoni.
Quicquid enim Euclidae manavit ab indole, quicquid
Theudosius peperit, quicquid Damianus avito
Descripsit radio, quicquid contexuit Hero,
Inventum quodcunque tuo Barlame recessu,
Autolycus quicquid, vetus Hypsiclesque sagaxque
Fecit Aristarchus, quicquid Pediasimus acer,
Et Phario solers collegit littore Pappus:
Omnia nunc opera et studiis melioribus ornat.
Namque animo illius pridem se cuncta vetustas
Condidit, et maior collectis viribus exit.
Hic veterum laudes propriis virtutibus auget,
Inventisque novis maiorum opera omnia vincit,

macht er es geradewegs zum Lernstoff, lehrt die Schar der Jugend Gegenstände, die von früheren Geistesgrößen nicht erfasst worden sind. Und um den Augen der Menschen die Bewegung und die am Himmel umlaufenden Sterne vorzulegen, den Wechsel des langen Jahres festzuschreiben, Mond- und Sonnenfinsternisse sowie Monate zu bezeichnen, die Festtage für eine lange Zeit festzuhalten, hat er diese Werke, die die Himmelsbahn nachahmen, mit staunenswerter Scharfsinnigkeit des Geistes und dem Finger seiner bewunderswerten Hand entworfen.

[vv. 1314–1343] Denn er verfolgte diese Studien vom zarten Jugendalter an eifrig und widmete sich der kosmischen Sphäre, wo die unstete Seine[261] ihr feuchtes Nass führt und das gallische Land durchzieht, und er sammelte Bücher mit großem Aufwand von überall her, um die Arbeiten der Alten mit Eifer übertreffen zu können. Und nun erleuchtet er die Künste der Griechen mit römischer Zierde, die der Hauch des frühlingszeitlichen Westwindes hervorbringt. Denn was auch immer dem Geist des Euklid[262] entströmte, was immer Theodosius[263] hervorgebracht, was Damianus[264] mit dem uralten Stab beschrieben hat, was Hero[265] gewebt, welche Erfindung auch immer nach deinem Tod, Barlam,[266] was Autolycos,[267] der alte Hypsicles[268] und der scharfsinnige Aristarchus[269] gemacht haben, was auch immer der tatkräftige Pediasimos[270] und was der geschickte Pappos[271] am ägyptischen Gestade zusammengestellt hat: All diese Werke nun schmückt Dasypodius sogar mit besseren Studien. Denn auch das gesamte Altertum ist schon längst in seinem Geist begründet und geht mit gesammelter Kraft größer hervor. Er vergrößert das Lob der Alten mit den eigenen Verdiensten, mit den neuen Erfindungen übertrifft er alle Werke der Vorfahren

261 *Sequana*: Name der gallo-römischen Göttin, die im Zusammenhang mit der Verehrung von Quellen und Flüssen stand, insbesondere der Seine-Quellen. Sie wurde vor allem in der Region um das heutige Burgund verehrt.

262 Gr. Mathematiker (3. Jh. v. Chr.), bekannt für seine ›Elemente‹ (Στοιχεῖα, *Stoicheia*), eine der einflussreichsten mathematischen Abhandlungen der Antike, die sich mit den Grundlagen der Geometrie und Zahlentheorie befasst.

263 Theodosius von Bethynien (2. oder 1. Jh. v. Chr.): griechischer Mathematiker und Astronom.

264 Damian bzw. Heliodor(?) von Larissa, Optiker in der Nachfolge Euklids (3. Jh. v. Chr.). Er erklärte das Reflexionsgesetz, nach dem der Einfallswinkel gleich dem Ausfallswinkel ist. Vgl. Ivor 1941, 496f.

265 Hero von Alexandria (1. Jh. n. Chr.), gr. Mathematiker und Ingenieur, verfasste mehrere Werke über Mathematik, Physik und Technik. Er ist bekannt für die nach ihm benannte Heronische Formel, die das Gebiet eines Dreiecks basierend auf der Länge seiner Seiten berechnet.

266 Barlaam von Kalabrien (um 1290–1348), süditalienischer Kleriker und Gelehrter, der schon früh als ausgezeichneter Kenner des Griechischen galt. Er befasste sich mit der Philosophie und Astronomie.

267 Autolycos von Pitane (um 360–290 v. Chr.), gr. Astronom und Mathematiker.

268 Gr. Mathematiker und Astronom (2. Jh. v. Chr.) aus Alexandria, Schüler des Dionysius Thrax.

269 Aristarchus von Samos (ca. 310–230 v. Chr.), antiker gr. Mathematiker und Astronom. Er war einer der ersten, der die Idee vorbrachte, dass die Erde um die Sonne kreist (heliozentrisches Modell).

270 Johannes Pediasimos (Johannes Pothos), geb. 1282, byzantinischer Kirchenmann, Gelehrter, Astronom, Mathematiker, Mythologe, Syllogistiker, Musiker und Arzt, der in Konstantinopel, Ohrid und Thessaloniki tätig war.

271 Pappos von Alexandria (ca. 290–350 n. Chr.), Mathematiker, Astronom und Geograph, der für sein Werk, genannt *Mathematische Sammlung*, bekannt ist.

[I ijᵛ] Artificesque huius praestantes provocat aevi,
Laude nova fabricae, divinum imitantis Olympum.
Quanquam omnes alii, quos haec studia alta fatigant,
Pars quota sint Conrade tui? Quid tale vel ingens
Purbachius, vel Stöflerus ter maximus egit?
Aut coeli immoto fecit Copernicus orbe?
Cunctorum si clara simul iungantur in unum
Efficta: his numero praecedes omnibus unus.
Saepe quidem coeptum voluit fortuna morari,
Saepe acres morbi, iactumque ex aethere fulmen,
Quo percussa fuit sublimis machina templi.
Cum iuvenem sponte egregium, et praestantibus ausis
Illustrem, magnique animi virtute decorum,
Davidem tibi Vindelicis arcessis ab oris,
Consortem magnorum operum, coeptique laboris,
Ut comite hoc studii, ceu fido adiutus Achate,
Eximiam posses ad finem ducere molem.
Quando illi Clariae tenero sub pectore curae,
Et doctrina sagax, studiumque Matheseos acre,
Et pudor et probitas, et frons sedata, decorque
Oris, et ingenio sociata modestia culto,
Tuque adeo illius vidisti animumque benignum,
Sollicitamque fidem, succinctaque pectora curis,
Et vigiles sensus, et docta evolvere tantam
Corda operis magni molem, causamque magistri
Mentem implere sui, iussisque ingentibus unam
Sufficere, et multa Spartam cum laude tueri.

und fordert die herausragenden Künstler dieses Zeitalters durch neues Lob der Apparatur heraus, die den göttlichen Olymp nachahmt. Obgleich es all die anderen gibt, die sich in diesen hohen Studien abmühen – welch großen Teil bilden deine Leistungen, Konrad? Was von solcher Art haben der bedeutende Purbachius[272] oder der dreimal besonders herausragende Stöffler[273] vollbracht? Oder was hat Kopernikus[274] durch die Entdeckung des unbewegten Runds des Himmels geleistet? Wenn die berühmten Leistungen aller zugleich zusammengefasst werden, dann wirst du als einziger all diese der Zahl nach übertreffen. Freilich wollte das Schicksal oft, dass das begonnene Unternehmen ins Stocken gerät, oft wollten dies arge Krankheiten und aus dem Himmel geschleuderte Blitze, von denen der Bau der erhabenen Kirche getroffen wurde.
[vv. 1344–1365] Du hast willentlich einen herausragenden Jüngling hinzugezogen, berühmt durch vortrefflich-mutige Taten und ausgezeichnet durch die Tugend des Großmuts, David [Wolkenstein] aus dem böhmischen Land als Mitstreiter bei den großen Aufgaben und der aufgenommenen Mühe, damit du mit diesem Begleiter des Studiums, in gleichem Maße unterstützt wie durch einen treuen Achates,[275] den meisterhaften Bau zu Ende führen konntest. Wann immer in seiner zarten Brust apollinische Sorgen[276] hervortraten, scharfsinnige Lehre, verständiger Eifer für die Mathematik, Schamgefühl und Redlichkeit, ruhige Stirn, Zierde des Antlitz' und Besonnenheit, die dem feinsinnigen Talent verbunden war, hast du genau gesehen, dass sein gütiger Geist, der erschütterte Glaube, die sorgenbeladene Brust, der wachsame Geist und die gelehrte Brust einen so großen Bau des gewaltigen Werkes hervortreten lassen und das Anliegen sowie den Entwurf seines Lehrers erfüllen und dass es genügt, selbst wenn Ungeheures befohlen ist, ein Sparta mit großem Lob zu bewachen.[277]

272 Georg von Peuerbach (1423–1461), Humanist und Astronom an der Wiener Universität.

273 Johannes Stöffler (1452–1531), berühmter Gelehrter und Verfasser astronomischer Texte, seit 1511 Professor für Mathematik und Astronomie, seit 1521 Rektor an der Universität Tübingen.

274 Zu Nikolaus Kopernikus s. oben, Anm. 209.

275 *fidus Achates* (Verg. *aen.* 1,188; 6,158). Zur Funktion des Achates als treuem Begleiter des Aeneas und Symbolfigur der vergilischen Dichtung vgl. Lossau 1987, 89–99.

276 Bezug auf Klaros (Claros): antiker Heiligtumsort des Apollon Clarios in der Nähe von Kolophon in Kleinasien, dem heutigen Westen der Türkei. Klaros war bekannt für sein Orakel, das dem Orakel von Delphi ähnelte. Die Priester von Klaros wurden für ihre Interpretation von Träumen und Visionen eingesetzt, um Ratschläge und Vorhersagen für die Fragenden zu geben.

277 Anspielung auf das antike Sparta und dessen Truppen, die sich in der Schlacht bei den Thermopylen im Jahr 480 v. Chr. dem zahlenmäßig weit überlegenen Heer des Perserkönigs Xerxes erfolgreich widersetzten.

[I iij^r] Vivite[42] praeclari multis virtutibus ambo,
Tuque animo, Conrade, potens, tuque indole felix
Wolkenstein, vos fama vehit[43] trans aequora late,
Transque alti maris ambages, vos cuncta loquetor
Tellus, vos variis scribent in floribus horae,
Longaque perpetui ducent in secula fasti.
Proxima nunc celebri debetur gloria laudum
Pictori, Astronomum qui mente sagace reperta
Peniculo expressit, vivoque colore notavit.
Magna ars picturae, magnisque a regibus olim
Nobilitata fuit, reliquisque antiquior una.
Hanc septem ingenuas inter clarissimus artes
Ponit Aristoteles, octavamque adiicit illis,
Quando olim ingenuis concessum pingere solis,
Illicitumque aliis. Quid, quod pictura poesi
Est propior, carmenque tacens oculosque colorum
Lumine delectat, humanaque pectora mulcet?
Quicquid in hac igitur divina est mole decoris,
Huic orbes videas, atque aetheris aemula summi
Corpora, sive vagos agitatis curribus ignes
Invectos, sive indicibus medio axe rotatos,
Seu Lunae vultum, simulacraque quattuor illic
Aetatum, Christi effigiem, seu quicquid ubique
Ornatum fabricae picturis addit amoenis,
Omne id solerti Tobias pollice duxit
Stimmer, Appellaeis[44] tantum praeclarior ausis,
Quantum lux tenebris, perfectaque corpora coeptis.

42 Vevite *D2.*

43 vehi *D2.*

44 *D2.* Applæis *D1.*

Lebt, ihr beiden, ausgezeichnet durch große Tugend, sowohl du, Konrad, tatkräftig im Geiste, als auch du, Wolkenstein, mit Begabung gesegnet, euch führt der Ruhm weithin über die Erde und über die Wege des hohen Meeres. Von euch wird die ganze Erde sprechen, euch werden die Stunden in unterschiedlicher Zierde beschreiben und der immerwährende Kalender wird euch bis in alle Ewigkeit führen.

[vv. 1366–1386] Als nächstes gebührt nun dem berühmten Maler Lob für seine Verdienste, der mit scharfsinnigem Verstand die Errungenschaften der Astronomen mit dem Pinsel zum Ausdruck gebracht und sie in lebendiger Farbe gemalt hat. Die erhabene Kunst der Malerei war einst von großen Königen angesehen und allein ehrwürdiger als die anderen (Künste). Sie hat der hochberühmte Aristoteles[278] den sieben ureigenen Künsten hinzugefügt und jenen als achte beigesellt, weil es den ureigenen allein erlaubt war zu malen, den anderen hingegen nicht. Weshalb ist die Malerei der Poesie so nahe, die als schweigendes Gedicht die Augen mit dem Leuchten der Farben erfreut und die Herzen der Menschen besänftigt? Was auch immer sich indes an diesem göttlichen Bau für sie an Zierde befindet, könntest du an den Kreisbahnen und den Gestalten erblicken, die mit dem höchsten Himmel wetteifern, als Sterne, die entweder unstet auf gezogenen Wägen einherfahren oder mitten auf der Achse um die Zeiger rotieren. Du könntest zudem das Gesicht des Mondes sehen, dort die Abbilder der vier Zeitalter, das Bildnis Christi oder was auch immer die Malerei den lieblichen Bildern überall auf dem Bau an Schmuck hinzufügt: All dies hat Tobias Stimmer mit kunstvoller Hand ausgeführt. Er ist um so viel herausragender als Apelles in seinen Leistungen,[279] um wie viel das Licht die Finsteris und die vollkommenen Körper ihre eigenen Anfänge übertreffen.

278 Bedeutender antiker gr. Philosoph, Wissenschaftler und Lehrer (384–323 v. Chr.). In seinen Schriften, insbesondere in der *Poetik*, hat er wirkmächtige Gedanken zur Malerei und Kunst im Allgemeinen formuliert (v.a. Mimesis-Konzept).

279 Zum gr. Maler Apelles s. Anm. 63.

[I iijv] Ille Mathematicas edoctus ab arte figuras,
Omnia perfecit, vivumque expressit ad unguem,
Ille segaci animo comprensa coloribus aptis
Reddidit, atque oculis hominum subiecit, et ipsos
Mulciberis duros potuit formare lacertos.
Nam tantum eximiae Stimmer decus attigit artis,
Ut veteres superet, presentes laudibus aequet,
Nec ventura parem sint illi habitura magistrum
Tempora, qui tanta pingendi polleat arte.
In Veneris tabula summam sibi ponit Apelles,
Hacque una victos pictores iactitat omnes,
Iuno tuum, Polyclete decus, tuus Attica Pallas,
Phidia, honor, celebri fama est sua vacca Myroni,
Omnia sed meus hic opifex sibi vendicat uni,
Pictoresque alios unus superminet omnes,
Viribus ingenii, et solertis acumine mentis,
Artificique manu, et variorum luce colorum.
Pinxerit ille leves volucres, tum protinus aura
Delapsae venient volucres, cantusque ciebunt.
Pingat linteolum, Zeuxis removere iubebit,
Ostendique volet submota veste colores.
Pingat equum, picto mox vivus adhinniet ore
Alter equus, fremituque auras plausuque replebit.
Sed quid opus multis? Ipsum praelustre peritum
Artificem commendat opus, quod in aede Treborum
Eminet, et tanti se venditat arte magistri.
Donec enim magni durabit machina templi,

[vv. 1387–1403] Jener [Dasypodius], von Grund auf gelehrt in den mathematischen Formen, hat alles vollbracht und auf das Genaueste vor Augen gestellt, jener [Stimmer] hat das von seinem scharfsinnigen Geist Erfasste in passenden Farben wiedergegeben und den Augen der Menschen dargeboten; er konnte selbst die starke Kraft des Feuers[280] gestalten. Denn Stimmer hatte Anteil an einer so großen Zierde der außergewöhnlichen Kunst, dass er die Alten übertrifft und seinen Zeitgenossen an Ruhm gleichkommt. Auch werden keine Zeiten kommen, die einen jenem vergleichbaren Lehrer hervorbringen, der in der Kunst zu malen ein so großer Meister ist. Apelles setzt sich mit dem Gemälde der Venus an die Spitze und prahlt, dass er durch dieses eine alle anderen Maler übertrifft;[281] deine Zierde ist Juno, Polyclet,[282] deine Ehre, Phidias,[283] ist Pallas Athene; der Ruhm des berühmten Myro[284] ist seine Kuh – aber all dies nimmt mein Künstler für sich alleine in Anspruch und übertrifft allein alle anderen Maler durch Geisteskräfte und den Scharfsinn des feinsinnigen Geistes, die kunstbegabte Hand und das Strahlen verschiedenartiger Farben.
[vv. 1404–1414] Malt jener zarte Vögel, dann gleiten die Vögel auch geradewegs aus der Luft herab und stimmen ihren Gesang an; bemalt er eine Leinwand, wird Zeuxis befehlen, sie zu entfernen, und wünschen, dass solche Farben nur nach Entfernen des Vorhangs gezeigt werden;[285] malt er ein Pferd, würde es bald wie ein lebendiges Pferd mit seinem gemalten Maul wiehern und die Lüfte mit Lärm und Getöse erfüllen. Doch wozu viele Worte? Das Werk, das im Straßburger Münster[286] aufragt, zeichnet den berühmten, erfahrenen Künstler selbst aus und preist sich an durch die Kunst des großen Meisters. So lange nämlich der Bau der großen Kirche bestehen bleiben wird,

280 Beiname des Vulkan, hier personifiziert, vgl. oben Anm. 67.
281 Zu Apelles und seinem Gemälde der Venus vgl. oben Anm. 63.
282 Zum gr. Bildhauer Polyklet vgl. oben Anm. 64.
283 Zu Phidias' berühmter Statue der Pallas Athena vgl. oben Anm. 117.
284 Zum gr. Bildhauer Myro(n) vgl. oben Anm. 130.
285 Zeuxis: berühmter antiker griechischer Maler aus der Schule von Sikyon im 5. Jh. v. Chr. und Zeitgenosse des Parrhasios. Zeuxis wurde für seine Fähigkeit geschätzt, realistische Darstellungen von Menschen und Gegenständen zu schaffen. Zu seinen berühmtesten Werken zählt die Darstellung der Helena von Troja. Eine Anekdote bei Plinius (*nat. hist.* 35,64) erzählt von einem Wettstreit des Zeuxis mit Parrhasios: Zeuxis malte so naturgetreue Tauben, dass Vögel versuchten, diese zu picken. Daraufhin erstellte Parrhasios ein Gemälde, auf dem ein leinener Vorhang zu sehen war. Als Zeuxis bat, diesen von seinem Gemälde zu ziehen, erkannte er, dass der Vorhang selbst das Gemälde des Parrhasios war, der daraufhin als Sieger im Wettstreit hervorging.
286 Der lat. Name *Trebores* geht zurück auf die Bezeichnung *Triboces* bzw. *Triboci* (Caes. *Gall.* 1,51,2) für eine gallische Siedlung am linken Rheinufer in der Gegend von Straßburg.

[I iiij^r] Semper honos, Stimmere, tuus, laudesque manebunt.
Sed neque carminibus nunc te memorande silebo
Isace, nostrorum decus amplum Habrechte, fabrorum.
Nam quis te Helvetium Vulcania doctius arma
Expediat manibus rapidis, atque arte magistra?
Quis melius ferrum vasta fornace recoctum
Perficiat, mirosque hominum perducat ad usus?
Tu potes in tenues illud diducere lamnas,
Inque teres filum candentes flectere massas,
Artificique rotis dentes insculpere lima,
Tu potes horarum certas describere metas,
Legitimosque ciere sonos, et concita motu
Corpora formare, et duris fabricare lacertis.
Qualia nec Siculis construxit Lemnius oris,
Nec Polycletaeus fudit vasto igne caminus,
Nec fabrae effinxit autor celeberrimus artis
Daedalus, aut Sicyon, aut nobilis aere Corinthus.
Ergo quicquid habet moles operosa rotarum
Intus, et occultae quicquid revolubilis aedis
Ponderis, unde omnis venit in vaga corpora motus,
Munus id omne tuum est. Nam tu monstrata sagaci
Astronomi ingenio, dura sub forcipe solus
Corpora formasti, tu gyris addere certos
Doctus ab Astonomo dentis rite omnia solus
Ictibus innumeris operosa incude parasti.
O summi artifices, et quis satis omnia versu,
Explicet, aut vestros aequet cantando labores?

werden deine Ehre, Stimmer, und dein Ruhm immer fortdauern.
[vv. 1415–1438] Aber ich werde in meinem Gedicht nun nicht von dir, erinnerungswürdiger Isaak Habrecht, schweigen, bedeutende Zierde unserer Handwerker. Denn wer von den Schweizern könnte die Schmiedekunst[287] gelehrter als du mit flinken Händen und der Kunst als Lehrmeisterin ausführen? Wer könnte das geschmolzene Eisen auf dem riesigen Amboss besser in Form bringen und dem wunderbaren Gebrauch durch die Menschen zuführen? Du kannst jenes in zarte Blätter überführen und die glühende Masse zu einem glatten Faden drehen und mit einer künstlerischen Feile Zahnräder herstellen. Du kannst die Stunden genau markieren, die ihnen gebührenden Töne hervorrufen, durch Bewegung gekennzeichnete Körper gestalten und sie in harter Arbeit herstellen, wie sie weder Vulcan in Sizilien[288] erschaffen noch der Ofen des Polyklet[289] mit gewaltigem Feuer ausgestoßen hat, auch nicht Daedalus,[290] der hochberühmte Urheber der Handwerkskunst erdacht hat oder Sicyon[291] oder das durch Erzarbeiten bekannte Korinth.[292] Was auch immer also der mühevoll erschaffene Bau im Inneren an Rädern hat und was an sich drehenden Gewichten im Gehäuse verborgen, woher alle Bewegung in die umherschweifenden Körper gelangt – dies alles ist dein Werk. Denn du allein hast die vom scharfsinnigen Geist des Astronomen entworfenen, harten Körper mit der Zange gefertigt, von einem Astronomen darin gelehrt, den Kreisen in bestimmten Abständen Zähne hinzuzufügen, hast du allein alles auf rechte Weise mit zahllosen Schlägen auf den Amboss mühevoll erstellt.
[vv. 1439–1444] O vortrefflichste Künstler! Wer könnte alles hinreichend im Vers erläutern oder eurer Arbeit im Singen gleichkommen?

287 *Vulcania arma*: klassische Junktur, mit der die Schmiedekunst des Vulcan aufgerufen wird (vgl. Baebius Italicus, *Ilias latina*, v. 829).
288 Vulcans Schmiede befand sich nach mythologischer Vorstellung im Ätna auf Sizilien (s. bereits Anm. 67). Sein Beiname ist Lemnius nach seinem Hauptsitz auf der Insel Lemnos.
289 Zum Bildhauer Polyklet vgl. oben oben, Anm. 64.
290 Hier mit Bezug auf seine Ingenieurskunst. Zu Daedalus s. oben, Anm. 159.
291 Zur Stadt Sikyon s. oben, Anm. 200.
292 Zum ›korinthischen Erz‹ s. oben, Anm. 199.

[I iiij[v]*]* Quotquot in hanc fabricam tantas impendere curas
Sollicitis manibus voluistis, et arte magistra?
Ingeniosi omnes: si quid mea carmina possunt,
Nulla dies unquam memori vos eximet aevo.

(15) AD URBEM ARGENTORATUM EPILOGUS.

Tu vero, Aonidum cultrix operosa sororum,
Et verae pietatis amans, et pacis alumna,
Argentoratum, Germanae gloria terrae,
O praeclara domus virtutum, o iuris asylum,
Iusticiaeque sacer portus, fidei auchora sacrae,
Salve urbs illustris, toto celeberrima mundo,
Aeternumque vale magni domus inclyta Christi
Tu pietatis opes, verbi et coelestis honorem
Immenso asservas studio, ne rure Trebocum
Infelix lolium, et steriles dominentur avenae,
Utque pia maneant in Relligione nepotes.
Tu studia et sacras immensis sumtibus artes,
Impensisque foves, magnoque in honore Lycaeum,
Caesario ornatum nuper diplomate, ponis,
Insignesque viros, totus quos suspicit orbis,
Ingenuae patria praeponis in urbe iuventae,
Ut studium moresque regant, et facta priorum
Edoceant, quae norma boni, qui limes honesti,
Monstrent, inque patrum vestigia d*u*cere[45] perstent,
Eloquiique vias, Ciceroniaque arma disertis

45 *D2.* dicere *D1.*

Wieviel an so großer Sorgfalt wolltet ihr auf diese Apparatur aufwenden mit tatkräftigen Händen und der Kunst als Lehrmeisterin? Ihr alle seid mit Geistesgaben gesegnet: Wenn meine Lieder etwas vermögen, wird niemals ein Tag euch der Erinnerung des Zeitalters entreißen.[293]

(15) Epilog an die Stadt Straßburg

[vv. 1445–1466] Aber du, Straßburg, die du die Musen[294] eifrig verehrst und die wahre Frömmigkeit liebst, Zögling des Friedens, Ruhm der germanischen Erde, o berühmte Heimat der Tugenden, o Zufluchtsstätte des Rechts, ein heiliger Hafen der Gerechtigkeit, Anker des heiligen Glaubens: Sei gegrüßt vornehme Stadt, hochberühmt im ganzen Erdkreis, lebe wohl in Ewigkeit berühmtes Haus des erhabenen Christus. Du bewahrst die Kraft der Frömmigkeit und die Ehre des himmlischen Wortes mit unermesslichem Einsatz, damit im Gebiet Straßburgs[295] nicht verderbliches Kraut und unfruchtbare Ähren überhandnehmen, damit die Nachkommen die Religion pflichtbewusst erfüllen. Du förderst die Studien und heiligen Künste durch gewaltigen Aufwand und Kosten, du setzt das Lycaeum, neulich durch eine kaiserliche Urkunde ausgezeichnet,[296] in große Ehre, du stellst berühmte Männer, um die uns der ganze Erdkreis beneidet, der eigenen Jugend in der Heimatstadt an die Spitze, damit sie Eifer und Sitten anleiten und die Taten der Alten lehren, damit sie zeigen, welche Norm das Gute hat, welche Grenze das Ehrenhafte, und sie weiter in den Spuren der Väter führen, die Möglichkeiten der Ausdruckskraft und die Waffen des Cicero mit beredten Worten

293 Lateinische Wortwahl nach Vergil (*aen.* 9, 446), hier: Dublette zu v. 908, s. oben, Anm. 207.

294 Aonides: die aonischen Schwestern, poetisch für die Musen (als Bewohnerinnen des Helikon und der Aganippe, einer Quelle am Helikon).

295 Zur Stammesbezeichnung *Tre-* bzw. *Triboci* s. Anm. 286.

296 Die hohe Schule von Straßburg (gegr. 1538) wurde im Jahr 1566 in eine Akademie umgewandelt. Gemeint ist hier ein kaiserliches Privileg, das Maximilian II. in einer Urkunde vom 1. 6. 1566 bestätigte. Vgl. oben Anm. 46.

[K j^r] Vocibus expediant, et cultu divite linguas
Forment, et doctis sermonibus ora figurent.
Tu mirabile opus, quo non praestantius ullum
Ulla prior vidit mundi sub finibus aetas.
Immenso aedificas sumtu, coelique meatus,
Astrorumque vias argento imitaris et auro,
Ut quae sunt humili procul a tellure remota,
Humanisque negata oculis, et pervia solis
Montibus, hic propius videat Germana iuventus.
Salve iterum atque iterum toto clarissima mundo
Urbs, decus Alsatiae, et Germanae gloria terrae,
Quasque tibi canimus Nicraeo carmine laudes
Accipe, diva, tuas, et miti respice vultu.
Sic tua crudeli nunquam pulsentur ab hoste
Moenia, nec saevae videant contagia pestis,
Nec te dira fames, nec te penuria vexet,
Sed tua sit Cererisque ferax, laticisque lyaei
Terra, domosque tuas spirabilis aetheris aura
Recreet, et niveis pax aurea protegat alis.

entwickeln,[297] die Sprache durch reiche Übung ausbilden und den Ausdruck durch gelehrte Gespräche formen.[298]
[vv. 1467–1483] Du wundersames Werk! Kein Zeitalter hat jemals zuvor ein herausragenderes als dieses innerhalb der Grenzen der Welt gesehen.[299] Du baust die Bahnen des Himmels mit unermesslichem Aufwand, du ahmst die Wege der Sterne mit Silber und Gold nach, damit hier die germanische Jugend genauer sieht, was von der niedrigen Erde weit entfernt ist, den menschlichen Augen verborgen und allein auf den Bergen zugänglich. Sei wieder und wieder gegrüßt, berühmteste Stadt auf der ganzen Welt, Zierde des Elsass und Ruhm der germanischen Erde. Empfange, Göttliche, die Lobesworte, die wir dir mit dem Neckarlied[300] singen, und siehe sie gnädig an. So mögen deine Mauern niemals vom grausamen Feind erschüttert werden, nicht den Befall mit der schrecklichen Pest sehen, weder möge dich grausiger Hunger noch Armut quälen, sondern deine Erde möge fruchtbar und voll sprudelnden Weins sein,[301] die wehende Luft des Äthers möge deine Häuser erfrischen und der goldene Frieden[302] auf schneeweißen Schwingen beschützen.

297 Der antike Rhetor und Philosoph Marcus Tullius Cicero (106–43 v. Chr.), dessen Schriften einschlägiges Material zur rhetorischen Ausbildung auch im Mittelalter und der Frühen Neuzeit bereitstellten.

298 Verweis auf die frühneuzeitliche Praxis der *disputationes* als wesentlicher Bestandteil der akademischen Ausbildung. Vg. Gindhart/Marti/Seidel 2016.

299 Formulierungsdublette zu oben, v. 1222 (*quo non praestantius vllum*).

300 *Nicraeo carmine*, vgl. oben den Musenanruf an die Neckarnymphen (v. 1193), hier wörtl.: mit dem am Neckar entstandenen Gedicht.

301 Formulierung nach antikem Muster: Ceres für die Fruchtbarkeit des Feldes; Lyaeus als Beiname des Bacchus, metonymisch für den Wein.

302 Zum Konzept der *aurea saecula* und der damit verbundenen Hoffnung auf langwährenden Frieden (*pax*) s. oben, Anm. 157.

[K j^{v}] GUILIELMUS XYLANDER CUNRADO DASYPODIO SALUTEM.

Cum essem tecum Argentinae superiore Quinctili, et machinam horologicam te commonstrante spectavissem, pollicitus sum me de ea aliquid carmine scripturum. Incidi deinde in eos labores, iisque sum obrutus curis atque molestiis, ut vix unquam a multis iam annis, ad condendos versus fuerim minus ab animo et ocio paratus: itaque procrastinatio me adhuc tenuit. Nunc quoque in mediis occupationibus, ut quocunque modo promissum implerem, collegi me aliquantulum, et rem aggressus sum, quae ita successit, ut vides. Itaque cum si unquam antehac, nunc vel maxime opus habuerim patrono aliquo ad te confugiendum mihi duxi, cui si studium meum satis fecerit (ea autem es cum humanitate, tum in me benevolentia, ut hoc in dubium vocare non debeam), bonos quoque omnes spes est veniam infantiae meae daturos, ausi (ut Horatii nostri verbo utar) magna modis tenuare parvis. neque vero quenquam bonum (malos nihil iampridem moror) puto ita nobis esse posse iniquum, ut de mea eruditione, qualis ea tandem sit, iudicium sibi faciendum sit arbitraturus ex hoc schediasmate, quod inter tot curas, molestias, ac solicitudines sexcenties interpellatus haud profecto satis scio ipse quo pacto chartis illeverim. Quod si preterea hoc quoque consequor, quod votis peto, ut alius aliquis doctior me et disertior, ocioque praeditus, indignitate rei excitatus, horologii huius erudita copiosaque descriptione nostras nugas oblitteret: palmarium etiam me reperisse existimabo. Caetera alias, si Deo videbitur. Vale, et nos ama. Exaravi haec Heidelbergae anno Salvatione Domini. M LXXIV. a. d. IV. Eid. [10.] Sept.

Wilhelm Xylander[303] grüßt Konrad Dasypodius.

Als ich mit Dir im vergangenen Juli[304] in Straßburg gewesen bin und die astronomische Uhr auf deinen Hinweis hin angeschaut habe, habe ich versprochen, dass ich etwas in Gedichtform über sie schreiben würde. Hierauf bin ich in solche Arbeit geraten und von Sorgen und Beschwerlichkeiten überschüttet worden, dass ich mit Blick auf meine Gemütsverfassung und meine Muße so wenig wie schon seit vielen Jahren mehr bereit war, Verse zu verfassen: Deshalb kam es bisher zu diesem Verzug. Auch jetzt, mitten in meinen Beschäftigungen, habe ich mich, so gut es ging, gesammelt, um auf irgendeine Weise mein Versprechen zu erfüllen, und habe die Sache begonnen, die dann so erfolgte, wie du siehst. Deshalb habe ich, wenn ich je zuvor einen Fürsprecher gebraucht habe, gerade jetzt besonders die Notwendigkeit verspürt, mich an dich zu wenden. Wenn mein Eifer für dich ausreichend sein sollte (du verhältst dich aber mir gegenüber sowohl mit einer solchen Freundlichkeit als auch besonders mit einem solchen Wohlwollen, dass ich diesen Eifer nicht in Zweifel ziehen sollte), besteht auch die Hoffnung, dass alle wohlgesinnten Menschen Nachsicht mit meiner Unerfahrenheit haben werden; ich wagte (um einen Ausdruck unseres Horaz zu verwenden), ›Großes durch kleine Weisen zu mindern‹.[305] Tatsächlich glaube ich nicht, dass jemand Gutes (mit den Schlechten halte ich mich schon längst nicht mehr auf) mir gegenüber so ungerecht sein könnte, dass er meinen würde, sich ein Urteil über meine Bildung, wie beschaffen sie letztendlich sein mag, aus diesem flüchtigen Schreiben[306] machen zu müssen, von dem ich selber – inmitten all meiner Sorgen, Beschwerden und Unruhen unzählige Male aufgehalten – wirklich nicht weiß, wie ich es zu Papier gebracht habe. Wenn ich außerdem auch dies erreiche, was ich mir wünsche, dass nämlich jemand, der, gelehrter und beredter als ich und mit freier Zeit gesegnet, trotz der Unangemessenheit der Sache angeregt, meine belanglosen Einfälle mit einer gelehrten und ausführlichen Beschreibung dieser Uhr vergessen macht, werde ich sogar glauben, darin das Hauptwerk gefunden zu haben. Das Übrige, so Gott will, zu einem anderen Zeitpunkt. Leb wohl und bleibe mir gewogen. Aufgezeichnet zu Heidelberg im Jahr des Heils unseres Herrn 1574, am 10. September.

303 Wilhelm Holtzmann (26. 12. 1532, Augsburg – 10. 2. 1576, Heidelberg), Gelehrter und Humanist, übersetzte die ersten sechs Bücher des Euklid ins Deutsche und andere mathematische Schriften aus dem Griechischen ins Lateinische. Er war seit 1564 Rektor der Universität Heidelberg. Vgl. Fritz Schöll, ADB 44 (1898), 582–593.

304 *Quin(c)tilis* ist der Name für den Monat Juli im römischen Kalender.

305 Hor. *carm.* 3,3,72 (*magna modis tenuare parvis*).

306 *Schediasma* (aus dem Gr.), eigentl. ›das aus dem Stegreif, aus einer Laune heraus nachlässig Niedergeschriebene; eine kurze, eilig verfasste Schrift‹.

[K ij^r] GUILIELMI XYLANDRI AUGUSTANI, IN HOROLOGIUM ARGENTINENSE SCHEDIASMA.

Mulciberi tripotes, nullo impellente, deorum
Ad sacra Maeonides certamina caecus adire
Sponte sua, canit. est qui clamet: ›Fabula, nugae!‹
Quid non commenta est, quid non mentita vetustas?
Accipe quid nostri contra solertia secli
Felix magnificis possit subnixa patronis.
Nonne vides agiles ut gallus concutit alas
Aereus? arguto vivum simulatque sonore?
Ut tempus versa genius mittitur arena
In vitro inclusa quod quaelibet hora revoluit
Ligneus? et socius tereti ferit aera sceptro
In numerum: simul et crepitantia cymbala dulce
Expediunt melos, et quavis tibi parte diei
Apparent celeres simulacra rotantia gyros,
Dum spacia horarum, et numeros, momentaque monstrant?
Attonitum stupet haec inhians spectacula vulgus,
Atque oculos sterili pictura pascit inertes,
Artificumque manu miracula condita laudat.
    Egregiam vero laudem, dignosque reportat
Argentinensis se Magnificentia fructus,
Cui tanto vilis stet delectatio sumptu
Ignaram rerum turbam, pulchrique fatigans.
    Non ita. namque etsi nomen memorabile partum est

Ein Gedicht aus dem Stegreif auf die Straßburger Uhr von Wilhem Xylander aus Ausgburg

[vv. 1–18] Der blinde Homer[307] singt, wie die Dreifüße des Vulcan[308] ganz von allein ohne äußeren Antrieb zur heiligen Götterversammlung fahren.[309] Manch einer wird nun rufen: »Erdichtungen, Nichtigkeiten sind dies!« Was hat das Altertum nicht ersonnen, was nicht erlogen? Verstehe hiermit, was demgegenüber das verheißungsvolle Geschick unseres Zeitalters, unterstützt von herrlichen Förderern, vermag. Siehst du nicht, wie der eherne Hahn die beweglichen Schwingen schlägt? Wie er mit schrillem Klang einen lebendigen Hahn nachahmt? Wie die Zeit verrinnt, die der hölzerne Genius zu jeder beliebigen Stunde bewegt, wenn der im Glas eingeschlossene Sand umgedreht wurde?[310] Und wie sein Gefährte mit dem schmalen Szepter auf das Erz im Takt schlägt, wie die klingenden Zimbeln eine süße Melodie ertönen lassen und wie zu jedem Teil des Tages dir die Bilder offenbart werden, die die schnellen Kreise rotieren lassen, während sie die Dauern der Stunden, die Ziffern und Momente anzeigen?[311] Wie vom Donner gerührt staunt die Menschenmenge, dieses Schauspiel begaffend, weidet die einfältigen Augen am Bild und preist die Wunderdinge, die von Künstlerhand gefertigt sind.

[vv. 19–41] Herausragenden Ruhm[312] und einen ihr würdigen Verdienst bringt die Pracht der Stadt Straßburg, bei der die einfache Freude im großen Aufwand besteht und der Menge, die die Konstruktion nicht versteht, wegen der Schönheit keine Ruhe lässt.[313] Nicht so.

307 Die Darstellung des Homer (Maeonius) als blindem Dichter steht in antiker Tradition, die einer symbolischen Bedeutung hinter seiner Dichtung gilt.

308 Zu *Mulciber* als Beinamen des Feuergottes Vulcan s. unten, Anm. 67.

309 Xylander referiert hier auf eine Szene aus Homers *Ilias* (*Il.* 18,368–377), aus der er den entsprechenden Vers (*Il.* 18,376) wörtlich übersetzt. Als Thetis Hephaistos aufsucht, um von diesem die Waffen für ihren Sohn Achilles zu erbitten, findet sie ihn bei der Arbeit: Zwanzig Dreifüße (lat. *tripotes*) hat er bereits gefertigt und mit goldenen Rädern ausgestattet, damit sie – quasi ›automatengleich‹ (lat. *sua sponte* wörtl. nach gr. οἱ αὐτόματοι, *Il.* 18,376) – die Götterversammlung (lat. *certamina* wörtl. nach gr. ἀγῶνα, *Il.* 18,376, mit nur teilweise kongruentem Bedeutungsspektrum) aufsuchen und von selbst wieder in die Werkstatt zurückkehren.

310 Verweis auf die Sanduhr, die von einer Putte zu jeder vollen Stunde im Uhrzeigersinn umgedreht wird. Vgl. dazu die Ausführungen in Frischlins *Descriptio*, Kap. 4 (*Index quartarum horae* […] *cum duobus angelis, duobusque leonibus*).

311 Zur Funktionsweise dieser Apparatur vgl. den Bezugshorizont in Anm. 11. Zu den Zimbeln siehe Frischlins *Descriptio*, Kap. 9 (*Cymbalum*).

312 Vergilische Junktur (*aen.* 4,90), mit der Juno die List der Venus aufdeckt, die der neu entflammten Liebe der Karthagerkönigin Dido zu Aeneas gilt.

313 Vgl. zu diesem Aspekt der staunenden Masse, deren Bewunderung angesichts fehlender Einsicht in die Funktionsweise der astronomischen Uhr allein dem äußeren ›Bauwerk‹ gilt, schon Frischlins Vorrede an den Rat der Stadt Straßburg (S. 67).

[K ijv] Daedaleis operum splendoribus, et suus arti
Cuivis constat honos, ac solui nescia fama
Has operis laudes per totum differet orbem,
Punctum omne artificum pro se sibi quemque tulisse,
Nil tamen ad summam facere haec praeconia, verum est.
Namque ut multiplices aulaea plicata colores
Ostentant, neque forma tamen, neque gratia constat
His sua, sed diducta eadem, revolutaque late
Spectantur vivas repraesententia formas
Omnigenum rerum, et gratos laudantur ob usus:
Sic ratione tibi docta hoc illustre theatrum
Rimanti, atque oculos animi per cuncta ferenti,
Effundet fructus locupleti copia cornu
Multiplices, neque te stupidum pictura tenebit,
Aut Polycleteum quae finxit sculptor ad unguem.
Sed permagnarum gravis admiratio rerum
Corripiet, fructuque suo cumulata voluptas.
Ergo ades huc, nucleumque putamine quaere resecto.
    Non nihil est rapidas fugitivi temporis horas
Noscere, et in minimas attentum carpere partes.
Ista quidem observent media de plebe volentes,
Auribus ista, oculisque patent. Quis frigora brumae
Non sensit, calidosque dies Titana ferentem,
Pomiferum Autumnum non vidit, floriferum ver?
Aut subitis Phoeben sese occultare tenebris,
Et visum nigra mergi caligine Solem?
Foelix qui potuit rerum cognoscere causas,

Wenn nämlich auch ein denkwürdiger Name entstanden ist durch den daedalusartigen[314] Glanz der Werke und sein Ruf auf jedweder Kunst gründet, und wenn die unauflösliche Fama den Ruhm des Werkes über den ganzen Erdkreis verbreitet,[315] ist es doch wahr, dass jeder Einzelne jede Subtilität der Künstler sich zum eigenen Vorteil gewendet hat,[316] und dass diese Kunde dennoch nicht an das Gesamtwerk herankommt. Denn wie zusammengefaltete Vorhänge verschiedenartige Farben zeigen, in denen gleichwohl weder ihre Gestalt noch Anmut besteht, sondern wie man erst nachdem sie auseinandergezogen und weit aufgerollt sind, sieht, dass sie Gestalten von allerlei Dingen lebendig vergegenwärtigen, und sie für den willkommenen Nutzen lobt – genau so wird auf eine gelehrte Weise dir, der du dieses berühmte Schauspiel sorgfältig studierst und die Augen des Geistes an jede Einzelheit heftest, das Kunstvermögen vielfältigen Gewinn aus reichem Horn ausgießen, und nicht wird das Bild dich als Törichten bannen oder als einen Betrachter von Polyklets Skulpturen,[317] die er auf das Genaueste geformt hat. Dich wird vielmehr eine ernsthafte Bewunderung hochbedeutender Gegenstände erfassen und eine durch ihren Genuss gesteigerte Begierde. Komm also hierher und suche den Kern, nachdem die Schale geknackt ist.[318]

[vv. 42–56] Es ist wichtig, die eilenden Stunden der flüchtigen Zeit zu kennen und diese aufmerksam in kleinste Einheiten einzuteilen. Diese Vorgänge sollen freilich die Willigen mitten aus dem Volk beobachten, stehen sie doch den Augen und Ohren offen. Wer fühlte nicht die Kälte im Winter, wer nicht die Sonne,[319] die die heißen Tage bringt, wer sah nicht den früchtetragenden Herbst oder den blühenden Frühling? Oder wer sah nicht den Mond[320] sich in plötzlicher Dunkelheit verfinstern und die strahlende Sonne im schwarzen Nebel untertauchen? Glücklich ist, wer die Ursachen dieser Phänomene[321]

314 Zur Erfindungsgabe und zum handwerklichen Geschick des Daedalus s. Anm. 159.

315 In Verg. *aen.* 4,173–195 wird Fama als eine geflügelte Göttin beschrieben, die unaufhaltsam Gerüchte und Nachrichten verbreitet. Sie hat zahlreiche Augen und Ohren, dazu einen Mund, der ununterbrochen spricht. Ihre Erscheinung steht metonymisch für die schnelle Verbreitung von Nachrichten über den ganzen Erdkreis.

316 Anspielung auf die literarischen Bearbeitungen, die die Straßburger Münsteruhr zum Gegenstand machen.

317 Zum Ruf des griechischen Bildhauers Polyklet im Humanismus s. Anm. 64.

318 Sentenz nach Plaut. *capt.* 655: *nucleum amisi, retinui pignori putamina*. Auch belegt als Nr. LXXV in Erasmus' Sammlung *Adagia* (Paris 1500).

319 Die lateinische Bezeichnung *Titan* bezieht sich auf den Sonnengott Helios-Sol (s. Anm. 116).

320 *Phoebe*: Diana als Mondgöttin (s. Anm. 86).

321 Vergilischer Vers (*georg.* 2,490: *Foelix qui potuit rerum cognoscere causas*).

[K iij^r] Naturaeque vices, et non mutabile textum
Mente adiit, totumque adeo lustravit Olympum,
Praesentis gnarus, venturi paescius aevi:
Fortunatus et ille, Dei qui splendida dona
Suscipit, et docto parta instrumenta labore
Ac vim divinae meditatur sedulus artis.
Non heic doctorum magna te mole librorum
Opprimimus, non heic anceps te calculus urget,
Non caput heic scabitur, non morsus raditur unguis.
Cuncta sub aspectum datur heic expromta videre,
Quae ciet immensi pernix conversio coeli.
Aspice (nec duci tu te per singula speres)
Adspice nutantem convexo pondere sphaeram:
Hinc tibi coelestis sophiae capietur origo.
Hanc tibi, Posteritas, prolis Pelecanus amator
Dedicat, haec studiis sacrata est machina castis.
Quotquot eunt, ibuntque dies, dum sidera coelo
Fixa manent, stabitque suis revolutibus aether:
Cuncta tibi verax repraesentabit imago.
Atque omnes motus, momentaque certa docebit.
Ante oculos stat id omne tuos: heic circulus alti
Solstitii medium signorum dividit orbem.
Heic vertex nobis qui sit sublimis, et illum
Quae quocunque die prospectent astra videbis,
Caetera sub pedibus nigra cum nocte premantur.
Heic quantum a medio declinans aethere Phoebus
Lucis inaequales tenebrarumque ordinet horas

und die Wechsel der Natur erkennen konnte, das unveränderliche Gewebe im Geist durchdrungen und den ganzen Olymp vollständig durchschritten hat, in Kenntnis des gegenwärtigen und in Vorausschau auf das kommende Zeitalter.[322] Gesegnet ist auch jener, der die glänzenden Gaben Gottes empfängt und die in gelehrter Arbeit errungenen Werkzeuge wie auch die Macht der göttlichen Kunst eifrig studiert.[323]

[vv. 57–91] Nicht bedrücken wir dich hier mit einer gewaltigen Last an gelehrten Büchern, nicht bedrängt dich hier eine unklare Rechnung, hier musst du dich nicht am Kopf kratzen und dir nicht die Nägel zerkauen. Hier kann man alles zum Augenschein gebracht erblicken, was der beständige Umlauf des riesigen Himmels hervorruft. Siehe (ohne zu befürchten, dass Einzelheiten erklärt werden), siehe, wie die Himmelssphäre sich unter dem gewölbten Gewicht neigt: Daraus kannst Du den Ursprung der himmlischen Weisheit erfassen. Diese weiht der Pelikan, der seine Kinder liebt,[324] dir, der Nachkommenschaft, frommer Hingabe weiht er diese Konstruktion. Wieviele Tage auch immer vergehen und noch vergehen werden, während die Sterne unverändert am Himmel bleiben – der Äther wird sich immerfort weiterdrehen: Alles wird dir das Wahrheit verkündende Bild anzeigen und dich alle Bewegungen und die festen ›Momente‹ lehren.[325] Dies alles steht vor deinen Augen:[326] Hier zerteilt die Bahn der Sommersonnenwende den mittleren Kreis der Sterne; hier wirst du sehen, welcher für uns der höchste Himmelspol ist, und welche Sterne jenen an den einzelnen Tagen erblicken, und die übrigen, die in schwarzer Nacht unten verborgen werden. Hier wirst du erblicken, wie Phoebus sich mitten vom Himmel herabneigend die ungleichen Stunden des Tages und der Nacht einteilt,

322 Anspielung auf die Darstellungen am Gehäuse der Straßburger Münsteruhr, die die Abfolge der Weltreiche bis zum Jüngsten Gericht vergegenwärtigen. Vgl. Frischlins *Descriptio*, Kap. 11 (*Picturae omnis generis*).

323 Verweis auf die wiederholte Stilisierung der Straßburger Münsteruhr als Weltwunder, das geradezu als göttliche Erfindung gilt, hier *Descriptio*, v. 110: *Humanae o divina manus inventa* (›O ihr göttlichen Erfindungen einer menschlichen Hand!‹).

324 Vgl. zur christologischen Auslegung des Pelikans Frischlins Descriptio, Kap. 1 (*Globus coelestis*).

325 Zum lat. Terminus *momenta* als Indikator für ein bestimmtes Zeitintervall vgl. oben Anm. 11.

326 Bezug auf die Vorrichtungen und Instrumente an der astronomischen Uhr. Vgl. Kap. 3–5 in Frischlins *Descriptio*.

[K iij^v] Conspicies, medio surgens quam distet ab ortu
Quottidie, aequantis quae portioque omnia gyri
Augeat, imminuatve diem, quo tempore stella,
Et quo quaeque loco cadat, emergatve sub auras,
Utque rotans summum celer in sese aethera cursus
Vigintiquatuor lapsis absolvitur horis.
Haec quoque, coelestis mire sphaera aemula sphaerae,
Temporis ad punctum spacio convertitur isto,
Nulla mota manu, nullique obnoxia fraudi,
Digna Syracusio palmam subducere vitro.
Quaeris cur fundo globus iste locetur in imo?
Decidit in terras (dictu mirabile) coelum,
Non, qualem prisci stulte metuere, ruina,
Sed coeli formam, motus, positumque vicesque.
Ausa oculis hominum pridem Thaumantias Iris
Subiicere, in genuis conatibus improba vicit.
Sic Agamedea coelo deducitur arte
Cynthia, sic humeris fert arduus Atlas Olympum.
Nec sat erat forma coelum expressisse rotunda,
Contendisse globumque globo, maiora parantur,
Ut nihil in pulcris fas est diffidere ceptis.
Circulus est, numeris horarum atque indice fido
Conspicuus, alium sed circumplectitur orbem
Signiferum, qui circa alienum vertitur axem
Excussus proprio. videntur ut pars altera summum
Tangat, et haud leviter pars altera distet ab imo
(Astrolabo nomen rerum fecere periti).

wie er sich in der Mitte erhebt und täglich vom Aufgang entfernt; du wirst erblicken, welcher Teil des Kreises, der alles gleichmäßig einteilt, den Tag verlängert oder verkürzt, zu welcher Zeit und an welchem Ort ein jeder Stern untergeht oder am Himmel auftaucht, wie der schnelle Umlauf den höchsten Äther in sich dreht und den Ablauf von 24 Stunden erfüllt. Auch diese Kreisbahn wetteifert auf wundersame Weise mit der Himmelssphäre[327] und dreht sich auf dieser Bahn in einem Augenblick herum, von keiner Hand bewegt und keinem Betrug unterworfen, würdig des Syrakusischen Glases[328] sowie würdig, den Siegespreis zu erhalten. Du fragst, warum dieser Globus sich auf der untersten Ebene befindet?[329] Er zerteilt den Himmel – wundersam zu sagen – in einzelne Gebiete, nicht in Form eines solchen Sturzes, wie ihn die Alten in törichter Weise gefürchtet haben;[330] vielmehr strukturiert er die Gestalt des Himmels, seine Bewegungen, seine Position, seine Wechsel.

[vv. 92–123] Iris, die Tochter des Thaumas,[331] wagte schon längst, vor die Augen der Menschen zu treten und überwand den Frevel mit ihren edelmütigen Anstrengungen. So wurde Venus mit der Kunst des Agamedes[332] vom Himmel geführt, so trägt der erhabene Atlas den Olymp auf seinen Schultern.[333] Und es reichte nicht aus, den Himmel in runder Gestalt zu formen, Globen wurden miteinander verglichen: Größeres wird dir bereitet, sodass man bei diesem schönen Werk an nichts zweifeln muss. Der Kreis ist gekennzeichnet durch die Ziffern der Stunden und durch einen verlässlichen Anzeiger, umfasst aber noch einen anderen Kreis mit Zeichen, der sich um eine andere Achse dreht, während er von der eigentlichen abweicht. Man sieht, wie der eine Teil den höchsten Punkt berührt und wie der andere nicht wenig vom untersten Punkt entfernt ist (die Fachkundigen gaben ihm den Namen Astrolabium).[334]

327 Vergleich der durch die Uhr repräsentierten ›Nachbildung‹ mit der tatsächlich beobachtbaren Himmelsbewegung.

328 Syracus (Sizilien) war in der Antike für die Herstellung von buntem Glas bekannt. Archäologische Funde bezeugen, dass in Syrakus Gläser verschiedener Arten produziert wurden, darunter Trinkgefäße, Vasen, Lampen, und andere kunsthandwerkliche Gegenstände.

329 Zum Himmelsglobus vgl. Frischlins *Descriptio*, Kap. 1 (*Globus coelestis*).

330 Ein in der Antike verbreitetes kulturelles Motiv, anknüpfend z. B. an die mythologische Figur des Phaiton (Sohn des Helios) und dessen Sturz aus dem Himmel, der bei Platon (im *Timaois* 22c–d) als kosmische Katastrophe gedeutet wird.

331 Zu Iris als Botin der Götter und Personifikation des Regenbogens vgl. oben Anm. 231.

332 Eine Figur der gr. Mythologie. Mit seinem Bruder Trophonius war Agamedes Baumeister des Apollotempels zu Delphi.

333 Atlas, Sohn von Iapetos und Klymene, zählt in der gr. Mythologie zu den Titanen. Er war dazu verurteilt, den Himmels bzw. das Himmelsgewölbe auf seinen Schultern zu tragen – als Strafe, nachdem die Titanen den Kampf gegen die olympischen Götter verloren hatten.

334 Vgl. Frischlins *Descriptio*, Kap. 5 (*Astrolabium cum septem planetarum indicibus et dracone*).

[K iiij^r] Heic quos clara vagos exercent lumina motus,
Et quem quisque locum stellati possidet orbis,
Obtutu cernes primo. Quae semita Lunam
Auferat, aut societ fratri, vel qua come illi
Parte meet Venus, et quo se Cyllenius ignis,
Frigida vel quo se Saturni stella receptet,
Quo Iovis, aut rutilum Martis quo sidus oberret.
Quin etiam nostro quam longe a vertice distent
Astra, vel in mundi qua singula parte ferantur,
Multiplices certo monstrant examine gyri,
Quos vulgus Labyrintheis ambagibus aequet.
Ista super Triviae effigies sese aurea vertit,
Usuram perhibens fraterni luminis omnem,
Quanta sit, utque breves varie mutetur in horas.
Quid memorem exactos tibi lustra ad plurima fastos,
Et centum totos quae tabula digerit annos?
Defectus etiam Lunae Solisque futuros?
Atque recurrentes, ceu postulat ordo, planetas,
Curru quemque suo, quales finxere poetae?
Ornamenta etiam vis, atque emblemata narrem
Divinae fabricae? Neque me compraehendere verbis
Ullis posse reor, neque primo Solis ab ortu
Spectantem, accendat serus dum lumina vesper,
Materies agili meditan*t*i[46] plurima mente
Destituet, seu picta iuvet, seu sculpta tueri.
Huic operi palmam (liceat modo vera fateri)
Cedit Pelidae clypeus, Vulcaniaque arma

46 meditandi *D1*.

Hier wirst du auf den ersten Blick sehen, welche unsteten Bewegungen die leuchtenden Sterne ausführen und welcher Platz einer jeden Sternenbahn zukommt, auf welcher Bahn der Mond entschwindet oder sich mit dem Bruder vereint, in welcher Richtung als dessen Begleitung sich Venus bewegt und wohin sich das Licht des Merkur, der kalte Stern des Saturn oder des Jupiter zurückziehen, wo das rötliche Gestirn des Mars umherwandert. Ja sogar Sterne, wie weit sie auch von unserem Himmelspol entfernt sein oder in welchem einzelnen Teil des Kosmos sie sich bewegen mögen, zeigen dank zuverlässiger Bereichnung die vielfachen Kreise, die das Volk mit den Irrwegen des Labyrinths[335] vergleicht. Darüber dreht sich das goldene Bild der Trivia und stellt das Licht, vom Bruder geliehen, völlig zur Schau,[336] wie groß es ist und wie es sich vielfältig in kurzen Stunden wandelt. Was soll ich dir die Festtage ins Gedächtnis rufen, die in äußerst dichten Zeitabschnitten begangen werden, und die Tafel, die die Einteilung von ganzen hundert Jahre verzeichnet?[337] Und auch die künftigen Mond- und Sonnenfinsternisse? Und den Umlauf der Planeten, wie es die Ordnung verlangt, und jeden einzelnen auf seiner Bahn, wie sie die Poeten erdichtet haben?

[vv. 124–158] Willst du auch, dass ich von dem Schmuck und den Bildern der göttlichen Konstruktion erzähle?[338] Ich glaube nicht, diese mit irgendwelchen Worten erfassen zu können; nicht einmal, wenn ich sie gleich beim Aufgang der Sonne betrachte, bis der Abend spät die Sterne entzündet, wird der Stoff für einen, der mit tätigem Geist so vieles erwägt, ausgehen, ob nun die Bilder oder eher die Skulpturen zu betrachten erfreut. Diesem Werk überlässt den Siegespreis (um die Wahrheit zu sagen) der Schild des Achill,[339] ebenso die Waffen des Vulcan,

335 Das Labyrinth des Minotaurus, das König Minos (Kreta) von Daedalus (s. Anm. 159) konstruieren ließ. Der Minotaurus, halb Mensch, halb Stier, war das Ergebnis einer Strafe, die Poseidon Minos auferlegt hatte. Das Labyrinth war so kunstvoll und komplex, dass es unmöglich schien, den Ausgang zu finden.

336 Gemeint sind Nacht (Trivia als Beiname der Göttin Diana) und Tag (Apoll). Vgl. Anm. 86.

337 Vgl. die Darstellung in Frischlins *Descriptio*, Kap. 2 (*Duae rotae cum regula immobili*).

338 Zur Beschreibung der Bilder an der astronomischen Uhr vgl. Frischlins *Descriptio*, Kap. 11 (*Picturae omnis generis*).

339 Berühmte Schildbeschreibung in Homers *Ilias* (18,478–608): In dieser Passage schmiedet der Gott Hephaistos einen neuen Schild für Achilles, nachdem dessen ursprünglicher Schild von Hector geraubt wurde (nach dem Tod des Patroklos). Die Schildbeschreibung hat einen festen Platz in der epischen Tradition und ist Vorbild für die *descriptio* von Aeneas' Waffen und Rüstung in Vergils *Aeneis* (s. die folgende Anm.).

[K iij^v] Dardanio fabricata viro, neque palla Minervae
Aesonidae donata duci contendere tentet.
Quid loquar? An gelidae simulachrum nobile mortis
Cuilibet aetati sua tela subinde minantis,
Dum fugit in terra fugit irreparabile tempus,
Praecipitantque dies per mille pericula vitae?
Irrita vel profligati certamina lethi?
Niliacus sceleton solitus spectare Canopus
Non ita mortales docuit quae fata manerent.
Aut expicta feram vasti primordia mundi,
Protinus humani tristem generisque ruinam,
Sive triumphantem devicto funere regem,
Per quem parta salus, satanaeque oppressa potestas?
Haec aliis prudens ego commemoranda relinquo,
Multaque praetereo vel doctis digna Camoenis:
Parcas, Imperia orbisque, Assyriumque colossum,
Temperies hominumque, et tempora quattuor anni,
Ipsam operis vitamque et nervos totius, artes
Docta mathematicas quas dicunt pectora, amantque.
Splendida sive urbis tutantes, arma leones.
Tu vero, astrologum sophiae Copernice vindex,
Quo se prae cunctis commendat Prussia alumno,
Qui fixas, certis stellasque erroribus actas
Illarumque situs veros, cursusque, vicesque
Ausus es aeternum victuris condere chartis.
Dignam opere in partem, tibi se quod debet, adeptus
Perpetuum gratae spectabere posteritati.

die für den trojanischen Helden gefertigt worden sind,[340] und nicht versucht der Mantel der Minerva, dem Führer Jason zuteil geworden,[341] mit ihm zu konkurrieren. Was soll ich nennen? Entweder das edle Abbild des kalten Todes,[342] der einem jeden Alter seine Waffen beständig androht, während die Zeit vergeht, im irdischen Leben unwiederbringlich vergeht[343] und die Tage durch tausend Gefahren des Lebens dahineilen? Oder die vergeblichen Kämpfe gegen den ruchlosen Tod? Der Ägypter vom Nil, der es gewohnt ist, das Skelett zu schauen, hat die Sterblichen nicht so gelehrt, welches Schicksal sie erwartet.[344] Oder soll ich das Gemälde des Anfangs der unermesslichen Welt wiedergeben, zugleich den verderblichen Sturz des Menschengeschlechtes, oder den nach Überwindung des Todes siegreichen König, durch den das Heil gebracht und Satans Macht vernichtet worden ist?[345] Deren Erwähnung überlasse ich am besten anderen, vieles übergehe ich, das gelehrter Musen würdig ist:[346] Die Parzen, die Weltreiche, den assyrischen Koloss, die Natur der Menschen und die vier Jahreszeiten, das Leben selbst, die Haupttriebfedern des gesamten Werks und die Künste, die der Gelehrte als die mathematischen bezeichnet und darin aufgeht, oder die Löwen, die die glänzenden Waffen der Stadt beschützen. In der Tat, du, Kopernikus,[347] Hüter der astronomischen Weisheit, der du dich als Zögling ›Preußens‹[348] vor allen auszeichnest, du hast es gewagt, die Fixsterne, von denen in hartnäckigen Irrtümern gehandelt wurde, in überzeugenden Schriften für die Ewigkeit festzuhalten, ebenso ihre wahren Positionen, ihre Bahnen und wechselnden Bewegungen. Weil du dank dieses Werkes, das dir geschuldet ist, einen würdigen Platz erlangt hast, wirst du in Ewigkeit von der dir wohlgesonnenen Nachwelt bewundert werden.

340 Anspielung auf die Beschreibung der Waffen, die Vulcan auf Betreiben von Venus für ihren Sohn schmiedet (Verg. *aen.* 8,625–731, vgl. auch Anm. 227). Dazu gehört insbesondere ein prächtiger Schild, der verschiedene Szenen aus der römischen Geschichte zeigt und damit die Größe Roms in der aktuellen Gegenwart des Dichters Vergil repräsentiert.

341 Das lat. Lexem *palla* verweist hier höchstwahrscheinlich auf die Ägis der Pallas Athene, ein mit goldenem Ziegenfell überzogener Schild, der mit dem goldenen Vlies in Verbindung gebracht wird, welches Jason in Kolchis errungen hat.

342 Zur Figur des Todes und ihrer Funktion vgl. Frischlins *Descriptio*, Kap. 8 (*Imagines Christi et mortis*).

343 Nachbildung einer vergilischen Junktur: *Sed fugit interea, fugit inreparabile tempus* (*aen.* 3,284).

344 Anspielung auf den Jenseitsglauben der ägyptischen Kultur, bei der die Körper der Toten mumifiziert und deren Eingeweide in Gefäßen (Kanopen) aufbewahrt wurden, um die lebenswichtigen Organe des Verstorbenen für das Leben im Jenseits zu bewahren.

345 Vgl. die Beschreibung der Bilder von der Erschaffung der Welt (mit den ersten Menschen Adam und Eva) bis zu ihrem Ende im Jüngsten Gericht in Frischlins *Descriptio*, Kap. 11 (*Picturae omnis generis*).

346 Zu den folgenden Verweisen auf die Schicksalsgöttinnen, den Traum Nebukadnezars (Dn 2), die Lehre von den vier Weltreichen vgl. Frischlins *Descriptio* Kap. 10 (*Gallus in aedicula ponderum*).

347 Zu Nikolaus Kopernikus s. Anm. 209.

348 Kopernicus stammte aus Thorn (heute Toruń) in Polen. Der Name ›Prussia‹ geht auf den Stamm der Pruzzen zurück, der im südlichen Ostseeraum ansässig war. Als die Deutschordensritter im 13. Jahrhundert in die Region kamen, eroberten und christianisierten sie das Gebiet der Pruzzen. In der Folgezeit wurde das Gebiet Teil des Deutschordensstaates und wurde als ›Prussia‹ oder ›Prutenia‹ bezeichnet.

[L j'] Sed tibi, Nicoleos, partae bene laudis abunde est.
Tempus et autores operis tandem, artificesque
Appellare mihi, gratasque expromere voces.
A te principium, tibi gloria desinet omnis
Argentina, viris, opibusque amplissima iustis,
Doctorum coetu sed et exornata virorum,
Qui colit illustres, plantat, fovet, educat artes.
Laudabunt alii ferientem culmine nubes
Pyramida, et templi structuram, grandia saxa,
Grande opus, et raro sumtu, rara arte paratum.
Est quem cincta iuvant immanibus oppida muris,
Aggeribus fossaeque, et moenibus addita moles
Portarum stupet hic aedes, stratasque plateas
Egregie, et lympham tubulos largo ore vomentes
Compita per, vicosque, atque atria pulchra domorum.
Caetera, quae cultas extant memoranda per urbes,
Omnia iam cantata, et quae gens, natio, tellus
Argentina tuas nescit clarissima dotes?
Sed non ulla magis coelo te gloria tollit
Quam quod barbariem, rursum sua sceptra minantem
Degenerum fretam studiis operaque virorum,
Reiicis, et patria pulcris conatibus arces,
Quo tibi permultum Germania nomine debet.
Nunc quoque magnifico facta haec tibi machina sum*p*tu[47],
Accedit cumulo laudum res magna tuarum,
Omne ferens punctum, quia miscuit utile pulcro,
Cuius vix ipso cum tempore fama peribit.

47 sumtu *D1*.

[vv. 159–185] Dir aber, Nikolaus, ist zurecht ein Übermaß an Ruhm zuteil geworden. Es ist Zeit, dass ich endlich die Urheber des Werkes und die Künstler nenne sowie dankbare Worte ausspreche. Bei dir ist der Anfang, mit dir wird der ganze Ruhm enden, Straßburg, hochberühmt durch gerechte Männer und gerechtfertigten Reichtum, aber auch ausgezeichnet durch einen Kreis von Gelehrten, der die hervorragenden Künste ehrt, einrichtet, pflegt und weitergibt. Andere werden die Pyramide loben, die mit ihrer Spitze an die Wolken stößt, und den Bau des Tempels, die riesigen Felsblöcke, das gewaltige Werk von hohem Wert, mit erlesener Kunst errichtet. Es gibt solche, die von erhabenen Mauern und Aufschüttungen der Gräben umgebene Städte erfreuen, diese wiederum staunen über mächtige Tore der Stadtmauern, über Bauwerke, prachtvoll ausgebreitete Plätze und Brunnen, die aus weiträumigen Öffnungen an den Kreuzungen Wasser speien, Stadviertel und elegante Hallen der Häuser. Das Übrige, das in entwickelten Städten erwähnenswert ist, wurde alles bereits besungen: Welcher Stamm, welches Volk, welches Land kennt nicht deine Gaben, hochberühmtes Straßburg? Kein anderer Ruhm aber hebt dich höher in den Himmel, als dass du das Barbarentum, das wiederholt seine Herrschaft androht, im Vertauen auf den Eifer und die Werke unwürdiger Männer, zurückschlägst und es von der Heimat abwehrst mit herrlichen Unternehmungen;[349] durch diesen Namen verdankt dir die Germania sehr viel. Nun ist dir auch diese Uhrkonstruktion mit meisterhaftem Aufwand errichtet worden, diese bedeutende Leistung erhöht die Größe deines Ruhms in jeglicher Hinsicht, weil sie das Nützliche mit dem Schönen vermengt hat,[350] deren Ruhm mit der Zeit selbst kaum zugrundegehen wird.

349 Straßburg befand sich in einer strategisch wichtigen Lage und wurde im 16. Jahrhundert in unterschiedliche Konflikte verwickelt (ausgelöst durch die Reformation, aber auch durch Auseinandersetzungen zwischen den Habsburgern und dem Königreich Frankreich). Vgl. den Überblick in Vogler 2012.

350 Formulierung nach Hor. *ars* v. 343: *omne tulit punctum qui miscuit utile dulci.*

[L j^v] Hoc, reor, ille etiam praesago pectore sensit,
Qui duraturos quae volvit tabula fastos,
Illius ad centrum patriae sola pingere iussit
Teuthoniae, et formam spectabilis Argentinae.
Dum sua gyrabunt sublime volumina coelum,
Tempus erit. Dum tempus erit, globus iste, rotaeque
Temporis expedient rationem protenus omnem,
Atque opus hoc oculis hominum, famaque feretur.
Macte igitur virtute tua, venerande Senatus,
Sic perge ingenuas fecundis sumtibus artes
Erigere, et studiis patrocinioque tueri,
Ut sit honor Musis et debita praemia doctis.
Nec seges uberior, neque messis pulcrior usquam,
Nec maiore decus rerum cum fenore crescit.
Sic meriti vobis accessio fiet honoris
Nobilis, et vestram sic condecorabitis urbem,
Altius ut supra reliquas caput ardua tollat.
    Vos quoque ob exhaustos mihi commemorare labores
Est animus, qui doctorum praescripta probantes
Certa, mathematicis penetralibus eruta, mundi
Compagem struere hanc ferro lignoque dedistis.
Tu Dasypus, divam cui cura docere mathesin,
Atque inter doctos scriptis celeberrime libris,
Inque meis (nihil hoc vero deducet) amicis,
Ingressus operis primos Conrade parasti,
Principibus patriae formamque modumque ministrans,
Ausus inaccessos Sophiae recludere fontes,

[vv. 186–202] Dies, so denke ich, merkte auch jener mit seinem vorausahnenden Geist, der die unbeweglichen, auf einer Scheibe rotierenden Festtage einzutragen bestimmte, die allein zum Mittelpunkt seiner deutschen Heimat gehören,[351] und die Gestalt des berühmten Straßburg. Solange deren Kreise den erhabenen Himmel umlaufen, wird die Zeit bestehen. Solange es Zeit geben wird, werden dieser Globus und die Kreise das ganze System der Zeit erklären, wird dieses Werk den Augen der Menschen bekannt sein und Ruhm verbreiten. Verherrliche es also, ehrwürdiger Rat, mit deiner Tugend, fahre fort, die heimischen Künste mit reichen Ausgaben so aufzurichten und sie mit Studien und Förderung zu bewahren, damit den Musen Ehre zuteil wird und den Gelehrten der ihnen zustehende Lohn. Weder gab es jemals eine reichere Saat noch eine schönere Ernte, auch wuchs keine Zierde mit größerem Gewinn. So entsteht für euch ein edler Zuwachs an verdienter Ehre, und so werdet ihr eure Stadt ausschmücken, damit sie erhaben ihr Haupt höher erhebt über die anderen Städte.
[vv. 203–239] Auch euch beabsichtige ich aufgrund eurer umfassenden Arbeiten zu erwähnen, die ihr die sicheren Vorgaben der Gelehrten, mit mathematischer Gründlichkeit erforscht, überprüft und es ermöglicht habt, das Weltmodell aus Eisen und Holz ins Werk zu setzen. Du, Dasypodius, dessen Aufgabe es ist, die göttliche Mathematik zu lehren, und der du hochberühmt bist unter den Gelehrten für deine Schriften, der du zu meinen Freunden zählst (nichts bringt mich wahrlich davon ab), du, Konrad, hast die ersten Entwürfe für das Werk gemacht, du dientest dem Rat der Stadt mit der Gestaltung und Funktionsweise [des Werkes], hast es auf dich genommen, die unzugänglichen Quellen der Weisheit zu erschließen

351 Referenz auf das an der astronomischen Uhr angebrachte Astrolabium mit seinen Instrumenten, an denen sich nicht nur die einzelnen Festtage, sondern auch die konkrete Ortszeit für Straßburg ablesen ließ. Dazu Oestmann 1993, 101–110.

[L ij^v] Aerumnasque graves placidae praeferre quieti.
Vicit iter durum virtus tua, vicit honestae
Laudis amor, patriamque ornandi iusta cupido.
Tuque laborantem, curis, morboque gravatum
Thesea comitate fide, ductumque secute
Illius, atque oneri collega adscite ferendo
Wolkensteine tibi nomen David parasti
Eximium (recte te Bratislaua genitrix
Tot doctosque probosque inter, sua pignora, dignum
Connumerat). vos astriferi constantia coeli
Momenta, et medios quos servant lumina motus
Aetheris in varias hinc inde abeuntia partes,
Tempora vos, fastosque et caetera cuncta, figuris
Et numeris aptata suis, ac pondere certo,
Pictori et fabris opere effingenda tulistis.
Vestra adeo quoque mechanicis solertia laudem
Artibus, et magnum iam conciliavit honorem,
Materiemque dedit, qua non praestantior ulla,
Aethera dum, stellasque, et gyros pingere coeli
Fecit, et incudem coeli versare meatus.
Non ego vestra canam vanis praeconia verbis.
Statque, et stabit opus, non quod fabrilia possint
Ingenia aut humiles attingere sensibus artes,
Cuncta mathematicae vis et vigor ista subegit,
Expressit, docuitque, et nunc tenet atque gubernat.
Felices ambo, semper vos aurea fama
Evehet, inque plagas terrarum differet omnes.

und hast schwere Mühsal der friedlichen Ruhe vorgezogen. Deine Tugend hat den schweren Weg überwunden, genau wie deine Liebe nach ehrenvollem Ruhm und dein gerechtes Streben, die Heimat auszuzeichnen. Auch du, der du den Theseus, leidend, beschwert durch Sorgen und Krankheit, in Treue begleitest und seiner Führung folgst,[352] hast als Kollege, der die Last mitträgt, deinen Namen David Wolkenstein bekannt gemacht (zurecht rechnet die Heimat Bratislava dich, der du ihrer Gaben würdig bist, unter so viele gelehrte und rechtschaffene Männer). Ihr habt große Sorge dafür getragen, dass die beständigen Bewegungen des gestirnten Himmels und die mittleren Bahnen, auf denen die Sterne ziehen und in verschiedenartigen Regionen des Himmels in unterschiedliche Richtungen laufen, dass die Zeiten, die Festtage und alles übrige in passenden Schaubildern und Zahlen sowie mit bestimmtem Gewicht von einem Maler und Handwerkern herausgearbeitet wird. Euer Scharfsinn hat auch in hohem Maße den technischen Künsten Lob und schon große Ehre verschafft und einen Stoff bereitgestellt, herausragender als jeder andere, während er den Äther, die Sterne und die Bahnen des Himmels hat abbilden und den Amboss die Umläufe des Himmels herstellen lassen. Nicht werde ich euren Ruf mit eitlen Worten besingen. Das Werk steht da und wird bestehen bleiben, nicht weil handwerkliches Geschick oder einfache Künste von den Sinnen erfasst werden können; vielmehr haben dies alles Können und Kraft der Mathematik angetrieben, zum Ausdruck gebracht, gelehrt, halten es auch jetzt am Laufen und lenken es. Glücklich ihr beiden, euch wird der goldene Ruhm immer erheben und in allen Zonen der Erde bekannt machen!

352 Gleichsetzung des Dasypodius mit Theseus als Überwinder des Labyrinths (vgl. oben Anm. 335). Der Fokus liegt hier auf Dasyposius' unermüdlicher Tätigkeit als Konstrukteur der Straßburger Münsteruhr, während der er Beschwernissen und Krankheiten ausgesetzt war (vgl. Oestmann 1993, 49f.). Theseus und Perithous gelten in der antiken Tradition (z. B. bei Ov. *met.* 8,302) als exemplarisches Freundespaar.

[L ij^{v}] Tu quoque laeticiae compos Scaphusia iustae
Exulta, Rheni magnum decus, haud tibi parvus
Cedit honor: tu pictorem, fabrosque dedisti,
Quorum opera ante oculos divinae inventa mathesis
Stant posita, et patulas edunt responsa per auras.
Magnam opus hoc partem tibi se debere fatetur
Tobia Stimmere, animo gratissime nostro,
Promte manu, ingenioque, et nostrae aetatis Apelles.
Te sine nulla Mathematicis descriptio facta est,
Tu quaecunque illis docta ratione reperta,
Et tibi sunt dictata, ac doctis tradita verbis,
Artifici depicta stylo atque interprete forma
Expressa, exemplar fabricandi proposuisti.
Tu Colophon operis, tibi se omnis gratia debet,
Et nitor, et scita vernans gravitate venustas.
Nec tu carminibus nostris indictus abibis
Ferramenta, rotasque operis fabricate perennis
Isace. eccquis enim famae subtilis Habrechti
Invideat? Non ingenium et vim mentis acutam,
Solertesque operas venturis praedicet annis?
Ipse, perexiguae cui sunt in carmina vires,
Nescio qua praeter solitum dulcedine tactus,
Haec inter curas, interque negocia lusi,
Dum non sustineo spectator asymbolus esse.
Si natura negat, facit admiratio versum:
Exsistant alii, comto qui carmine vates
(Materia in medio sita nobilis) omnia tractent,

[vv. 240–254] Auch du, erhabenes Schaffhausen, genießt zurecht Freude, große Zierde am Rhein, du übertriffst große Ehren: Du hast den Künstler und die Handwerker gestellt, deren vor den Augen der Mathematik erschaffene Werke errichtet stehen und durch die weiten Lüfte Antworten erteilen. Das Werk offenbart, dass ein großer Teil sich dir verdankt, Tobias Stimmer, uns höchstwillkommen, geschickt mit Hand und Geist und der Apelles unserer Zeit.[353] Ohne dich wäre keine mathematische Beschreibung gemacht worden: Du hast all das, was von jenen auf gelehrte Weise gefunden, dir mitgeteilt und in klugen Worten überliefert worden ist, mit kunstreichem Griffel gemalt und in verständiger Gestalt dargelegt und daraus einen Entwurf für den Bau vorgelegt. Du bist der End- und Höhepunkt des Werkes, dir verdankt es seine ganze Anmut, seinen Glanz und den frühlingshaften Liebreiz, der in seiner wissenschaftlichen Bedeutung gründet.

[vv. 255–272] Auch du, Isaak, wirst in unserem Gedicht nicht unerwähnt bleiben,[354] der du das Eisengestell und die Räder des ewig laufenden Werkes gefertigt hast. Wer nämlich könnte dem feinsinnigen Habrecht den Ruf missgönnen? Wer Geistesgaben und Verstandesschärfe sowie die kenntnisreichen Arbeiten den kommenden Jahren nicht bekannt machen? Selbst ich, der ich nur geringes dichterisches Vermögen besitze, kaum von Anmut über das gewöhnliche Maß hinaus gesegnet, habe dies zwischen Sorgen und Geschäften spielerisch verfasst, weil ich es nicht ertrage, als Zuschauer keinen Beitrag zu leisten. Wenn die Natur sie verweigert, bringt Bewunderung Verse hervor: Es möge andere geben, die als Dichter alles in einem gefälligen Lied behandeln (der erhabene Stoff steht bereit),

353 Zum Vergleich Stimmers mit dem gr. Künstler Apelles vgl. Frischlins Descriptio, Kap. 14 (*Artifices totius operis*).

354 Vergil-Zitat (*aen.* 7,733: *Nec tu carminibus nostris indictus abibis*) wie schon in Frischlins *Descriptio* (v. 1261) mit Bezug auf Friedrich von Gottsheim.

[L iij^r] Nostra incomposito tetigit quae Musica versu.
Ut res cunque cadent, ut nil mea carmina possint,
Nulla dies opus hoc memori tamen eximet aevo,
Autorumque erit aeternum decus, artificumque.
Hocque etiam ob munus laudabitur Argentina
Musarum columen, spes, portus, et aura mathesis.

FINIS.

was unsere Dichtung in ungeschicktem Vers behandelt hat. Wie es sich auch immer fügt, wird, auch wenn meine Dichtung nichts vermag, dennoch kein Tag dieses (Uhr-)Werk der Erinnerung des Zeitalters entreißen,[355] ewige Ehre wird sowohl den Urhebern als auch den Künstlern zuteil. Aufgrund dieses Geschenks wird auch Straßburg gelobt werden, Gipfel der Musen, Hoffnung, Hafen und umwehte Höhe der Astrologie.

355 Beliebtes Vergil-Zitat (Verg. *aen.* 9,446, siehe Anm. 180 u. 233), hier auf den unauslöschlichen Ruf der Straßburger Münsteruhr hin umformuliert.

Warhafftige

Außlegung des Astronomischen Vhrwercks zu Straßburg/ beschriben Durch

M. Cunradum Dasypodium/ der solches Astronomische Vhrwerck anfenglichs erfunden/ vnd angeben.

Gedruckt zu Straßburg bey Nyclauß Wyriot.

M. D. LXXVIII.

München, Bayerische Staatsbibliothek, 4 Math.a. 78

Konrad Dasypodius: *Warhafftige Außlegung des Astronomischen Vhrwercks*

hg. von CHRISTIAN KIENING

Über Konrad Dasypodius ist weniger bekannt als über seinen Vater Peter/Petrus (ca. 1490–1559), der seinen deutschen Namen Hasenfratz unvollständig gräzisiert hatte (Büeler 1918): Zunächst Kaplan, Schulmeister und Prediger in seiner Heimatstadt Frauenfeld und an der Fraumünsterschule in Zürich, hatte Peter Dasypodius 1533 die Leitung der Lateinschule des Karmeliterklosters in Straßburg übernommen, 1535 ein bald sehr wirkungsreiches alphabetisch-etymologisch organisiertes lateinisch-deutsches Schulwörterbuch herausgebracht und ab 1538 als Professor klassische Sprachen am protestantischen Straßburger Gymnasium unterrichtet (Büeler 1920, Überblick und weitere Literatur bei P. O. Müller 2012). Der Sohn Konrad, 1529 oder 1530 geboren, studierte an der Akademie in Straßburg Mathematik unter Christian Herlin und wurde, von Studienaufenthalten in Paris und Löwen zurückgekehrt, 1562 Herlins Nachfolger. Er setzte sich für die Originallektüre der altgriechischen Mathematiker ein und brachte verschiedene Ausgaben, Übersetzungen und Kommentare von Euklids Elementen der Geometrie *heraus (Nachweise im VD 16). Daneben veröffentlichte er Schreibkalender und Prognostiken* für die Jahre *1568 (VD 16 ZV 30441), 1574 (VD 16 ZV 30440) und 1582 (VD 16 D 238), ein Lexikon mathematischer und verwandter Fachausdrücke (1573, VD 16 ZV 4274) sowie Werke zur Lehre von den Sphären (1573, VD 16 D 239) und den Kometen (1578 – lat.: VD 16 D 232, dt.: VD 16 D 242). Nach einer längeren Krankheit im Sommer 1599, die durch einen Brief an Johannes Keppler bezeugt ist (Wolf 1860, 61), verstarb Konrad Dasypodius am 26. April 1600 (ebd., 62).*

Dass Dasypodius seine Schrift über die Neukonstruktion erst 1578, vier Jahre nach dem Abschluss des Werks, publizierte, mag mit seiner im Text erwähnten schlechten Gesundheit zusammenhängen – auch sonst scheint er zwischen 1574 und 1578 nichts veröffentlicht zu haben. Hinzukommen dürfte, dass er zu diesem Zeitpunkt in wachsendem Maße unzufrieden war mit der Anerkennung, die ihm für das Werk zuteilwurde. Mit dem Uhrmacher Isaac Habrecht stritt er über die geistige Urheberschaft, mit den Pflegern des Münsterwerks und dem Stadtrat über eine (nachträglich) höhere Besoldung. Die Schrift von 1578 ist in diesem Zusammenhang mehreres in einem: Bericht von der Ausgangslage bei der Neueinrichtung, Erklärung der wesentlichen Bestandteile der Uhr, Herausstellung der eigenen Verdienste und Auflistung der für die Jahre 1573 bis 1606 zu erwartenden (partiellen) Sonnen- und Mondfinsternisse. Dasypodius bezieht das Uhrwerk eingangs auf die die Gelehrten der Zeit beschäftigende Frage nach dem Vorrang der Alten oder der Neuen – hier im Hinblick auf die Wissenschaften und die Konstruktionstechniken. Vor diesem Hintergrund geht er auf die Situation des funktionsuntüchtig gewordenen alten Uhrwerks und die ersten Ansätze zu seiner Erneuerung ein, bevor er die Hauptteile des neuen Uhrwerks charakterisiert und die dort auf Tafeln untergebrachten Eklipsendaten auflistet. Aus den Passagen zu den Umständen der Neukonstruktion spricht einerseits Demut gegenüber der städtischen Obrigkeit, andererseits ein Versuch der Richtigstellung der Tatsachen, was den eigenen Anteil, aber auch die Schwierigkeiten bei der Arbeit betrifft.

Der Text ist im Ganzen kein sprachliches und argumentativ-rhetorisches Meisterstück. Viele Satzkonstruktionen sind umständlich, teilweise altsprachlich, teilweise umgangssprachlich geprägt (im 8. Kapitel ist immer die Form »auherwerck« statt »vhrwerck« verwendet), der dokumentarische Charakter steht im Vordergrund. In der Zweitausgabe von 1580, in der gleichen Druckerei erschienen, nimmt Dasypodius einige sprachliche Korrekturen und Vereinheitlichungen vor, außerdem Verbesserungen bei den Zeitangaben, die Eklipsen betreffend; durch Hinzufügung von Nummern auf dem Holzschnitt und im Text erreicht er eine engere Verklammerung zwischen dem Uhrwerk und seiner Erklärung. Vor allem aber ergänzt er Partien, die zeigen, dass das Ringen um die öffentliche Verantwortung für das Uhrwerk auch 1580 noch immer nicht beendet war: Verschiedentlich stellt Dasypodius die Bedeutung der Konstrukteure, der Mathematiker über die der Handwerker, der Uhrmacher, auch rückt er die eigene Rolle in ein besseres Licht. Das wird unterstrichen durch zwei zwischen Vorrede und Text eingeschobene Lobgedichte auf Dasypodius von Paulus Schede Melissus. Auch die anhangsweise Beigabe des Gedichts vom Kampf zwischen dem Hahn und dem Roraffen bezieht sich auf die aktuellen Diskussionen: Sie soll nicht zuletzt dem mechanischen Hahn, der offensichtlich bei den Zeitgenossen umstritten war, eine Genealogie verschaffen.

Die Edition folgt im Wesentlichen buchstabengetreu dem Text. Das gilt auch für die Wortabtrennung: Das meist direkt vor den Infinitiv gehängte »zu« wird in dieser Form belassen; an einigen anderen Stellen aber, wo Präfixe abgetrennt erscheinen, werden sie, dem sonst vorherrschenden Gebrauch entsprechend, angeschlossen. Am Zeilenende, wo nicht zuletzt aus setzerischen Gründen Trennungszeichen mal verwendet werden, mal fehlen (»en de«, »an fang«), wird stillschweigend Zusammenschreibung vorgenommen, auch werden die Virgeln grundsätzlich zwischen Leerschläge gesetzt. Durch Kursivierung markiert ist die Korrektur einiger Druckfehler und Buchstabenvertauschungen des Setzers. Nicht markiert ist hingegen die Korrektur des typischen Setzerfehlers <n> statt <u> sowie der gelegentlich anzutreffenden Abkürzungstilde über <ij>, das vom Setzer hie und da mit dem ähnlich aussehenden <n> verwechselt wurde. Aufgelöste Abkürzungen (Striche über <e> oder <n>, »dz«) erscheinen kursiv. Die (nicht ganz konsequent) in Antiqua gesetzten lateinischen Termini werden ebenfalls in anderer Schrift wiedergegeben.

Die Änderungen und vor allem Zusätze der Zweitausgabe, soweit sie nicht nur die Orthographie, die Zeichensetzung, die Wortzwischenräume und die Absatzgrenzen betreffen, finden sich im Anschluss an die Edition, wobei hinter der Lemmaklammer jeweils der Text von B steht. Das Gedicht vom Kampf zwischen dem Hahn und dem Roraffen folgt daran anschliessend.

Erstausgabe (A): Warhafftige Außlegung des Astronomischen Uhrwercks zu Straßburg. Straßburg: Nikolaus Wyriot 1578

4°, 27 Bll., A–F4, G3

VD 16 D 23518; benutztes Exemplar: München, Bayer. Staatsbibl., 4° Math. a. 78

Zweitausgabe (B): Warhafftige Außlegung vnd Beschreybung des Astronomischen Uhrwercks zu Straßburg. Straßburg: Nikolaus Wyriot 1580

4°, 10 Bl., 62 (gezählte) S., a–b^4, c^2, A–C^4, D^2, E–G^4

VD 16 D 236; benutztes Exemplar: Dresden, Sächs. Landes- u. Universitätsbibl., Mech. 249

[A j^r] Warhafftige Außlegung des Astronomischen Vhrwercks zu Straßburg / beschriben Durch M. Cunradum Dasypodium / der solches Astronomische Vhrwerck anfenglichs erfunden / und angeben.

[Holzschnitt] Gedruckt zu Straßburg bey Nyclauß Wyriot.

M. D. LXXVIII.

[A ij^r] [Vorrede]

Den Edlen / Ehrenvesten / Hoch / vnd Wolgelehrten / F*ürsichtigen* vnd weysen Herren Doctor Johann Cunrad Meyer Burgenmeyster / Juncker Johann im Thurn / M. Cunrad Vlmer / Henrich Ramsaw / Doctor Cosina Holtzacher / vnd Doctor Benedict Burgawer / Herren Scholarchis der Statt Schaffhausen / seinen jnsonders großgůnstigen Herren etc.

ES ist ein frag vnder den gelehrten / die ob sie wol nicht sehr wichtig scheint sein / so hat sie doch ein gůt vnd lustig bedenck*en* / namlich ob gelehrtere vnd verstendigere / auch künstlichere leüt / vor alten zeiten / bey den Juden / Griechen / Roͤmeren / vnd anderen voͤlckeren / gewesen seyen / oder aber jetz zu vnseren zeite*n* / das die jenigen so in guten freyen künsten sich jetziger zeit ůben / vnd gelehrte künstliche leut seindt vnd geachtet werde*n* / hoͤheres verstandts vnnd geschicklichkeit seye dann die alten. Dann so einer die Bibel vnnd heylige Schrifft liset / wie Gott Moysi befilcht alle geraydt so zu dem Priesterthumb gehoͤrig gewesen / zu machen haben / allerhandt künstler daran gearbeyt / die Gott mit sinnreichem verstandt sonderlichen begabt hatt / also auch an dem schoͤnen Tempel Salomonis / welches ein solches zierlich / koͤstlich / vn*d* künstlich gebew *ge*wesen *[eg- A]* / das alle welt sich desselbigen zu verwundern gehabt / vnd noch zu ver*[A ij^v]* wunderen ist / wan*n* einer solches liset. Also seindt bey den Griechischen / Aegyptiern / Roͤmeren vil herrliche gewaltige Gebew von steyn / holtz / silber / gold / edelgestein / vn*d* andere materj / auff das künstlichest vn*d* zierlichest gemacht gewesen / daß wer da sihet die alte stück so etwann zu Rom / vn*d* an anderen orten funden werden / sich der kunst sehr zu verwunderen hat.

Dargegen zu vnsern zeitten seind auch vil vnd mancherley herrliche / zierliche / vn*d* von kunst sehr hoch vn*d* wolgemachte Gebew / von silber / goldt /stein / edelgesteyn / holtz / vnd was dann mehr sein mag / so auch sonst kunst im bawen / kriegsrüstungen / büchsen / werckzeugen / vnnd anders dessen man sich auch zuverwunderen hat / vnd so solche newlichen zu vnserer zeit erfundene künst / gegen denen gehalten vnd verglichen werden / die man findet bey den alten hoch gehalten seindt / als jetz genennet der Tempel zu Hierusalem / vnnd der Tempel zu Epheso / vnnd die koͤstliche gebew zu Rom / vn*d* andere mehr / gegen den Tempeln / so zu Straßburg / zu Wien / zu Florentz / vnd an anderen orten seind / auch andere werck jedes in seiner art mit den anderen würt verglichen / findet sich ein grosser vnderscheidt / also das wol zu fragen ist / welche die künstlichsten seyen / die zu vnser zeit gelebt / vn*d* noch lebe*n* / oder aber die gar alten / sonderlichen dieweil es sich ansehen lasset / als das *[A iij^{r}]* zu vnsern zeite*n* vil mehr künst erfunden seyen / dan*n* die alten gehabt habe*n* / fürnemliche*n* aber in kriegsrüstungen / in Druckerey / in wasserbewen / in vestungen / in freyen künsten / vnnd etlichen handtwercken.

Fůrwar so vil mich belanget / halte ichs darfür / vnnd verstande dise frag also / das Gott der Allmechtig seine gaben deren vnzalbar seind / wunderbarlichen auß theyle / vnd ihn vilerley vnaußsprechliche weg / auch nicht zu allen zeiten / sonder zu etliche*n* zeite*n* / auch nicht auff diß mal alle sampt mit einander / sonder etwan dise geben / zu der zeit der welt / andere zu anderen zeiten / vnd die selbigen entweders vil vnd vberflüssig / oder gar wenig / also das solche kaum geachtet werden vnnd solches nach der welt / der zeit / vnd anderer vmbstend / die er in seinem raht fürgenommen hat / gelegenheit.

Dan*n* zu der zeit der Richter / Saüls / vn*d* Dauidis / hatt e*s* *[*er *A]* herrliche gewaltige dapffere kriegsleüt geben / die stehtige krieg gefürt haben / so wol bey den Heyden als bey den Juden. Zů der zeit Salomonis warde ein fridliche zeit / vnnd hielt man vil mehr auff weißheit / verstandt vnd klůgheit / dann auff kriegsrüstung / vnd was künstlich war / das hielte man hoch. Zu der zeit vnd hernaher waren in Grecia / in Aegypto vil hochgelehrte verstendige leüt / die alle künst herfür suchten / *[A iij^{v}]* / vnd nichts dahinden liessen was verborge*n* war / das sie nicht vnderstůnden zu erkundigen / nach solchem haben die Rőmer grosse krieg gefůrt / waren widerumb die hoch geachtet / welche zu dem streyt tauglich / vn*d* dapffere Men*n*er waren / biß zu der zeit Ciceronis / da die Lateinisch Sprach in grossem we*rdt* *[*wedrt *A]* war / auch alle künst widerumb an tag gebracht / also das zu jede*r* *[*-n *A]* zeit sich befunden hat / war sein / das Aristoteles schreibt / die gůten künst haben jhren wandel / zu einer zeit zu der anderen. Dann spricht er / es kompt ein zeit / das die künst herfür brechen vnnd hochgeachtet seindt / dargegen so gehn sie wider vnder / vn*d* seindt nicht mehr geehrt wie sie wol wehrt seindt / welches zwar zu beweisen wol müglich / wan*n* einer durch weitleuffigkeyt wolte solches beschreiben / das doch mein vorhaben auff diß malen gar nicht / sondern allein sag ich das solches zu vnserer zeit auch geschehe / vnd meniglichen vor augen sicht / das wir auch gelehrte vnnd verstendige leüt haben so wol als die alten gehabt haben / vnd aber ob mehr künst vnd künstlichere leüt seyen zu vnserer zeit / als zu den alten zeiten / das ist vngewiß. Dieweil keiner ist der ein wissens habe was für künst / vnd wie vil künst / die alten gehabt haben / das ist aber bewußt denen so die Historias / Poetas / vn*d* Philosophos lesen / das vil kůnst vndergangen seyen / die heutigs tags vnbekandt seind / *[A iiij^{r}]* vnd das newe künst erfunden / deren kein wissens die alten gehabt haben zuvermůtlichen / etliche künst aber seind bey den alten hochgehalte*n* gewesen / die auch heutigs tags nicht gering geschetzt seindt / sonder künstlich vn*d* sinnreich / als die artes liberales vnd disciplinæ mathematicæ, auch ettliche handtwerck / die nit abgehn / sondern gar breuchlich vnd nützlich.

Dann zu zeiten Aristotelis vnd Platonis / hat man vberfluß gehabt gelehrter vnnd künstlicher leut / so auch zu vnserer zeit vo*n* Anno 1500 biß auff de*n* heutige*n* tag / ist in

Jtalia / Franckreich / Teutschland kein mangel gewesen an gelehrten leuten / vn*d* künstleren / in allem dem so künstlich genen*n*et mag werden.

Zu zeiten des Keysers Augusti / vnnd kurtz zuuor vnd hernaher / waren vil vnd mancherley künstler in wasserbewen / in kriegsrüstungen / inn vhrenwercken / vnd mit allerhandt gewicht / råderen / vnnd dergleichen wunderbare wercken zu machen / also das sie vil bůcher daruon geschribe*n* haben / wie Archimedes / Ctesibius / Heron vnd andere. Zu diser vnserer zeiten haben wir solcher künstler vil in allen orten / Teutsch vnnd Welschlandt.

Derhalben darauß endtlich zu schliessen ist / d*as* kein vnderscheid ist welche gelehrter oder künstlicher gewesen seyen / die alte*n* oder aber die so zu vn*[A iiijv]*ser zeit leben / doch ettliche außgenommen die bey den alten hoch geehrt gewesen / aber im abgang kommen / andere aber kunst auffgangen / vnd an jr stat gesetzt / in den anderen so dazumal vnnd jetzunder bekandt / geht es auff vnd nider / wie zu sage*n* ist vnder vilen andere*n* die Artzney / die Astronomey / vnd derselbigen zugethanen handtwercken genent moͤgen werden.

Archymedes hat ein grosse kugel gemacht / die selbige in Cristall geschlossen / darin*n*en er zeigt aller sternen / lauff vn*d* bewegnuß / das ein sonderlich wunderwerck waß / Heron Alexa*n*drinus hat ein künstlich vhrwerck gemacht durch den tryb des wassers. Archimedes macht vil vnd mancherley kriegsrüstlung on zahl. Heron macht durch blåst vn*d* wasser / durch redder / vil seltzame wunderwerck / solche leüt findet man heutigs tags an allen orte*n* / die künstliche vhrwerck / wasserwerck / kriegsrüstung / gebew /vestungen / vnnd andere wunderliche werck künstlich machen koͤnnen / so wol als die alten / jedoch etlich vil stück seind die wir den alten nach nicht nach gethan haben / etliche so weit gebracht das sie sich der alten wercke*n* wol vergleichen moͤgen.

Will zu einem Exempel nemme*n* des Archimedis Cristallenkugel / darinne*n* er gemacht hat mit sonderlicher künst / alle bewegnuß vnd lauff der Sonne*n* / des mons / der Planete*n* / ja des gantze*n* fir*[B jr]*maments / das sonder zweiffel vber alle künstliche werck gewesen ist / hab auch nie verstanden das dergleichen hernaher gemacht seye worden / aber das etliche solches nachzuthun vnderstande*n* haben / ist glaublich / so auch mit wasserwerck / bloͤsten / mit redderen hat Heron wunderwerck gemacht / so findet man zu vnserer zeit auch die solche kunst künden / sonderlichen mit vhrwercken das ein alte kunst gewesen / vn*d* vor Christi geburt im brauch / aber ob vnsere leüt so künstlich seyen als der Heron / Archimedes vnd andere / das ist gar nicht zuzugeben / dann dise seindt gelehrte vn*d* in allen kůnsten erfarne leut gewesen / vnsere vhrenmacher / das sie selbst bekennen můssen / koͤndet nichts weitters dann jhr handtwerck vermag / haben nicht sich geůbet / nach auch etwas erfaren in Geometria / Arithmetica / Astronomia / vnnd in der gantzen Philosophey / in welchen allen Archimedes / Heron / auch andere gantz wol erfahre*n* gewesen seindt / vnnd was die vnseren handtwercks leut in disen vnd anderen erlernet haben von jhren meisteren / das haben sie von den Mathematicis vnd Philosophis / welches zu beweisen nicht von noͤten / dieweil måniglichen dissen einwissens hat / an dem Homelio / Imsero / Apiano / Schonero / vnd anderen mehr / von welchen solche künstler / den rechten grund ihrer künst haben / denen sey auch billich dancken sollen / mehr *[B j*^{v}*]* dann dem Archimedi von den seinen gedanck ist worden / dann sie jn fůr nichts hielten / vnd nach jrem groben verstandt / vermeinten die arbeit so sie an holtz / steyn / eysen / goldt / silber / vn*d* dergleichen theten / solte ho̊her geachtet sein als des Archimedis sin*n*reiche künstliche erfindu*n*g aller wunderbaren wercken die er angeben hatt / auch zum theil selbers gearbeytet / da doch das gegentheil sein solte / namlich die freyen künsten als die mehr sinn vnd gedancken haben / vnd zu allen zeiten ho̊heren verstand erforderen / in gro̊sserem werth halten / als die arbeyt so mit der handt geschicht mit holtz / steyn / eysen vmbgehn / das vil ehe erlernet ist / dann solche kůnst dauon gemeldet / vnnd thun gar to̊rig die jenigen so solche handtwerck wo̊llen denen künsten fůrsetzen / sie ho̊her halten / welche liberales artes genennet werden. Aber solches geschicht von leuten / die kein verstandt nach wissens habe*n* / was die artes vnd disciplinæ seind / vnd vermeine*n* dieweil sie groß arbeit thůn in jren handtwerck / so sollen sie auch groß gehalten werden / da doch mehr an sinnreichen verstand in erfindung vnd erlernung der freyen kůnsten gelege*n* / on welche solche handtwercks leüt nichts ko̊nde*n* außrichten / sonderen můssen von jnen erlernen / vnd wann sie das a b c in solche*n* künsten ergreiffen / so vermeinen solche / sie haben die kunst gantz vnd gar / vnd vberheben sich solcher erfarnuß. *[B ij*^{r}*]*

Aber diß ist jeder zeit der welt lauff gewesen / das vngleiche vrtheil gefallen seind von den sache*n* so vorgangen / vnd wer an die gassen vnnd offne strassen bawet / der můß sein arbeit von vile*n* richten lassen.

Wie dann vns auch geschicht die wir das Astronomisch Vhrwerck in dem Münster zu Straßburg gemacht haben / welches dieweil es an eynem offnen ort steht / so sehen solches gelehrte vnd vngelehrte / verstendige vnd vnuerstendige die so vns günstig seind / vnd vns auch vngünstig / die so solche vnsere arbeyt hoch halten vnd rhůmen / vnd auch die so vns / vnnd vnser grosse gehabte můhe verlachen vnd verspotten.

Aber solches alles achte ich / für mein person / eyns / vnd laß michs nicht anfechten / hab ein gůt vernůgen / das eyn Ersamer Rhat der Statt Straßburg / meine genådige gebietende Herren / eyn gůt vernůgen haben an meyner arbeyt / dene*n* ich von wegen vnderthenigklichen pflichten zugefallen gewesen bin / vnd solches werck wie der augenschein mit bringt anfånglichen ehe dan*n* ein steyn oder ein ryß gemacht worden ist / auff obgemelter meiner G. G. H. befelch angeben / vn*d* auff gerissen für die augen gestellet hab.

Damit aber månniglichen ein grundlichen bericht hette / was in disem Astronomischen Vhrwerck zusehen sey / vnd was darinnne begriffen / *[B ij*^{v}*]* so hab ich auff bitt vnd beger vnd anmanung etlicher meynen großgünstligen Herren vnd freunden / d*as* ganze Astronomische vhrenwerck durchauß wollen außlegen vnd erklåren.

Welche außlegung vn*d* beschreibung ich Ewer Herrlicheit vnd gunsten habe wollen zuschreibe*n* / dieweil auß der Statt Schaffhausen burger vn*d* burgers kinder daran gearbeitet haben / namlich Tobias Stimmer / vn*d* Josias Stimmer gebrůder beyde Maler / Jsaac Habrecht / vnnd Josias Habrecht gebrůder die Vhrenmacher / welchen ihr rhům vnd ehr billich gegeben soll werden / so vil jhnen für ihre gehabte fleyß můhe vn*d* arbeyt / auch getrewer dienst einem jeden in seinem handwerck gebůret. Vnd von wegen dieser vieren eyner loblichen Statt Schaffhausen vnnd ihrer burger rhum vnd ehr nicht vergessen sein / das sie solche Burger hat / die in künstlichen arbeyten vn*d* rhumlichen wercken sich gebrauchen lassen.

Fürnemlichen aber hab ich mich wollen dankbar erzeyge*n* gegen E. H. vnd G. für die vilfältige gůtthaten die E. H. vnd G. mir vnd den meinen erzeigt hat / vnd mit disem schreyben ein gemeine lobliche Statt Schafhausen ehren / d*as* sie nicht wenig zu solchem loblichen werck mit disen vier obgenannten Burgeren gethan hat. Bitt solches mein schreibens gnådiglichen vnd günstiglichen *[B iij*^{r}*]* auff vnd annemmen / mich vnnd meine geringe dienst jederzeit ewer herrlichkeit vnnd gunsten befehlend. Datum den 20 tag feb. 1578. Straßburg

E. Dienstwilliger
Cunradus Dasypodius
Mathematicus.

[B iij^{v}] Warhafftige Außlegung des Astronomischen Straßburgischen Vhrwercks.

Von dem alten Vhrwerck vnd desselbigen abgang.

Das Erst Capitel.

Die Vhren so mit gewicht vnnd redderen angerichtet werden zu anzeigung der stunden vnnd der bewegnus So*n* *[Sons A]* vnd Mons / seindt von gar alten zeyt im gang gewesen / vnd hat man solche allzeit sehr geehrt / wie solches zu bezeugen ist / mit vilen in vilen Lånderen vhren / also das solche so gemein worden / das nicht allein in grossen Stetten stattliche vn*d* namhafftige Vhren auffgericht befunden werden / sonderen auch in Flecken vnd Dörffern. Zu dem so hat Heron Alexandrinus vnd vor jm Archimedes / vnd vor denen andere mechanici mathematici das redderwerck / die gewicht / maß / vnd was dergleichen /also beschribe*n* auch in das werck gericht an vhren / an wasserbewen / an andere dergleichen wercken / das solches handtwerck der gar alten eins ist / vnd nicht newlich erfünden / sonder allein mehr geziert / vnd auff Archimedis kunst fürgebracht / wie da*n*n der hoch vnd wolgelehrter Jmserus / Hommelius / Apianus / vnd andere zu vnser zeit Mathematici solche herrliche Astronomische vhrwerck *[B iiij^{r}]* gemacht habe*n* / die sich des Archimedis kunst nahe zutreffen / auch seind vil dises handtwercks gewesen / vn*d* noch / die von den Mathematicis solche kunst empfangen / vn*d* ihren nachkommen verlassen haben.

Derhalb also dise kunst gemein worden von tag zu tag / das vil seind die grosse vn*d* kleine vhre*n* machen / auff vil vn*d* mancherley art / etliche künstlicher / als die anderen. Es werden aber die alten Vhren zů mehrertheil befunden auff Rhatheuseren / oder aber in den Templen / wie dann hin vnd wider durch Franckreich / Jtalien vnnd Niderlenderen auch Teutschland zu sehen ist. Also ist auch allhie zu Straßburg in dem Münster ein alt Vhrwerck gestanden / das wie ichs in der gar alten Chronica so auff vnser Frawen hauß versorgt wird / gelåsen / als dises Astronomisch Vhrwerck habe angefangen / welches 200 Jahr vngefar vor dem dises jetziges newes an die statt gemacht ist worden / gestanden ist / welches wie leichtlich abzunemmen gar in abgang vor vilen Jahren kom*m*en ist / vnd ist das ganze Vhrwerck von holtz gemacht gewesen.

Dasselbige Vhrwerck hab ich gantz fleissig besichtiget / was vnd wie vil stück es gehabt habe / vnd befunden erstlich vnden auff dem boden Calendarium generale wie gebreuchlich gewesen auff holtz vnd anderer materj beschriben / welches [*B iiij^{v}*] zum Jahr einmahlen herumbgangen ist / auch ist darbey ein taffel auffgehenckt / in welcher der siben Planeten eygenschafft rheimen weiß geschriben gewesen / welche noch verhanden. Zum andern auff dem mitler boden / ist ein Astrolabium abgerissen mit Son vnd Mons zeygeren / auch die stunden vnd halbe stunden angezeigt / auff disem boden ist auch das redderwerck gestanden / welches also von ålt vnnd rost verderbt / das es gantz vnnd gar vntauglich befunden war.

Zum dritten / auff dem öbersten boden ist ein ronde außladung gewesen / darauff ein rad gemacht ward / auff welchem die drey König stunden / vnd ein Maria bild von holtz geschnitzlet / vor welchem sie sich bucketen wann das ober Vhrwerck so dazu gemacht war gienge. Dasselbige kleyn Vhrwerck hat auch Cimbalen getriben / welche auff etliche gesäng gerichtet warden / vnd nach dem selbigen krägte der Han.

Dise fürnembste stück vnd nichts mehr hab ich in dem alten Vhrwerck befunden / welches gegen dem jetzigen vbergestanden ist / an dem eck wie man sich wendet in die Kirch hinein gegen den Chor vber.

Von disem werck haben wir gantz vnd gar nichts können haben / von wegen des / das alles zuvil alt vnd rostig war / vnd in aussersten abgang [*C jr*] / kommen / außgenommen der alte Göcker oder Han / welcher sehr alt / namlich vber die 200 Jahr alt ist / vnd zu der selbigen zeit auch ein seltzam wunder ding gewesen / das ein Han also krägen soll / welches bezeugt ein gar altes lied von dem Hanen im Münster vnd dem Rhoraffen / in welchem der Rhoraff als der älter ist gewesen / sich beklagt / es lauffe jm niemands mehr zu / jhn zusehen / vnd sein thůn das dazumalen auff gewisse tag breuchlich war / sonderen jederman lauffe zu disen Hanen / vnd wolle sein Hanengeschrey hören.

Darmit nun zu einem wahrzeichen des alten Vhrwercks etwas behalten wurde / so haben wir disen Hanen in dem newen werck auch hinzugethan.

Nach dem nun solches altes Vhrwerck gantz vnnd gar in abgang kommen / so hat ein Ersamer Rhat allhie / mein G. G. Herren Anno vngefehr 1547 erkandt / ein ander Vhrwerck auff zurichten / nicht an disem ort / sonderen dargegen vber / wie dann jetzmalen gesehen wirt / vnd seind auch darzu verordnet gewesen drey fürnemme gelehrte vnd verstendige Mathematici Doctor Michael Herus / Nicolaus Brucknerus / Christianus Herlinus vnnd neben jhnen andere Handwercks leüt / vnd ward das werck so weit gebracht das der Vhrenmacher ettliche redder / vnd das gestell verfertigt hat / der Steynmetz das [*C jv*] geheuß auffgefürt / biß gar nach an den helm / die Mathematici / das Asterolabium so ich hernaher bekummen / vnd nach vorhanden ist / auch auffgerissen haben. Nach welchem das werck solte gemacht sein worden / vnd hat man den Schnecken auch zu gůtem theyl außgemacht gehabt.

Aber solches werck ist darnach durch etlicher absterben / vnnd anderer vngelegenheit / so dazumalen einfielen verhindert / vnnd also vnaußgemacht verbliben biß Anno 1571. von welchem werck nichts anders zu disem kommen / dann allein das gestell / vnd ettliche redder so das hanen geschrey vnd die Cymbalen treyben / die der Vhrenmacher darzu gebraucht hat / vnnd were das gebew vnnd das geheuß von steinwerck nicht so weyt auffgeführt gewesen / so were das werck stattlicher vnd grösser / auch herrlicher zůmachen gewesen / aber wir seind bey disem geheüß verbliben / vnd nicht weitter geschritten.

Es ist auch zu der selbigen zeit das geheuß mit den zwölff zeichen vnd dem Monscheyn so außwendig vor der Kirchen steht / gemacht worden / das von dem jetzigen newen werck ein trib gieng / wie dann jetzmalen zu sehen / durch welchen der Sonnen vnd des

Mons lauff / vnd seine Monscheyn zusehen waren / aber wie vorgemelt alles verbliben / diß hab ich kurzlich wöllen erzelen von den zweyen Vhrwercken / dem alten so im gang [*C ij*r] vorzeyten gewesen / vnd dem so angefangen aber nicht ins werck volbracht / vnnd zu ende gefürt worden.

Von dem newen Astronomischen Vhrwerck so jetzmalen auffgericht.
Das ander Capittel.

NAch der zeyt als dises vorgemelt Vhrwerck angefangen war / ist ettlich malen darumb angesůcht worden bey meine*n* G. G. H. durch etliche Vhrenmacher / aber meine G. G. H. nicht rhatsam solches befunden. Zu letst Anno 1571 kurz vor Johan*n*is Baptistę kam alher von Schaffhausen Jsaac Habrecht vnd Josias Habrecht gebrůder / vnnd zu derselbigen zeit burger zu Schaffhausen / deren ein jeder hatte ein sonder Vhrwerck gemacht / der ein das Astrolabium der ander Sphæram materialem wie die Mathematici solche Instrumenta nennen / welche die stunden vnnd Planeten stunden / auch Son vnd Mons lauff / vnd die Monschein durch redder vnd derselbigen trib zeigten. Vnd dieweil die Herren von Schaffhausen etliche in dem stipendio in vnserer Schůlen vnd Academey halten / vnd mir befohlen ein auffsehens auff sie zu haben / dieselbigen kame*n* zu mir als Professore Mathematico begerten dise zwen gebrůder *[C ij*v*]* durch dise studiosos an mich / ihnen behůlfflich zu sein / das jnen von meinen G. G. H. solches Vhrwerck in dem Münster außzuführen vertrawet möchte werde*n* / solche*n* dienst vmb mich mit danck zuverschulden. Darauff hab ich als bald bey meyne*n* G. G. H. angesucht / ist jhnen zweyen so fehr zu vertrawen bewilligt vnd erkandt / so ferr ich Cunradus Dasypodius gůt für dise zwen Vhrenmacher sein wölle / das sie solches werck zu verrichte*n* ein wissens vnnd kunst haben / welche erkandtnuß mir schwer genůg fiel / aber habs mit ihnen gewagt / auff das warde auch befolhe*n* ich solte ein solches Astronomisch Vhrwerck erfünden vnd angebe*n* / das einer Statt Straßburg löblich / vn*d* de*n* Tempel zu Straßburg der weit vnnd breyt bekandt / rhůmlich werde / welches zu dem vorigen verbürgen / mich hoch beschwert / vnd schwere gedancke*n* macht / vnd hette wůnschen möge*n* kein rhat oder that disen zweyen brůderen gethan haben / dieweil alles mir heim gewisen wardt.

Auff solches hab ich meine*n* G. G. H. zu vnderthenigem dienstwilligem gefallen / vnd meynem vatterlandt zu ehren / mich darein ergeben / vnnd bewilligt / solches zu thun / vnd ein visierung oder abriß durch den maler lassen abmalen / vn*d* darinnen angezeigt was die fürnemste stück in dem Astronomischen Vhrwerck sein solle*n* / welche denn *[C iij*r*]* durch etliche Doctores besichtiget / vnd für künstlich auch rhůmlich geachtet / vnd den zweyen brůderen fürgelegt / darauff sie durch die Herren Pflegen befragt / ob sie solches wie ichs angeben vnd erfunden / auch durch den mahler abgerissen fürgelegt / wolte*n* vnderstehn zu machen / welches sie bejahn vn*d* bewilligten / darauff ein verschreibung auffgerichtet ward.

Letstlich warde mir zu den vorigen zweyen puncten aufferlegt von meine*n* G. G. H. den Pflegern auff dem Hauß ein inspection zu haben zu disem gantzen werck / zů vnd von zugehn / auch verschaffen das alles wie es von mir angeben war / in das werck gerichtet wurde / dann solches keynem fuglichen vnd kumlichen zu thun were / als mir der dissens ein wissens hette / vnnd anfånglichen angeben vn*d* erfunden / auch auffgerissen fürgelegt hette.

Auß disen allen so ich wahrhafftig erzelt hab / kan ein jeder leichtlich abnemmen wie mir zůmůt gewesen seye / da ich sahe das solches alles mir auffgelegt war / bürg zu sein für die zwen brůder / die frembt vn*d* mir vnbekandt ware*n* / d*as* sie solches alles mit seiner zugethon auß der Astronomischen kunst / wie ichs angeben hat / wurden durch ihr handtwerck verrichten / darnach das ich solte die inspection vnd anordnung versehen / damit alles an disem werck gemacht wurde nach dem befelch *[C iij*^{v}*]* meiner G. G. H. namlich ein Astronomisch Vhrenwerck anrichten vn*d* anordnen das dem Tempel zierlich vnd der Statt Straßburg rhůmlich were. Wann auch daran etwas von den Vhrenmacher / für welche ich gůt bin worde*n* / das sie solches wurden volbringen / were versaumet worden / oder aber nit noch meiner G. G. H. befelch nach / were gemacht worden / kan ein jeder wol erachten / das solches mir wurde heim gewisen sein / vn*d* hette ich dem das gantz werck vertrawt was můssen rechenschafft darumb gebe*n*. Welche sorg vn*d* andere zufell hernaher mich in ein kranckheit brachten / vnd wardt von wege*n* des grossen last / den ich auff mich geladen / auch anderer beschwerdt verursacht vmb hilff vmbzulůgen / Derhalben als ich ein gůten vertrawten Freünd hat / dem ich solches vertrawen kundte vn*d* wußte / vnd zu der selbigen zeit sich zu Augspurg hielte M. Dauid Wolckenstein von Preßlaw / hab ich freundtlichen an ihn geschriben / fleissig gebetten / er wolte mir zugefallen sein / vnd auff meinen kosten alher ziehen / mir behülfflich sein in disem grossem thun / vn*d* das werck zu ende helffen führen / ich wolte jm zu dem halben theil anstehn lassen / was mir von meinen G. G. H. für gehabte můhe vnd arbeit verehret wurde / vn*d* solches ist geschehen ein gantz Jahr hernaher / Anno 1572 nach dem ich schon weit in dem werck fürgefahre*n* *[C iiij*^{r}*]* war vnd die Bildhawer / auch der Mahler / der Vhrenmacher vnnd Steinmetz / jeder in seinem thůn vnd handtarbeit fürgeschritten war / vnnd vil stück verfertig gewesen seindt.

Als er nun bewilliget / vnd auch auff das fürderlichst sich zu mir gethan / hab ich jhme alle heimlicheit alles mein vorhabens / vnnd was ich zu disem werck nutzlich vn*d* dienstlich achtete / angezeigt vnd eroͤffnet / welches ich zuuor niemands (auß vrsach) hab wollen thůn / vnd also mit gewisser condition mit jm abgeredt vn*d* gehandelt / auch angestellet / das er was ich jm angeben hab / vnnd wir beyde mit gemeinem Rhat hatten bey vns selber beschlossen / solte auffreissen vnnd verfertigen / vnd in meinem abwesen / mein statt vnd lucke*n* vertretten / darinne*n* ich jn so trewlich vn*d* redlich befunde*n* hab / das er auch in meiner hoͤchsten kranckheit / nicht vnderlassen hat mir offtermal zuzusprechen / mich rhats zufragen / auch das geringste / so er von meinetwegen zuthůn mir bewilliget hat / vnd ohn mein rhat / vorwissens / vnnd willens nicht wie man sagen moͤchte ein linien gerissen / vmb welche trewen vnnd fleissigen dienst so er mir seiner zusagung vnnd verheissung nach / bewisen billich zu dancken hab / vnd vmb jhn zu verdienen schuldig bin. Haben also wir zwen dises werck mit hilff Gottes des Allmechtige*n* / vnd der handtwercks *[C iiij^{v}]* / leuten die dazu gebraucht worden verrichtet / vn*d* zu ende gebracht / vn*d* wa fehr nicht etliche vngelegenheit / die ich mir selbers behalt / eingefallen / die vns an vnserem thun vil malen gerhindert / wolten wir vns nicht gesaumet habe*n* / sonderen mehr gethan vnd bewisen / bin aber gentzlich der hoffnung was mein vnd M. Davids arbeit erfünde*n* / angeben / anordnung / vnd aller verwaltung / die wir gehabt in vnderweisung deren so daran gearbeit / vnd als handtwercks leüt nŏtig zu disem Astronomischen Vhrwerck gewesen / es werden vnsere G. G. H. zuvorderst ein gůt vernůgen / vn*d* måniglichen der solche vnser arbeit ansihet / ein gůt wolgefalen / haben.

Solches Astronomisch Vhrwerck haben wir angefangen zu bedencken berahtschlagen / vnd in das werck zu ziehen Anno 1571 kurtz vor Johannis Baptistę / vnnd vollendet auch außgemacht / vnnd verfertiget durch hülff vnnd beystandt der handtwercks leuten / Anno 1574. auff Johannis Baptistę / also das ich drey Jar lang / vn*d* M. David zwey jar mit mir / vnd Tobia Stimmer dem mahler / welchen wir zu offtermalen in bedacht vn*d* rahtschlag dere*n* sachen so wir auß Astronomischer kunst genome*n* gebraucht haben / der auch seinen hŏchsten fleiß erzeiget / vnd sein kunst vn*d* verstandt dermassen dargethan / das månigliche*n* der solchen seine*n* fleiß / kunst vn*d* arbeit an disem werck *[D j^{r}]* erzeigt versteht rhůmen vnd loben wirt.

Diß alles hab ich notwendiglichen sollen vnd můssen anzeigen zuuor vnnd ehe ich die beschreibung des gantzen wercks anfieng / dan*n* vil daran meins erachtens gelegen ist / wann zum eingang ein jeder ein wissens hat / der werck so zuuor da gestanden vnd angefangen / vnnd deren die solches jetziges werck erfunden angeben berahtschlagt / alles vnd jedes außgetheilt vnd angeordnet / vn*d* was ein jeder daran gearbeit hat / damit einem jeden geben werdt sein lob / sein ehr / sein rhům / vn*d* nach seiner woluerdienter můhe / arbeit / fleiß / vnd trewen dienst / auch seine verehrung vnd belohnung.

Von der außtheilung des gantzen Astronomischen wercks.

Das dritt Capittel.

DJe Astronomey welche ein Mathematische kunst ist die da außlegt alle bewegnuß des Him*m*els / der sternen / vn*d* durch solche auch anzeigung thůt der zeit / Jar / tag / vnd nacht / gantze / halbe stunde*n* / auch derselbigen minuten / vnnd was mehr dergleichen sein mag / vnnd solches alles auff das schårpffest als me*n*schliche veru*n*fft erreiche*n* mag. *[D j^{v}]*

Dieweil aber solche kunst nicht kan schlechtlich begriffen werden / sonderen zum theil durch tåglich langwerende vilen Jharen erfarnuß / vnd etlicher Astronomischer Jnstrument gebrau*ch* *[-cht A]* / zum theil auch durch Geometrische abriß vn*d* abtheilung /

zum theil dur*ch* [-chs *A*] scharpffe außrechnu*ng* verrichtet werden můß / vnnd ohn dise vnd dergleichen niemands zu erkandnuß diser kunst kommen mag.

Derhalben hab ich solches anfånglichen vor vn*d* ehe ich diser Astronomisch Vhrwerck hab angeben betrachtet / vnd nachgesinnet / wie solches zuwegen zubringen were / das in disem werck offentlichen fůr augen gestellet werden / zum ersten des himmels / der sternen vn*d* siben Planeten lauff vnd bewegnuß / ein jeder nach seiner art vnd eygenschafft / wie sie in der Astronomey beschryben werden / namlich der oberst himme*l* [himmels *A*] der in 24. stunden herumb laufft / vnd alles mit jm was im himmel ist / hernaher die Planete*n* / als Saturnus in 30 Jaren / Jupiter in 12 Jahren / Mars in 2 Jaren gar nah / die Sonn / der Mercurius vnd Venus in eynem Jar / der Mon in einem monat.

Zum anderen sahe ich für notwendig an / vnd auch nutzlich sein die beschreibung der zeit für augen stellen / das da ewig ist vnnd jmmerwerend æternitas genannt / darnach die zeit von 100 Jaren Sæculum vnd nach disem der Planeten zeit wie *[D ij^{r}]* jetz gemelt biß auff den Mon / welcher die monat vnderscheidt / nach den monaten volgen die wochen / nach den wuchen die tag / die stunden / die halben stunden / viertel stunden / biß auff die minuten.

Zum dritten / so bedachte ich auch zu derselbige*n* zeit / wie ichs angab / was zu einer zierdt vn*d* wolstandt dienen möchte durch allerhand gemåhle / oder künstliche wercke / als da seind die bilden der siben Planeten / die vier alter vn*d* andere gemeldts vnnd zier vnd wolstandt / deren vil zu den selbigen mahlen angezeygt werden / als die jetz genante / vn*d* die abryß der Finsternuß auff etliche künfftige Jar /vil sindt hernaher herzugethan / nach dem wir in das werck vnd thůn kommen seind / vn*d* nach gelegenheit gemehret haben / aber jetz gemeldte alle vnd jede stuck hab ich anfenglichen betrachtet / auch in der visierung angeben / vnd der Herren pflegern fürgelegt / wie dann die visieru*ng* so nach vorhanden / vnd die verschreibung darüber auffgericht / solches alles bezeuget vnd bestetiget war sein alles was ich hie schreib / dann ich måniglichen der warheit berichten / vnnd nicht mehr dann wie es ergangen / vn*d* was anfenglich mein gedancken gewesen eröffnen will.

Auß disem allen kan ein jeder wol verstehn / d*as* es nicht ein schlecht thun ist gewesen / vnnd das solches werck nicht gering betrachtens erfordert *[D ij^{v}]* hat / auch nicht auß dem Vhrenmacher allein herflüsset / sonder auß der Astronomey vnnd aller schwerichsten vnnd höchsten stücken diser kunst / auch keinem Vhrenmacher oder Handtwercksman der die Astronomey nicht auß rechte*n* grunde*n* gestudiert erlernet vnd erfahren hat / müglich sein kan vn*d* mag / solches Astronomisch Vhrenwerck erf*i*nden [-u- *A*] angeben / anordnen / vnd zu ende zu bringen.

Damit aber solches måniglichen besser vernemme / wie der Planeten / der Sternen / de*s* [der *A*] himmels bewegnuß vn*d* lauff in disem Astronomische*n* Vhrenwerck zu vnderschyden seyen / vnd aller jr zugehör begriffen / vnd auch zu suchen / so wil ich das ganze Astronomisch werck / in ettlich theyl abtheylen / vnd ein jedes in sonderheit beschreibe*n* / Damit solches Astronomisch werck desto leichtlicher verstanden werde. Dann ich die zeyt her all malen war genommen hab / das der mehrer theil auß vnwissenheit deren stück so in disem werck begreiffen / sich allein verwunderen ab solchem so sie ansehen / aber nicht gentzlichen recht betrachten was darinnen fürgestelt ist / welches so sie es begriffen wurde*n* vnd verstehn / hetten sie sich dessen / nicht allein zu verwunderen / wie taͤglich beschicht / sondern auch ihnen nutzlich zumachen / vnd was von den Astronomis geschriben wirt / desto leichtlicher wan*n* dauon redt gehalte*n* wirt / verstehn / vnd ein wissens haben. *[D iij^{r}]*

Von dem Astronomischen Globo oder Kuglen / so auff dem boden vor dem anderem werck steht.

Das vierdt Capitel.

GLobus Astronomicus wirt die Kugel so vnde*n* auff dem boden der Pellican tregt / von den Latinis genant / in welcher Kugel alle sternen so den Astronomis bekandt / beschriben seind / namlich 1022. die da in 48 bilder abgetheylet werden / vnnd seind also in diser Kugel die grossen vnd kleine sternen nach der leng vnd breite gesetzt / vnd auch gestaltet / wie man solche sternen an dem him*m*el vnd firmament sihet / habe*n* auch wir zwen vnd der Tobias Stim*m*er der Mahler sehr grosse můhe vnd arbeit mit gehabt / ehe dann wir solches zuwegen bracht haben / vnd an fleiß vnnd ernst in der scharpffen außtheilung an vns nicht lassen erwinden.

Weitter so ist in diser kugel auch alles auffgerisse / das in der Astronomey beschriben wirt von den circulis spherae von lenge tag vnd nacht / von auffgang vn*d* Nidergang der Son / Mons vnd anderen sternen / von natur vn*d* eygenschafft der Winden / vnnd mit einem wort geredt / was *[D iij^{v}]* doctrina sphaerica vermag / das ist auff diser kugel begriffen / mit sampt des lauffs vnnd bewegnuß des gantzen himmels / welcher in 24 stunden von auffgang vn*d* nidergang biß wider zum auffgang herumb laufft / welcher taͤgliche*n* laufft in diser kugel / auch durch vns dargestellet ist / dann dise kugel nicht / wie vil vermeinen / still steht / sonder in 24 stunde*n* geht / sey gleich wie der himmel einmal herumb / also das dise kugel anzeigt vnder anderen nutzbarkeyten die sie hat auffgang vnnd nidergang Sonn / Mon / vnd der sternen / vnnd zu jeder zeit sihet einer augenscheinlich / welche sternen an disem oder anderem ort stoͤnd.

Dise kugel hatt drey werck schůch in der weitte / vnnd wigt ein Centner / ist künstlich auß tůch / pappeyr / leym / kreyd vnd anderer matery also zubereit / das kein würm oder anders schaden dar an thůn kan / sonder werhafftig sein vnnd bleiben wirt / welches ich wahrhafftig sagen kan / dieweil ich solche kugel lenger als 4 Jar gehabt / vnd als ich dises Astronomisch werck hab angefangen / meinen G. G. H. zu ehren vnd gefallen / vnnd zu zierdt dises wercks dargeben / dan*n* ich alles was nützlich war zů erkundigen vnd zu erfinden / habe mit ernst bedacht vnnd vnderstanden in dises werck zubringen.

Darmit aber nicht allein des him*m*els vn*d* Son*n* vnd Mons / der sternen lauff / angezeigt wurde / *[D iiij[r]]* in diser kugel / sonder auch die zeit / so haben wir den Pellican vnden gesetzt der dise kugel des himmels tregt / welcher vogel ein anzeigung gibt der ewig werender zeit / welche die Latini nennen æternitatem auch ist diser Pellican ein angezeigung Christi / die weil er sich selbers tődt / vnd sein blůt den Jungen gibt / sie bey de*m* *[-n A]* leben zu erhalten.

Vnd wann einer der diser kunst der Astronomey erfaren alle stück so in disem werck begriffen bedenckt / so wirt er vnder allen keins finden /das künstlicher vnd nutzlicher seye / als dise kugel / vnd von wegen der fleissigen scharpffen außtheilung vnd auffreissung / auch allem den jenigen so darinnen begriffen werht were / das er an einem anderen ort stünde / vn*d* zu Astronomischer obseruation gebraucht wurde / wie dann alle gelehrte Mathematici das bekennen werden / dan*n* an disem ort nicht so hoch geachtet wurdt / als wann er zu den obseruationen wurde gebraucht / auß welche*n* die Astronomey jhren vrsprung hatt / vnnd heutigs tags solche obseruation hoch vonnőte*n* seind.

Zu welchen ich auch dise Kugel gespart hab / vn*d* dahin richten wolle*n* / das sie nutzlicher kőndte gebraucht werden / dan*n* an disem ort / aber wie vor gemeldt vnangesehen meynes nutz / den ich hette kőnnen auß diser kugel haben / so hab ich solche kugel vngefordert vn*d* vngebetten / von freyer hand meinen G. G. H. zů vnderthenigen dienst *[D iiij[v]]* vnd wolgefallen / auch zu zierdt dises Astronomischen wercks dargeben / vn*d* nicht minder fleiß / ernst vnnd scharpffe außtheilung daran gewendet / als wann sie solte / oder auch in künfftigem wurde zu den obseruationen gebraucht / vn*d* wan*n* ich solle rund vnd warhafftig sage*n* / welches daß fürnemmest / vnd bey den gelehrten zum hőchsten geachtet werck seye an disem gantzen Astronomischem Vhrwerck / so ist kein anders als dise kugel / wiewol der gemein man auch die so vermeinen etwas wissen / solches auß vnwissenheit vnd vnuerstandt der Astronomey nicht wissen noch kőnnen bedencken / sondern achtens geringer / dann das hanen geschrey / vnd die kinder / das stundglaß vnnd andere so von bilderen gemacht ist / welches nichts anders dann ein zierdt ist / vnnd weniger kunst hat.

Aber es were wol zu wünschen / das ein jeder von diser kugel vnd anderen stücken so in disem Astronomischem Vhren werck künstlich gemacht / nicht weitters vrtheylet / als sein verstand vermag / vnnd grosser vermessenheit müßig gieng.

Dises hab ich wollen anzeigen von der Kugel / welche wir für das werck gesetzet habe*n* gantz ledig vnd loß / damit wir desto mehr stück in das gantze werck bringen mőchte*n* / welche ich hernach erzehlen will. *[E j[r]]*

Von den scheiben des Calenders vnd anderen stücken so vnden gesetzt / mitt sampt den Taffeln der künfftigen Jharen fünsternussen Son vnd Mons.

Das fünffte Capitel.

NAch der Kuglen so volget die beschreybung dreyer Taffelen / deren eyne zu der rechten / die andern zu der linken hand gesetzet ist / vnd halten beyde ihn sich die beschreybung etlicher finsternuß Son vnd Mons ihn den künfftigen Jharen von dem 1573. Jhar / biß auff daß 1605. seyndt 32 Jhar / ihn der mittle ist eyn grosse scheyb auff 10 werckschuch hoch / welche ihn sich haltet den Calender / vnnd ettliche andere beschreybungen der zeyt so ihn der Christlichen kirchen gebreuchlich / vnd ist solche scheib / ihn drey theyl getheylet / das ausserste theyl hat ihn sich den Calender mitt seinen monaten / wuchen / tag vnd was dan*n* zusolchen gehoͤrig / vnd seyndt zwey bilder an beyde ort gesetzet / zur rechten hand Apollo oder die Sonn / welche zeiget alle vnd jede tag mit dem pfeyl den Apollo ihn der handt hatt / das ander bild ist Diana oder Luna der mon welches zeyget den tag so stracks gegen der anderen deß halb Jhar machet / vnd dise ausserste scheib gehet in eynem Jar einmal herumb. *[E j^{v}]*

Das andertheyl diser scheiben / haltet vil stück in sich / welche ich ordenlich erzele*n* will / iedoch mit lateinischen worten/ dann zu deutsch solche nicht so verstendiglich seynd.

Wir haben die scheib in 16 theyl getheylet.

I Die Jahrzahl von Christi geburt angefangen von dem 1573 Jahr biß auff das 1673 Jahr also das die zeyt begriffen wirdt den 100 Jahren welche von dem Latinis sæculum genen*n*et wuͤrdt.

II Die Jahr von anfang vnnd schoͤpffung der welt auff die zeyt nach Christi geburt 1573 angefangen daß da ist gewesen von anfang der welt 5535. biß daß man zelt 5635. von anfang vnnd schoͤpffung der welt.

III Dies æquinoctij verni.
IIII Horæ diei.
V Minuta horarum.
VI Dominica Esto mihi.
VII Dies Paschatis.
VIII Dies aduentus.
IX Interualli minoris Hebdomadæ.
X Dies Concurrentes.
XI Interualli ad Pascha Hebdomadæ.
XII Dies concurrentes.
XIII Interualli a Pascha ad Natiuitate*m* hebdomadæ.
XIIII Dies concurrentes. *[E ij^{r}]*
XV Litera Dominicalis.
XVI Litera bisexti.

Dises alles haben wir auff das schårpffest müssen außrechnen / wie wir dann auch solches mitt vnserm Protocoll vnd buch beweisen vnnd wahr machen koͦnnen. Darinne*n* alles verzeichnet ist was zu solcher Calculation gehoͦrt / vnd von vns in disem Astronomischen Vhrwerck Calculirt vnd abgerissen ist.

Das dritte theyl diser scheiben hatt in sich eyn gemeyne landtaffel / vnd beschreibung des Theuschlandes / in sonderheyt aber des Rheinstroms / vnd auch eyn abconterfetung der Stat Straßburg mitt eyne*n* kleinen tåfelein / in welchem vnsere namen zu eyner gedechtnuß verzeychnet seindt / aber dise kleine scheib bleybt stettigs still ston / vn*d* hatt eyn zeiger welcher zeyge*t* vnd weyse*t* *[*-r vnd -w *A]* alles das jenig so oben erzelet ist / in der mittel scheyben die in 100 Jharen eynmal vmbgehet wie dan vor gemelt ist.

Damit aber måniglichen nicht alleyn vnseren fleiß muͦhe vnd arbeyt spüre vnd sehe in der Kugel / in den dreyen scheyben / vnd diser aller außrechnung vnnd scharpffen außtheylung sonderen auch in allen anderen stücken / so wil ich kuͦrtzlich erzelen / die finsternussen Sonn vnd monns so in kuͦnfftigen Jaren werden / die wir mit allem fleiß außgerechnet vnd Calculiert / auch in den zweye*n* *[E ij^v]* neben taffelen auffgerissen / mit jhrer groͦsse auch anfang mittel vnd ende / welche zwo tafflen auch durch Tobiam Stimmer schoͦn mit allerhand gemeldts geziret seyndt.

Anno 1573. ein finsternuß deß Mons de*n* 8 tag Decemb: zu 8 vhren 22 minuten noch mittag / jr anfang zu 6 vhren vnnd 32 minuten jhr ende zu 10 vhren vnnd 12 minuten 17 puncten vnd 28 minu. groß.

Anno 1574. Eyn finsternuß der Sonnen 5 vhren vnd 41 minuten groß den 13 Nouembris zu 4 vhren vn*d* 36 minute*n* noch mittag / jhr anfang zu 3 vhren vnd 35 minuten ir ende zu 5 vhren vnd 37 minuten.

Anno 1575 ist kein finsternus.

Anno 1576 ein finsternuß des Mons ix punc. Vnd xlviij minuten groß / den vij tag octobris zu xj vhren vnnd xviij minuten noch mittag / jr anfång zu ix vhren xlij minuten noch mittag / jr ende zu xij vhren vnd liiij minuten.

Anno 1577 ein finsternuß deß Mons xvij puncten vnd xlvij minuten groß den ij tag April: zu viij vhren vnnd l. minuten nach mittag jr anfang zu vj vhren vnd lviiij minuten noch mittag jr ende zu x. vhren vnd xli minuten.

Anno 1577 ein finsternuß des Mons xvij punc. vnnd xviij minuten groß den xxvij tag Septem. *[E iij^r]* morgens zu j vhren ir anfang zu xj vhren vnnd vij minuten vor mittnacht / ir ende zu ij vhren vnd liij. minuten noch mittnacht.

Anno 1578 wuͦrdt eyn finsternuß des Mons i. punct vnd xxvj minuten groß de*n* xvij Septemb. morgens frü vmb j. Vhr vnnd 34 minuten / jhr anfang wurdt zu xij vhren vnd liiij. minuten daß ist noch mitternacht / ir ende zu ij. Vhren vnd xiiij minuten:

Anno 1579 wurdt eyn finsternuß der Sonnen / welche wirdt sein auff den xxv Hornungs auff den abent vngefahr vj puncten vn*d* xxx minuten groß / welche doch in Teutschland nicht gesehe*n* wurdt / sondern viel mehr von denen so gegen nidergang der Sonnen wohnen / als Britania vn*d* andere lender / so gegen nidergang der Sonnen seyndt.

Anno 1580 wurdt ein finsternuß des Mons xij puncten vnd xxv minuten groß / auff den lesten Jenner zu x vhren vn*d* xlviiij minuten noch mittag jr anfang würdt zu ix vhren vnd vj minuten jr ende zu xij vhren vnd xxxij minuten.

Anno 1581 wůrdt ein finsternuß des Mons / xiiij puncten vnnd xxviij minuten groß / den xix Jenners zu x vhren vnnd lvij minuten noch mittag jhr anfang zu ix vhren viij minuten jhr ende zu xij vhren vnd xlvj minuten.

Anno 1581 wůrdt ein finsternuß des Mons *[E iij^{v}]* xiij puncten vnd xvj minuten groß / den xvj Heuwmonats zu v vhrn vnnd xiiij minuten / jhr anfang wirdt sein zu iij vhren vnd xxx minuten / jhr ende zu vj vhren vnd lviij minuten.

Anno 1582 wůrd ein finsternuß der Sonnen / iij puncten vnd vij minuten groß / de*n* xx Brachmonats morgens frü zu 4 vhren vnd xxxvij minute*n* / ihr anfang zu iij vhren vnd lvj minuten / jhr ende zu v vhren vnd xviij minuten.

Anno 1582 wůrd auch ein finsternuß des Mons de*n* 8 Januarij vmb mitternacht viij punc. groß / aber doch gering vnd kleyn.

Anno 158*3* *[1589 A]* würd keine finsternuß bey vns.

Anno 1584 werden zwo finsternuß / eine der Sonnen iij puncten vn*d* xvj minuten groß / den xxx Aprilis morgens frů zu v vhren vnd xj minuten / jhr anfang würdt zu iiij vhren vnd xxxi minuten / jhr ende zu v vhren vnd lj minuten.

Die ander finsternuß des Mons wůrdt xvij puncten vn*d* xxv minuten groß / den viij Nouemb. morgens frů vmb j. vhr noch mitnacht vn*d* xxxviij minuten / jhr anfang zu xi vhr vor mitnacht vnd xlviij minuten / jhr ende zu iij vhr vnd xxviij minuten.

Anno 1585 würdt ein grosse finsternuß der Sonnen / den xviiij Aprilis auff den abent wann die Sonn vndergeht / aber in vnsern landen / weren wir solche finsternuns nicht sehen koͤnnen. *[E iiij^{r}]*

Anno 1585 den iij May wird auch ein finsternuß deß Mons auff de*n* abent wan*n* die Sonn vndergeht / aber in Vngeren vnnd solchen lendern wirdt sye gesehen / nicht bey vns.

Anno 1586 wirdt keine finsternuß werden.

Anno 1587 wirdt ein finsternuß des Mons ix puncten groß den vij Septembris zu ix vhren xxiiij minuten noch mittag / jhr anfang wůrdt zu vij vhren vvnd lj minuten jhr ende zu x vhren lvij minuten.

Anno 1588 werde*n* zwo finsternuß des Mons / die ein xv puncten vnnd vij minuten groß / den iij tag Mertzens morgens frü zu iij vhren vnnd xl minuten / jhr anfang zu j vhren nach mitternacht vnnd lij minuten / jhr ende zu v vhren vnnd xxviij minuten.

Die ander finsternuß des Mons würt 17 pu*n*c. vnnd xxxvj minuten groß den xxvj Augusti morgens frů zu v vhren vnd viij minuten / jhr anfang wird zu iij vhren vnd xvij minuten / jhr ende zu vj vhren lviiij minuten.

Anno 1589 wirdt ein finsternus des Mons iij puncten vnnd v minuten groß den xv Augusti zu vij vhren vnd xxxvij minuten noch mittag / jhr anfang wirdt zu vj vhren xxxviij minuten / jhr ende zu viij vhren vnd xxxvj minuten.

Anno 1590 werde*n* zwo finsternussen / eine der Sonnen viij puncten vnd xxxx minuten groß den *[E iiijv]* xxj Julij morgens frü zu vij vhren vnd xxij minuten / jhr anfang wirdt zu vj vhren xix minuten / jhr ende zu viij vhren vnd 25 minuten. Es wird auch ein finsternuß des Mons werden iij puncten gar noch groß / de*n* vij Julij morgens frü aber gar klein.

Die ander finsternuß des Mons / wirdt x puncten vnnd v minuten groß den xxx tag Christmonats zu vij vhren xlv minute*n* / nach mittag / jhr anfang würdt zu vj vhren viij minuten / jhr ende zu viiij vnd xxij minuten.

Anno 1591 würd ein finsternuß der Sonnen / j. puncten vnnd xxvij minuten groß / den x. Julij zů iij vhren vnd xx minuten / nach mittag / jhr anfang wůrd zu ij vhren / jhr ende zu iij vhren vnd xlviiij minuten.

Anno 1591 würd die ander finsternuß des Mons auff xvij puncten vnnd xxx minuten groß / den xxvj Junij auff den abendt / aber würdt in disen landen nicht gesehen werden / sondern bey denen welche gegen auffgang wohnen.

Anno 1591 würdt die dritte finsternuß deß Mons xxij puncten vnd xxviiij minuten groß / de*n* xx Christmonats morgens frü zu v vhren vn*d* viij minuten / jhr anfang wirdt morgens zu iij vhren vnd xviij minuten / jhr ende zu vj vhren vnnd lviij minuten.

Anno 1592 werde*n* zwo finsternuß des Mons die ein viij puncten vnd vij minuten groß / den xiiij *[F jr]* Juniij zu x vhren vnnd vij minuten / nach mittag jhr anfang wirdt zu viij vhren vnd xxxvij minuten / jhr ende zu xj vhren vnnd xxxvij minuten / die ander würd iiij puncten vnnd j. minut groß / den viij tag Christmonats zu viij vhren vnd vij minuten / nach mittag jhr anfang wird zu vij vhren vn*d* j. minuten / nach mittag ihr ende zu viiij vhren vn*d* xiij minuten.

Anno 1593 würdt ein finsternuß der Sonnen iij puncten vnnd xiiij minuten groß / den xx tag May zu ij vhren xx minuten / nach mittag jhr anfang würdt zu j. vhr vnnd xxxxj minuten / jhr ende zü ij vhren vnd lviiij minuten.

Anno 1594 würdt ein finsternuß deß Mons / viiij puncten vnd x minüten groß den xxx Octob. morgens frů zu vij vhr vnd xij minuten vor mittag jhr anfang zu v vhren vnnd xxxviij minuten / jhr ende zu viij vhren xxxxvj minuten.

Anno 1594 wůrdt die ander finsternuß / der Sonnen auff viij puncten vnd xxx minuten groß / den x May morgens frů / welche wir nicht recht wol sehen werden sondern die so gegen auffgang in ǒstereich vnd vngern wohnen.

Anno 1595 werden drey finsternüssen eine des Mons xviij puncten vnd lvij minuten groß / den xiiij Aprillis morgens frů zu iiij vhren vnd xxxvij minuten jhr anfang zu ij vhren vnnd xlv minuten / jhr ende zu vi vhren vnd xxviiij minuten. *[F jv]*

Die ander finsternuß der Sonnen iij puncten groß / wůrdt auff den xxiij Septembris lvij minuten / noch mittag / jhr anfang würdt xviij minuten noch mittag / jhr ende zu j. vhren vnd xxxvj minuten.

Die dritte finsternuß des Mons wůrdt / xviij puncten groß / den viij October morgens frů / welche alleyn jn den Occidentalischen lånderen gesehen würd.

Anno 1596 wůrdt ein finsternuß des Mons / iiij puncten vn*d* vij minute*n* groß / ij tag Aprilis zu viiij vhren vnd xxxiij minuten noch mittag / jhr anfang zu viij vhren xxvij minuten / jhr ende zu x vhren vnd xxxviiij minuten.

Anno 1596 wůrdt die ander finsternuß der Sonnen viiij puncten groß / den xxij Septemb. morgens frů / welche wir nicht sehen können sonder die Occidentalische lånder.

Anno 1597 würdt kein finsternuß.

Anno 1598 werden drey finsternus / die erste des Mons xi puncten vnd liij minuten groß / den xj Hornungs morgens frů zu vj vhren vnnd xxxxj minuten jhr anfang wůrdt sein zu v vhren / jhr ende zu viij vhren xxj minuten.

Die ander finsternuß gleich hernach an der Sonnen viij puncten vnnd xx minuten groß / den xxv Hornungs morgens zů x vhren vnd lv minuten vor mittag / jhr anfang wůrdt zu viiij vhren *[F ij*^{r}*]* lvij minuten / vor mittag jhr ende zu xj vhren vnd liij minuten / gleich auff den mittag.

Die dritte finsternuß des Mons wůrdt xiij puncten vnnd vij minuten groß / den vj tag Augusti zu vij vhren vnd xlij minuten / nach mittag jhr anfang wůrdt zu v vhren vnnd lviij minuten / jhr ende zu viiij vhren vnd xxvj minuten.

Anno 1599 wirdt ein finsternuß des Mons / xv puncten vnd xv minuten groß / den xiij tag Jenners morgens frů zu vj vhren vnnd l minuten / vor mittag jhr anfang zu v vhren jhr ende zu viij vhren vnd xl minuten.

Anno 1599 wůrdt ein gar kleine finsternuß / der Sonnen auff xl minuten groß / den xij Juij morgens frů / aber wir werden solche nicht sehen oder gar wenig.

Anno 1600 werden drey finsternuß / eyne des Mons gar klein auff xlv minuten groß / den xx January morgens frů.

Anno 1600 wůrdt die ander finsternuß der Sonnen / vij puncten vnnd xxxiij minuten groß / den xxx Juny zu j. vhren vnnd xvij minuten nach mittag jhr anfang würd ix minuten / nach mittag jhr ende zu ij vhren vnd xv minuten.

Anno 1600 wůrdt die dritte finsternuß der Sonnen gar klein auff xlv minuten groß / den xxv Decembris zu ij vhren vnnd xxx minuten nach *[F ij*^{v}*]* mittag / wůrdt nicht woll bey vns gesehen.

Anno 1601 werden drey finsternußen die eyn deß Mons / gar klein auff ij puncten vnd xv minuten groß / den ij Juny auff den abent wůrdt nicht woll gesehen werden.

Anno 1601 würdt die ander finsternuß deß Mons xj puncten vnd ij minuten groß / de*n* xxviiij Nouembris zu vij vhren xxij minuten nach mittag / jhr anfang wůrdt zu v vhren xxxxiiij minuten / nach mittag jhr ende zu ix vhren.

Anno 1601 wůrdt die dritte finsternuß an der Sonnen / vij puncten vnnd xxxvj minuten groß / den xiiij Decembris zu ij vhren vnd xxxviij minuten noch mittag jhr anfang zu j. vhren vnd xxxij minuten jhr ende zu iij vhren xliiij minuten.

Anno 1602 werde*n* zwo finsternuß des Mons eyne ix puncten vnd xlviij minuten groß / den xxv May zu vij vhren xx minuten noch mittag ihr anfang würdt zu v vhren xxvi minuten / ihr ende zu viiij vhren xiiij minuten.

Anno 1602 werde*n* zwo finsternuß des Mons eyne ix puncten vnnd xlviij minuten / noch mittag ihr anfang würdt zu v vhren xxvj minuten ihr ende zu viiij vhren xiiij minuten.

Anno 1602 würd die ander finsternuß deß Mons xvij puncten vnnd xxx minuten groß / den xix Nouembris morgens frü aber bey vns nicht woll gesehen werden. *[F iij^{r}]*

Anno 1603 werde*n* zwo finsternuß des Mons die ein vij puncten vnnd v minuten groß / den xiiij May zu mitternacht vmb xij vhren vnnd xxxiiij minuten / jhr anfang würdt sein zu xi vhren vor mitternacht / vnd ix minuten jhr ende zu j vhr vn*d* lix minuten / nach mitternacht.

Anno 1603 würdt die ander finsternuß des Mons j. puncten vnd xlvj minuten groß / den viij tag Nouembris zu vij vhren vnnd xxj minuten nach mittag jhr anfang wůrdt sein zu vj vhren vnd xxxvij minuten ihr ende zu viij vhren vnd vij minuten.

Anno 1604 würdt kein finsternuß.

Anno 1605 werden drey finsternuß sein die / ein des Mons xj puncten vnd lvj minuten groß / den xxiiij tag May zu viiij vhrn xxvj minuten / noch mittag jhr anfang wůrdt sein zu vij vhren vnd xlv minuten jhr ende zu xj vhren vnd vij minuten.

Anno 1605 wůrdt ein finsternuß des Mons viij puncten groß / den xvij tag Septembris zu iiij vhren frů am morgen / vnd xlviiij minuten jhr anfang wůrdt zu iij vhren frů vnd xix minute*n* / jhr ende zu vj vhren vnd xix minuten.

Anno 1605 würdt die dritte finsternuß an der Sonnen schro̊cklich vnd groß / xi puncten / vnnd xlij minuten den ij tag Octobris zu ij vhren nach mittag jhr anfang wůrdt lviiij minuten noch mit*[F iij^{v}]*tag jhr ende zu iij vhren noch mittag.

Anno 1606 würdt kein finsternuß.

Dise finsternuß alle so von vns in vnseren låndern gesehen werden auff bestimpte ietz angezeigte zeyt / Jar / tag / stund / vnd minuten / mit jhrer gro̊sse / werden ihn disen zweyen taffeln gesehen / welche auff d*as* fleyssigest von vns außgerechnet / vnnd jhn jhrer gro̊sse beschriben seyndt / wir waren auch vorhabens solche auff mehr Jhar / der mitlen scheuben 100 Jharen gleych zu volstrecke*n* / aber vns solche beschwernuß in disen wie ihn anderen stůcken fürgefallen seyndt / die ohn nott zu melden / das wir solches haben ersitzen lassen / vnnd bey den xxxii Jharen verbliben / iedoch also versehen das noch ende der xxxii Jaren andere taffeln eingesetzt werden.

Es seindt auch solche scheuben vnnd taffeln mit scho̊nem gemåldt von Tobia Stimmer gezieret als die vier monarchey nach de*n* weissagung des Propheten Danielis vn*d* anderer / so auch andere mehr vnd mancherley gemåldts die lůstig zu sehen seyndt.

Oberhalb disem allem so ietz erzelt / so ist ein Runde außladung auff welchen die siben Planeten von scho̊nen bilderen künstlich geschnitzlet seindt / ieder Planet besonder / welche auff jhre tag wuchliche*n* herauß gehn / vnd sich sehen lassen / welche wir derhalben dahin gesetzt haben zu ey*[F iiij^{r}]*ner anzeigung der tag in der wuchen vnnd auch der wuche*n* selbs / dan vonno̊ten war / nach de*m* tag welcher in dem Calender verzeichnet die wuche*n* anzuzeigen / derhalben die Planeten die wuchen verkůndigen vnd der wuchen tag.

Also ist kůrtzlich der vnder boden beschriben / mit der Kugel / den dreyen scheuben / vnd zweyen tafflen der finsternußen / auch Planeten scheüben / die anzeigen alle vnnd jede wuchen / vnnd tag der wuchen / volget nun der mittel Boden.

Von dem Astrolabio vnd monschein auch den stunden.

Das sechst Capitel.

AVff dem mittel Boden haben wir auff das flache feldt des auffgerichten steins abgerissen ein Astrolabium / welches alle die stück in sich hatt / die ein Astrolabium habe*n* soll / mit sampt den zeigere*n* der siben Planeten / welche also in einander gerichtet seindt / das ein jeder Planet seinen lauff verrichten kan / vnd månniglichen zu jederzeit sehen / in welchem zeichen ein jeder Planet seye wie weit er furschreit / vnnd dieweyl auff dem vnderen Boden / ein globus Astronomicus ist / haben wir alhie zu einem knopff vnnd beuestigung der zeiger ein globum terrestrem darin *[F iiijv]* alle landtschafften begreiffen / abgerissen vnd daher gesetzet / Damit ein vollkommne oder beynahe ein vollkomene beschreibung seie / aller deren dingen / die zu einem Astronomischen werck gehőrig.
Auch werden hie angezeigt die gantzen vnnd halben stunden / vnd auch viertheyl stunden mitt jhren minuten / also das die gantzen vnnd halben stunde*n* in dem Astrolabio fleissig seindt abgerissen/ die viertel stunden vnnd jhre minuten / in einem kleinen tåfflin / darbey zwei kneblin sitzen / deren eins das stundtglaß vmbkőrt / d*as* ander wan die glock die stund verkůndet / mit einem scepter so es in der handt hatt / die streich der glocken nach zelet.
Neben disem allem seindt die vier zeit des Jars Früling / Sommer / Herbst / Winter / mitt den vier fürnemmen alteren abgemahlet in den neben ecken des Astrolabij.
Vnnd dieweil oberhalben ein Ronde außladung ist / darauff die vier alter mitt bilderen geschnitzet herumb gehn / so hatt vns fůr gut angesehen vnder diser außladung den Monschein anzuzeigen welches sehr nůtzlich vnd dienstlich ist / ja vonnőten in beschreibung der zeit / also d*as* nach beschreibung der 100 Jahren / eines Jahrs / der tag / stundt / vnd wuchen / notwendig eruolget ein beschreibung der Monatzeit / welche nicht kum*m[G jr]* licher hette kőnnen für augen gestellet werden / dan durch den Monschein.
Also ist dis die beschreibung des mittlers bodens da auch zwen Lőwen stőnd die der statt Straßburg wappen halten / an welcher statt wir etwas anders zu setzen / vorhabens gewesen / das auch mehr bedeutung gehabt hette / aber etlicher vngelegenheyt halben / die dazumal fürfůhlen verbliben / vnnd dise zwen Lőwen an statt gesetzet seind worden / auch ist auf disem mittler boden das Vhrwerck / welches alle die redder hat / die zu dem ganzen werck gehőrig / vnd die haubt Redder billich genennet werden mőgen.

Von dem obern boden da die vier alten die viertheil stunden schlagen.

Das sibendt Capitel.

AVff disem obern boden / ist ein Radd darauff die vier alter herum gehn / vnd die viertheil stunde*n* schlagen / an den Cymbalen / so dohin zu disem werck vnnd thun / derhalben gesetzet seindt / auch so ist noch ein kleine außladung über diser / auff welcher der Todt vnnd Saluator auff einem Radd gesetzet gehn / vnnd der Thodt die stunden schlecht / auch gleichfals mit Christo streittet / welches auch mit den alteren dem Thodt *[G j^{v}]* vnd Christo / ein sondere bedeutung vnnd außlegung hat / die måniglichen leichtlich verstŏn kan.

Nach disem oberen boden so geht der helm an / welcher auch ein boden inwendig hat / darauff die Cimbalen gesetzet / welche also gerichtet seindt / durch M. Dauid Wolckensteyn / daß sie etliche Psalmen / vnd geistliche geseng lieblich schlagen / auff welche hernaher der alte 200 Jårig Hann / zweimal krehet / der auff dem kasten darin daß gewicht gehet gesetzet ist.

Also haltet sich deß werck so in dem Tempel gesetzet ist / vnd zu eyner anzeygung der bewegnuß vnnd lauff des himels / der Sternen / Planeten / auch anweisung der zeit / Jahr / Mo*n*at / tag / stund vnd minuten / måniglichen zu nutz / vnd eyner lŏblichen stat Straßburg zu ehren / auch dem Tempel zu einer zier vnd wolstandt / von vns auff vnd angerichtet ist worden.

Von den ausseren Vhrwerck so vor dem Tempel gesehen werden.

Das acht Capitel.

Damit aber eyn jeder der solches Astronomeisch auherwerch ansihet / auch ausserhalb dem Tempel etwas habe zu besichtigen / vnnd auch der so daß jhnnerwerck richtet ein directorium des wercks / nach dem er sich zurichten *[G ij^{r}]* hatt / an der handt wisse zu haben / so sindt von mir vnd Dauid Wolckenstein oben an dem gåbel abgerissen etliche Sonnenauhren / auff ein sonder form / darinnen vil zusehen ist / neben den gemeine*n* stunden / als die Planeten stunden / vnnd anders mehr so auß der Astronomei genommen / vnd vil mŭhe vnd arbeit auch kunst hat / welche wenig geachtet / aber von dene*n* so / jn der Astronomey erfaren hoch gehalten würdt.

Hernaher ein steinen taffel darinen die zwŏlff zeichen seindt gehauwen mit Sonn vnd Mons zeygern / darauß man sehen kan nicht allein die stunden sondern auch Sonn vnnd Mons lauff / auch die tag lenge / mit sampt de*m* Monschein durch ein Ronde kugel / so oberhalb über der steinen Taffeln ist / zeiget wŭrdt.

Also hab ich kŭrtzlich alle vnnd jede stŭck dises Astronomische*n* auherwercks kŭrtzlich durchgangen / vnd angezeigt / was fürnemlich darinnen begriffen / vnd auch zu sehen seie / bit månigliche*n* solchen meinen einfåltigen bericht / zu gut auff vnd annemmen /

vnd auch zum guten außlegen / dan ich vmb besseren verstands willen / solches für mich genommen hab / zu erklåren / vnd auch menigliche*n* zu berichten / wie es ein gestalt habe vmb dises gantzes werck / auch deren so zuuor dagewesen / wer die seien die solches anfånglichen angeben / vnnd erfunden haben / was auch ein *[G ij^{v}]* jeder für arbeit daran gethan. Damit aber die Personen so solches verrichtet haben / mit vnd bei jhren namen erkand werden / will ich solche erzelen.

Die Herren pffleger meyne G. G. H. seindt:

Herr Diebolt Joham alter stattmeister.
Herr Michael Liechtensteyger alt Ammeister.
Herr Friderich von Gottesheim dreizehner.

Dise jetz genante Herren / habe*n* die verwaltung jhn jhren handen vonwegen der Obrigkeit gehabt / ich Conradus Dasipodius hab anfanglichs auff meiner G. G. H. beuelch dis Astronomisch werck angeben / vnd in eine visierung meine*n* G. G. H. fürgelecht / hernacher zu mir beruffen M. Dauid Wolckenstein / der mir in anordnung aller vnd ieder stuck / so die handwercksleut habe*n* sollen verrichte*n* / treuwlich vnd fleissig geholffen hatt / zum ende vnnd verfertigung außzuführen / Tobias Stimmer der mahler hat hohen fleiß angewendet / vn*d* in vnserer beider beratschlag vns vil geholffen / hatt zu eynem gehilffen gehabt / Josiam Stimmer seinen bruder / was für fleiß můhe vnd arbeit auch kunst habe Tobias Stimmer angewendet / lasset sich in allen stucken sehen / fürnemlichen aber in der Kuglen in den dreyen scheuben / vnd in den zweien tafflen der finsternußen / Jsaac Habrecht / vnd sein bruder Josias Habrecht gebrůder / habe*n* anfengliche*n* des gantz auherwercks *[G iij^{r}]* sich vnderzogen / vnnd in der verschreibung versprochen alles was für eysen oder Redder / vnnd jhr handwerck betreffen wůrdt zu verrichte*n* / aber hernacher durch etlicher vngelegenheit alleyn vo*n* Jsaac Habrecht außgefürt / vn*d* zum ende gebracht alles was ein auhre*n*macher an solche*n* auherwerck zuuerrichten hat / kůnstlich auch treuwlich seiner zusagung nach vnnd fleissig zum ende gebracht.

Sonst seindt auch zu solchen astronomischen auherwerck gebraucht worden / neben ietz gemelden Personen / die biltschnitzer / der werckmeister / der schaffner / vnnd andere / welche iedem wolbekandt seyndt / deren keiner gewesen / der nicht trewlich vnnd fleissig gearbeit hat / damit solches astronomisch auherwerck volbracht werde.

Dis seie nun kůrtzlich von disem Astronomische*n* auherwerck erklårung halben gehandelt / bit zuuorderst mein G. G. H. eyn Ersamen Rhatt alhie / mit meine*n* geringen diensten / so ich bewisen ein gnediglich vernigen zu haben / die anderen so dis Astronomisch auherwerck sehe*n* / vn*d* nicht schlechtlich sehen / sondern mit verstand vnd wissenheit der Astronomey / sole*n* betrachten / was můhe und arbeit / auch nachdenckens vnd erforschung solches erfordert habe.

Nun mehr da es erfunden auff vnnd angerichtet vnnd in sein Ordnung kommen ist / las ich zu / das leut sein werden / die solches vnderstehn *[G iij^{v}]* nach zuthun / vnd so nicht durchauß / doch stuckweiß für zubringen / aber ehe dan dergleichen / gesehen war / vnnd fur augen gestelt / ist mir wol bewust / das wenig red davon gewesen ist /

wie solches vnd dergleichen Astronomisch werck anzurichten were. Hiemit wil ich beschliesen vnd måniglich bitten / solches mein schreiben / das ich allein zu einem bericht gethan / vnd niemands zu lieb oder / leid zu gutem verstandt außlegen.

ENDE.

Änderungen und Zusätze der Zweitausgabe

1–3 *Titel*] CVUNRADI DASYPODII Warhafftige Außlegung vnd Beschreybung des Astronomischen Vhrwercks zu Straßburg / welches er Anfånglichs Erfunden vnnd angeben hat.

3f. *nach* angeben.] Auch Ein Altes Lied vom dem Kampff vn*d* streyt / so entstanden / Zwischen dem RORAFFEN (welcher vnder der Orglen im Můnster zu Straßburg ist) vnd dem HANEN / so auff der Alten Vhren war / vor 200. Jharen Gedicht.

14 das] *fehlt*

16 seye] seyen

24 andere] anderer

44 geben] gebe

46 solche] dieselbigen

56 Lateinisch] Lateinische

58 zu jeden zeit] zu jeder zeit

71 nicht gering geschetzt seindt / sonder künstlich vn*d* sinnreich] nicht gering / sonder künstlich vnnd sinnreich / geschetzt seindt

75 künstlicher] künstliche

78 vnnd kurtz] *fehlt*

80 wunderbare] wunderbaren

80 sie] ettliche

81 Archimedes] Athenęus

82 Welschlandt] Welschlanden

108 leut] Handtwercks leüt

108–110 gewesen – erfaren] gewesen / nicht allein in dem das sey solche künstliche werck erfunde*n* / angeben vnd selbers gemacht vn*d* auffgericht / sondern auch den grundt vnd die demonstrationes aller vnd jeder werck / augenscheynlich auß den Disciplinis Mathematicis herfür gebracht / vnd dargethan haben / vnd derhalben Philosophi vnd Mathematici genennet / wa sie aber der selben gemanglet / weren sie schlechte handtwercks leüt gebliben.

Der halben sag ich das vnsere Vhrenmacher vn*d* Handtwercks leüt / nit so künstlich seye*n* / als die alte*n* Mechanici Mathematici / dieweil sie denselbigen noch nicht in artibus & disciplinis nachgethan haben / vn*d* wie sie selbst bekennen müssen / so manglet es jnen an disem / vnd kŏnnen nichts weyters / dan was jr Handtwerck vermag / habe*n* nicht sich geůbet / nach auch etwas erfaren

111 allen Archimedes] allen wie jetz gemeldet Archimedes

113 sie] sie vn*d* jhre meyster

114–118 dieweil måniglichen – vnd nach] dieweil måniglichen dessen ein wissens hat / dan die so zu vnserer zeitt Vhre*n*macher seindt / vnd genennet werden / seind der Lateinisch sprach (will der Griechischen geschweygen) gantz vnerfaren / verstehn sich auch nichts in den Philosophicis artibus, ettliche vnder jnen kön*n*en schwerlich schreiben vnd lesen / gib aber zu so sie in sprachen vn*d* freyen kunsten erfaren / das sie den Eltsten Vhrenmachern gleich zu achten wehren / aber auff dißmalen haben sie nichts anders / weder ettliche außlegung der Astronomischen schrifften / so vil jnen zu jhren handtwerck nottwendig vnnd jhre meyster von den Mathematicis erlernet vn*d* jhnen als lehrjungen hernaher fürgeben haben / ohn einige Demonstrationen auß dem Ptolemęo, Euclide, Theone, Theodosio, vnd anderen genommen.

Wie dan die alten vor vnserer zeyt Vhrenmacher solche stück erlernet haben von dem Georgio Peurbachio, Ioanne Monteregio, vn*d* anderen derselbigen zeyt Mathematicis, also auch jetzunder vor kűrtzen Jaren von dem Schonero, Apiano, Imsero, Homelio *[b ij*^{r}*]* vnd vilen anderen mehr / die kurtz vor diser zeyt gelebt / von welchen solche Vhrenmacher / vnnd wie sie sagen kunstler den rechten grund jhrer kunst geschepfft haben / denen sey auch billich danck*en* sollen / mehr dan*n* dem Archimedi von den seinen gedanck ist. Dann sie jn für nichts hielten / vnnd nach

132 *nach* erfarnuß.] da doch zwischen der erfarnuß vnd den disciplinis ein grosser vnderscheidt ist / vnd die disciplinae experientiam weyt vbertreffen.

133-135 von den sach*en* – richten lassen.] von allen den*en* sachen so offentlichen vnder de*n* leüten fürgehn / vn*d* beschehen / nicht allein in dem / das die artes liberales, von vnerfaren / vngelehrten leüten geringer geachtet / auch die jenigen so jhre arbeyt an tag kommen vnd mæniglichen sehen lassen / műssen zugeben d*as* sey vn*d* jhre arbeit von jederman gerichtet werden / dan wer an die gassen vnnd offne strassen bauwet / der mů̊ß sein arbeit von vilen richten lassen.

141–146 Aber solches – für die augen gestellet hab.] Ettliche haben mangel an den gemåldten / ettliche an hültzen vnnd eysen auch steynwerck / andere seindt die verlachen das Hanen geschrey als d*as* sol*[b iij*^{r}*]*ches in keyn tempel gehőrig / Es seindt auch eins theils welche vermeinen / das an der erfündung / an ordnung vnd außtheilung des gantzen wercks / vil solte von anfang anders gemacht sein / vnnd daran gebessert werden.

Was nun die anderen Handtwercksleüt so daran gearbeitet belanget / auch jhre arbeyt selbs berůhret / die laß ich das jr verantwort*en* / als vil aber mein Person antrifft / laß ich mich solche reden gar nichts anfechten oder bekümmeren / d*as* ettliche vnverstendige vil daran tadlen.

Dan ein theil mehr auß vnverstand dan vngunst solches fürgeb*en* / die bey vnser*en* anfånglichs beschehen*en* rahtschlag nicht gewesen / vn*d* den selben nicht verstehn / ettliche auß bősem bericht / den sie von etlichen leüten empfahen / aber das andertheil thůt solches auß mißgunst. Dieselbigen laß ich in jhrem neydt / haß / vnd mißgunst bleiben / vnnd gibs jhren grob*en* vnuerstand zu / vernügt mich

das ein Ersamer Raht der Statt Straßburg / meine genådige gebietende Herren / ein gůt vernůgen vnd gefallen haben an meyner arbeyt / denen ich von wegen vndertheniglichen pflichten zugefallen gewesen bin / vn*d* solches werck wie der auge*n*schein mit bringt anfånglichen ehe dann ein steyn od*er* ein ryß gemacht worden ist / auff obgemelter meiner G. G. H. befelch angeben / vn*d* auffgerissen fůr die augen gestellet hab.
Wie ich dan solches mit meinen G. G. H. Pflegern / auch der Ehrenuesten Hochgelehrte*n* Herren Doctorum D. Laurentij Tuppij. D. Michaelis Beutheri vnd Herren Hilarij Meyers des Notarij / auch anderer Ehren leut warhafftige zeügnuß beweysen kan / auch nicht allein mitt solcher Ehren vesten Hochgelehrten zügnussen / sondern auch mitt der verschreibung vn*d* dem abryß selbst so noch verhanden zu dem mit meinem ersten concept / welches ich dazumal gestellet vnd zu einer zeugnuß wie andere zu disem werck gehőrige schrifften hinder mir behalt / die jenigen so die leut anders berichten zu vber zeugen.
Aber denen muß ich begegnen die da vermeynen es hette an erfündung anordnung vnnd außtheylung diß gantzen wercks vil kőnde*n* verbessert seyn. Solche leüt betrachten in jnen selbst ob es jne*n* mů̈glich seye in den aller ersten erfündung vnnd angebung eines Astronomischen Vhrwercks / alles dermassen erfünden anorden vnd außteylen / das kein fehl oder mangel daran zu finden were.
Sag derhalben wie das Griechisch sprichwort lautet / den jenigen so ettwz künstlichs anfånglichs erfünden angeben vnd anordnen / ob sie schon nicht alles so eben wol verrichten / wie solches hernacher im werck sich erst befündet / ist zu gůt zuhalten vnd für die erste erfündung vnnd anleytung mehr zu dancken dan das man vil daran sey tadle*n* wolte. *[b iij*^{r}*]*
Auch seyndt vil vnd mancherley hindernuß für gefallen / in der zeyt da solches Astronomisch Vhrwerck auff vnnd angerichtet worden / welche zum theil vilen bewust / zum theyl ich bey mir behaltet / vnd vnnőtig alhie zu erzalen.
Aber es ist in disem wie in anderer mehr sachen / vnd wie gemeynlich gesagt würdt Inuentis facile est & plura & meliora addere. welches zwar nun vil vnder den meyster klůglin jnen zu nutz machen / ich weiß mich wol zu erjnneren das anfånglichs gar wenig gewesen / die da verstanden hetten / was für ein gestalt oder form dises Vhrenwerck bekommen würde / auch die selbst daran gearbeytet haben / will geschweygen / das die so nicht bey solcher arbeyt gewesen / sich grosser künst / jetzund*er* da solches werck vor augen steht rühmen solten oder wolten / Sonderlichen der stück / welche die hőchsten künstlichsten vnd vornembsten seind / vnd daher nicht ein schlecht sonder Astronomisch Vhrwerck genennet wurd.
Damit aber meniglichen berichtet wůrde / was die fůrnembsten Hauptstuck in disem Astronomischen Vhrwerck seyen / so will ich die selbig mit kurtzen worten erzelen.

Erstlich so ist der Globus Astronomicus oder die kugel mit seyner außteylung vnd anordnung auch seyner bewegnuß vnnd lauff / mit den declinationibus, longitudinibus, latitudinibus stellarum mit den Zonis, climatibus, parallelis &c. *[b iiij^v]*
Zum anderen die außrechnung der finsternussen Son vnnd Mons auff 32 ku̇nftigen Jhar in den zweyen tafflen beschriben / vnnd auff das fleissigst außgerechnet auff Jar monat / tag / stund vnd minuten nach dem Calculo Alphonsino, auff welche solche finsternuß in künfftigen jare*n* beschehe*n* werde*n*.
Zum dritten die außrechnung der mittel vn*d* grossen scheiben / mit aller jhrer zugehȯr welche auff 100 Jar außgerechnet ist / vn*d* darbey ein landtaffel des Teutschland / aber in sonders des Rheinstroms mit einer abconterfehtung der Statt Straßburg.
Zum vierdten die außteylung der Melodeyen / der Psalmen / so auff den Cymbale*n* gehȯrt werden / welche mein Collega M. Dauid auß den Musicis & Harmonicis institutionibus künstlich herfu̇rbracht vn*d* angerichtet hat / welches keinem Vhrenmacher mu̇glich ist anzurichten / er seye dan gelehrt vnd in Musicis wol erfaren.
Zum lesten alles was zu einer zierdt diß wercks auß der Bibel / auß den scriptis Philosophorum, Poetarum, & historiarum genommen ist / neben deß Astrolabij kunstliche außteylung / vnd der Sonnenvhr / so außwendig an dem gåbel oben auff gesehen werden.
Solcher stuck so jetz erzelt kan sich kein handtwercksman der daran gearbeyt rhu̇men / das er solche anfenglichen erfunden vnnd angeben habe / sondern allein dessen solle sich ein jeder rhu̇men / d*as [c j^r]* er in seinem Handtwerck so er gelernet / seynem ver mȯgen nach ernstlichen fleiß gethan / vnd dahin gesehen auch getrachtet habe / dahin ich vnd mein Collega auch gesehen haben / Namlich das dises Astronomisch Vhrwerck auffgerichtet würde / dem Tempel zu einer zierdt / Einer Lȯblichen Statt Straßburg zu rhum / auch måniglichen so solches sihet zu verwunderung / vnnd vnserer Posteritet oder nachko*mm*enen zu ehren / zu letzst vnserer selbst lang werender gedechtnuß.
Also sag ich / hat sich ein jeder vnder vns allen so daran gearbeyt zu ruhmen / aber vnderschidlich ein jeder nach seynem standt / nach seyner kunst / nach seiner Handtarbeyt / vnd nicht weyters.
Dan wie ohn mich vnd M. Dauid den Handtwercks leütten vnmüglich gewesen / dises Astronomisch Vhrwerck mit allen den Haubtstücken sojetz erzelt zu machen vn*d* auß zufüren / also hergegen so ist auch vns beyden nicht müglichen gewesen / vnsere außrechnung / außtheilung vnd anordnung in das werck zu volziehen / on hilff / beystandt vnd Handtarbeyt der Handtwercks leüten. Solle derhalben ein jeder vnder vns / seines rhums vnnd seiner ehren die jhme gebürt sich benu̇gen lassen.

Diß hah ich ettwas weytleiffiger außfůren müssen / dieweil vil vnd mancherley reden gangen von disem Astronomischen Vhrwerck / vn*d* deren so jhr trewliche vnd fleissige arbeyt daran gethan / wie*[c jv]* wol ich billich imperitis secundum ipsorum imperitiam geantwurt solte haben / aber ich gib solches jhrem groben vnverstandt zu / vnnd was mir von solchen vnfrüntlicher vndanckbarlicher weyß begegnet / mehr zu gůten dan zum argen außlegen / vnd nicht desto weniger mich bey måniglich verantworten / in wahrhafftiger beschreibung aller deren sachen so zu disem Astronomisch Vhrwerck gehőrig / vnnd vergangner zeyt verloffen haben / jedoch darbey wie oben gemeldt bedencken / das einem jeden frey von der sachen so offentlich vor augen stehn vhrtheylen noch seinem verstandt / doch so sehr kein neyd / haß / spott vnd mißgunst darunder lauffe.

147 disem Astronomischen] disem gantzen Astronomischen

148 darinnne] darin*n*en

150 außlegen] von stuck zu stuck / außlegen

156 getrewer] getrewe

158 sein] sein soll

166 den 20 tag feb. 1578.] den 11 tag Maij. 1580.

167 E. Dienstwilliger] E. Herligkeyt vnd G. | Dienstwilliger

169 *nach* Mathematicus.] *[c ijv]* APOLLO TELO ARMATVS

AD SPECTATORES MACHINAE ASTRONOMICAE IN TEMplo Reipub. Argentoratensis.

PRodere si verum sum creditus augur Apollo,
Oraculisque & sortibus:
Reddere nunc sortes oracula Dodonæis,
Heic veriora credite.
Qui regit hanc molem, non laus tribuenda Magistro est:
Tanquam repertori vafro.
Posteritas norit, dicatque voluminis huius
Inuentor est DASYPODIUVS.
Quanto Maiores hic exant lasse labores.
Compertus est pro patria:
Argentina ipsi socioque rependere tantò
Maiora debet praemia.

VRANIA MVSA
Ad Senatum populumque Argentinensem.
QVod viuunt heic cuncta, quod heic & cuncta mouentur.
Non opus hoc teretum praestitit artificum.
Inuentor CVNRADVS, & hos animauit, & illa:
Vsus ad hos socia Dauidis arte sui.

In quos grata caue minus Argentina feraris.
Nam meruit dignus præmia digna labor.
En rigidis telis alioqui armatus & arcu.
Sæuior ingratis iactat Apollo minas.
Iactat & ipsa minas Diana: quid obsecro præstat.
Iratos merito pertinuisse deos?
Paulus Melissus Francus Poeta Laureatus.

175 Sons] Son

175 zeyt] zeyten

182 andere] andere*n*

183 erfünden] erfunden

184 dan*n* der] dann die

192 Niderlenderen] Niderlanden

198 das ganze Vhrwerck von holtz] das gantze werck oder geheuß nicht von steyne*n* wie dises sonder von holtz

201 *nach* beschriben] darinnen die Festa mobilia mitt anderer zů geho̊r verzeychnet waren / d*as* ich mit meynem Protocoll bezeüge*n* kan

203 rheimen weiß] rheimens weiß

203 verhanden] verhanden seyn soll

207 vntauglich befunden] vntauglich zubrauchen befunden

212 gerichtet warde*n* / vnd nach dem selbigen krågte der Han] gerichtet / auch am ende der selbigen / vnd zu anderen zeyten der Han*n* zu krågen pflegte

215 den Chor] dem Chor

219 soll] solte

222 jhn zusehen / vn*d* sein thůn das dazumalen auff gewisse tag breuchlich war] jhn vnnd sein thůn das dazumalen auff gewisse tag breuchlich war zu sehen

223 *nach* ho̊ren.] *[A ij*^{v}*]* Auch wurdt der streyt vnd kampff / so zwischen dem Hanen vn*d* Roraffen entstanden / dem Schar wechter am Scharwechter hauß / heym gewisen / der solchen kampff vnd streyt hinlegen vnd richten solte.

Dieweyl aber ettliche daran zweyflen / vnd sagen daß disem nicht also seye / solchen reden zubegegnen / hab ich zu einer beweysung / vnd überzeugung / solches altes lied / von dem Hanen vn*d* Rhoraffen gedichtet / am ende diser beschreybung anhengen vn*d* von wort zu wort wie das alte Exemplar lautet erzeelen wo̊llen.

Jch will auch setzen / das keyn lied / nie nicht daruon gedichtet were worde*n* / so kan ich doch solches *[A iij*^{r}*]* bezeügen / durch die jenigen / als man in den Hanen auffgethan / erstlich darbey gewesen / dan*n* zu dem selbigen mal hatt sichs befunden / das künstlich werck / vnd der künstliche tryb / dardurch das auff thůn der flügel / vnnd seyn des Hanen geschrey beschicht / welches alles hernaher außgesübert vnnd ergåntzet worden.

Zu letst so kan ich solche leüt weyters auch vberzeügen mitt dem abriß von dem selbigen tryb so jnwendig in dem Hanen befunden / welcher noch vorhanden. Also das solche leüt in diser jhrer rede nicht bestehn / wie in anderen auch / wan sie mehr wissen wo̊llen / dan jhr verstand / auch vermo̊gen ist.

225 *nach* hinzugethan.] welcher bey den alten wie auch noch / die zeyt vnnd derselbigen verkündung anzeygt hatt / auch ein jeden erinnert des heyligen Apostels Petri der auß menschlicher schwacheyt / Christum verleügnet / vn*d* durch d*as* Hanen geschrey erjnnert wardt.

229 gewesen drey fürnem*m*e gelehrte vn*d* verstendige Mathematici] gewesen fürnemme gelehrte vnd verstendige Mathematici (on welche kein vhrenmacher oder schmitt solches vn*d* dergleychen Astronomisch vhren werck nimmermehr erfinden angeben anordnen vn*d* auffrichten würdt) nemlich

239 ettliche redder] ettliche wenig meins behaltens redder

242 auffgeführt gewesen] auffgeführt

250 vorzeyten] vorlangen alten zeyten

264f. begerten dise zwen gebrůder durch dise studiosos an mich / ihnen behůlfflich zu sein] mitt disen zweyn gebrůderen / mitt welchen ich nie keyn kundtschafft gehabt / vnnd alleyn durch dise studiosos anfånglichs mir bekandt worden seindt / solche haben mir vrsach geben das ich mich diser zweyer gebrůder angenommen hab / als sey mich durch dise studiosos jhnen behůlflich zu sein / bitten liessen / d*as* jnen von meinem G. G. H.

265 bey meyne*n* G. G. H.] bey den herren Pflegeren auch hernacher meynen G. G. H.

273 werde] were

274 hette wůnschen mo̊ge*n*] hette dazumalen wie auch hernaher wůnschen mo̊gen nicht alleyn diser bürgschafft halb / sondern auch anderer beschwert / so mir auff vil weg begegnet seindt

280 Doctores] Doctores so oben vermeldet

280 *nach* geachtet] / nach aller vnd jeder stuck fleyssiger besichtigung / vnd an disem meynem fürgelegten abryß / nicht zu dem selbigen mal zuuerbesseren geantwurt / mitt vermeldung / so ettwas sein wurde / d*as* darzu gehorig were / wurdt die zeyt so man jhn das werck schreyten thet / anzeygen.

Hab auch hernaher zu einen überfluß auß bewilligung meyner G. G. H. der herrn Pflågeren den *[B j*^{v}*]* alten mathematicum herre*n* Oswaldum Schreckenfucks zu Freyburg darunder heymgesůcht / vn*d* befragt von allen vnd jeden stück meynes erst erfundenen vn*d* angegebnen abryß dises Astronomischen vhrwercks / der auch gleychßfahls mit den herren Doctoribus zugestimmet hatt / vnnd solches in dem wertht gehalten wie vor gemeldt ist worden. Solcher abryß ward

281 fürgelegt] *fehlt*

294 kunst] kunste

299f. versaumet worden / oder aber nit noch meiner G. G. H. befelch nach / were gemacht worden] versaumet oder aber nit noch meiner G. G. H. befelch gemacht were worden

303 hernaher] so hernaher mir begegnete*n*

313f. fürgeschritten war / vnnd vil stück verfertig gewesen seindt] fürgeschritten / vn*d* vil stück verfertigt waren

316 mein] meins

322 mir offtermal zuzusprechen] offtermal

330 gerhindert] gehindert

338 beystandt der handtwercks leuten] beystandt Gottes deß Allmechtigen vnd der handtwercks leuten

354 Astronomey welche ein Mathematische kunst ist] Astronomey ist ein Mathematische kunst

360 vilen] viler

361 gebraucht] gebrauch

362 durchs] durch

364 diser] dises

368f. himmels] himmel

373 stellen] zustellen

377 *nach* minuten.] wie hernaher weittleuffig vermeldet wurdt

392 herflüsset] her flüsset

395 erfunden] erfinden

396 zu ende zu bringen] zum ende zubringen

398 der himmels bewegnuß] des himmels bewegnuß

398 vnd] *fehlt*

400f. beschreibe*n*] beschreiben vnd durch zaalen vnderscheyden

402 all] ettlich

409 Astronomischen Globo] Astronomisten Globo

410 steht] steht / mit N. 1

419 *nach* erwinden.] / nach dem sey auch durch vns verfertigt / gerissen / vn*d* abgetheilt / auch gemalt wardt / haben wir solche dem Vhrenmacher gelüffert der den tryb da*[C ijr]*ran mit anderen zůgehőr gemacht hat.

425 tåglichen*n* laufft] tåglicher lauff

434 4 Jar] 14 Jar

435 meinen] meinem

443 den] dem

450 werden] *fehlt*

468 gieng] gieng damit jhme nicht geantwurt wurd / wie jhenem Schůster. Ne Sutor vltra Crepitam

475f. rechten / die andern zu der linken hand] rechten / mit N. 2. die andern zu der lincken mit N. 3

477 Mons.] Mons / Mitt N. 2. 3. 4. 5. 6. verzeychnet

478 scheyb] scheyb / namlich die dritte mitt N. 4

485 der anderen] dem anderen

486 *nach* herumb.] / vnd zeyget alle tag deß gantzen Jhars mit der selbigen nammen / wie sie in den Calenderen verzeychnet seindt / vnd alhie ettlicher tag abdruck ist / dise scheyb hatt jhren tryb von der lincken zu der rechten / die mittel aber hatt jhren trib von der rechten zu der lincken / welcher beschreybung jetz volgt.

489 *nach* seynd.] / hernaher damit denen so der Lateynischen sprach vnerfahren geholffen vnnd der mittlen scheyben inhalt desto leychtlicher verstehn / so hab ich eyn taffel darin*n*en alles teutsch begriffen hieunden gesetzt.

492 den 100 Jahren] der 100 Jahren

514 abgerissen ist.] *danach Tabelle [D j^{r}–D ij^{v}]*

516 Theuschlandes] Teutschlandes

519 zeyger vnd weyser] zeyget vnd weyset in der mitten gespaltenen ryß

520 wie dan vor gemelt ist] *fehlt*

563 wůrd auch] wůrd

565 1589] 1583

567 xxx Aprilis] xxix Aprilis

568 den viij] den vij

595 gar klein] klein

617f. xxx Octob.] 18 Octob.

644 finsternuß] *fehlt*

661 ij Juny] 5 Junij

668 ix puncten] 19 puncten

671 minuten] minute*n* grosz / den 25 Maij zu vij vhren 20 minuten

673 die ander finsternuß] ein finsternusz

684 May] Martij

702 nach de*n*] nach der

710 *nach* tag.] *[F iij^{r}]* Es ist auch hie zumercken / das wie die anderen tafflen vnd scheuben mit scho̊nen gemåldt geziert seindt / also hat auch Thobias Stimmer fleyssig vnd künstlich gemahlet / neben den Planeten / die Scho̊pffung der welt / die Erbsind / die erlo̊sung / die aufferstehung vn*d* das letste gericht / mit N. 5. 6. verzeychnet / welches alles zu einer beschreybung der zeyt geho̊rig / vnd derhalben von vns alher gesetzet.

Dann dises vnser dreyen namlich mein vnd meines Collegae M. Dauidis auch Thobię Stimmers des Mahlers vorhaben alzeyt gewesen / alles in disem Astronomischen Vhrwerckt anzuzeygen / vnd fůr die augen måniglichen zu stellen / was zu einen beschreybung der zeit dienen vn*d* reichen mo̊chte oder thete / vnd dasselbig auff allerhand weiß vnd maaß auch mittel vn*d* weg wie das sein ko̊ndte vnd mo̊chte / als namlich mit bilderen / mit gemelden mit taffeln / mit scheyb*en* / mit außrechnung der bewegnuß aller stern*en* auch Planet*en* / mit redderen / vnd was dergleychen nicht allein durch vns vnnd andere so hernaher darzu gebrauch worden / vnnd durch die Herren Pfleger jederzeyt bestettiget / vnd zu verfertigen beuolhen / sonder auch durch die Handwercks leüt gearbeit word*en* / in hoffnung es wůrde niemandts etwas an vnserer arbeyt fin*[F iij*^{v}*]*den zu taddlen / aber verstendigen leüten ist gůtt predigen / grobe klo̊tz seindt schwerlich zu spalten.

714 stunden] stunden / mit N. 7. 8. 9. 10.

717 Astrolabium / welches] Astrolabium / mit N. 9. welches

727 tåfflin] tåfflin / auff welchem ein todten kopff / ein schlang vn*d* apffel gesetzt seindt / mit N. 7.

729 zelet] zelet / welches alles seyn sondere bedeutung hat.

731 *nach* Astrolabij.] mit den vier fürnemmen alteren abgemahlet in den neben ecken des Astrolabij, damit an beschreibung der zeyt nichts manglete.

733f. Monschein] Monschein mit N. 10.

737 *nach* Monschein.] Es seindt auff beyden seyten gemåldts / das ein die Christlich kirch durch ein frawenbildt angezeygt / das ander der Trach oder die alte schlang der teuffel auch zu einer bedeutung der zeyt.

740 vngelegenheythalben *A*, vngelegenheyt halben *B*

741 Lo̊wen] Lo̊wen / N. 8.

744 alten die viertheil stunden schlagen] alter die viertheil stunden schlagen auch der Todt / Saluator vnnd das gesang ist / mit N. 11. 12. 13. 14.

746 gehn] gehn / mit N. 11

748 gesetzet] gehenckt

748 über diser] vber diser / mit N. 12. auff

751 *nach* hat] / wie alle vier alter mit de*m* Thodt zu streiten haben / aber durch Christum von dem Thodt erlo̊set werden

753 oberen boden] boden

753 inwendig hat] inwendig hat / mit N. 13. darauff

755 *nach* schlagen] / welches zwar von keynem Vhre*n*macher verfertiget kan werden / er seie dan ein fürtrefflicher Music deren wie ich besorg gar wenig zu finden

757 *nach* ist] / vnd sein wie obgemeldt bedeutung hat.

762 *nach* worden] *[G j*^{v}*]* Von dem Kasten darinnen das gewicht gehet / mit N. 15. 16. 17. 18. 19. 20 verzeychnet.

Das achte Capitel.

DJser kasten alhie mit disen Numeren verzeichnet / beschleüßt das gewicht / so zu dem gantzen Astronomische*n* vhrwerck geho̊rig / welcher damit er nicht låhr stünde on eynige anzeygung der zeit / sonder auch etwas nutzlich mit vnd in

sich hette / so haben wir vnderschidliche gemåldt / daran gemacht / welche ich jetz anzeygen vnd erklåren will. *[G ij*^{r}*]*
Wie oben der Han mit N. 14 verzeichnet steht / gleich vnd*er* jme ist ein frawe*n*bildt mit N. 15. welches bild die Disciplinas mathematicas anzeyget / durch welche solche Astronomische nit allein vhrwerck / sonder andere kunst bestôn / vnd ohn welche nichts künstlich gemacht kan werden.
Vnder disem ist der Colossus oder das bild des Prophete*n* Danielis / welcher die vier Monarchey bedeuten thůt / vnnd wirdt mit N. 16 verzeychnet. Nach disem auff dem vndersten ist des herrlichen vn*d* Gelehrten Mathematici. Nic. Copernici warhafftige abconterfet / N. 7. so mir auß Danzig durch de*n* Ehrenfesten vn*d* hochgelehrten herren Doctor Tideman Gyse zukommen / vnnd auß dem original auff d*as* aller fleysigst vn*d* scharpffest durch Tobiam Stimmer abgemahlet worden / welche gemåldt wir zu einer sonderen gedechtnus hieher haben setzen wollen / dan keines ist / d*as* nicht sein bedeutung vn*d* anzeygung hette / wie dan solches an allen orten des gantze*n* Astronomische*n* Vhrwercks zu finde*n* ist.
Damit aber kein ort låhr stünde / sonder an einem jeden etwas nicht vergeblich / sonder zu einer gedechtnuß zusehen were / so haben wir zu ruck gegen dem Chor an disem kasten drey vnderschydliche Frawenbildt mit N. 18. 19. 20. verzeichnet gemahlet / welche bey den Poeten Parcae genennet werden / deren ein jede ein sonderen nammen hat / als namlich Lachesis die haltet die kunckel / Chlotho *[G ij*^{v}*]* die spinnet / Atropos die schneidt den faden ab / dardurch die Poeten die zeit deß Menschlich låbens / haben wollen anzeygen / wie wir auff diße welt kommen / vnd streben auch werben / zu letst kompt der Todt / der vnserem leben / den faden nimpt vn*d* abschneydt.
Dises vnd dergleichen haben wir an allen orten zu anzeigung der zeit an disem Astronomische*n* vhrwerck wollen verzeichnen / vnd nichts låhr lassen / vnd glaub gåntzlich das vil seien / auch deren so tåglich darbey pflegen zu sein / die diser dreyen bilder kein achtung gehabt / oder nach nicht haben / mag sein d*as* sey solche bedeutung gar nicht verstôn / môchte auch woll der wahrzeychen eins genen*n*et werde*n* / dardurch mancher befragt wůrdt / ob er solches vhrwerck gesehen hette / wie dan solcher wahrzeychen an disem vhrwerck mehr zu finden sindt.

763 Vhrwerck] Vhrwercken
764 acht] neundte
775 durch] welcher durch
776 zeiget] gezeiget
782 werck] werck / vnd eynes jeden stuck
787 Joham alter stattmeister] Joham von Mundelßheym | Stattmeister.
792 fůrgelecht] wie oben vermeldet fůrgelegt
798 stucken] stucken vn*d* nebengemålhden

803 vngelegenheit] vngelegenheit / so eingefallen

806 solchen] solchem

811 meine*n*] meinem

811 diensten] dienst / so ich bewisen ein gnediglich vernůgen vn*d* gefallen zuhaben / wie ich mir nit anders bewust / auch nit anders gespürt vnd erfare*n* hab.

814 sole*n* betrachten] werde*n* vernünfftiglich betrachte*n*

815 *nach* habe] / die aber so *[G iiij^{v}]* die leüt entweders auß vnwissenheit oder vngunst anders berichten dan es ist / laß ich fahren vnnd ihn jhrem vnuerstand vnnd mißgunst erstücken als die so nicht anders wollen sein / dan wie sie sind

821 bericht] grundlichen vnd warhafftigen bericht

822 *nach* außlege*n.*] Das ich aber etwas weytleuffiger solches beschriben / vnnd andere stück mit eingefůrt hab / ist nicht allein zu einer warhafftiger beschreybung / sondern auch zu widerlegung allerhand reden / so seit her das diß Astronomisch vhrwerck auffgericht ergangen / von mir alhie dargethan / welcher sich an solche*n* reden vnschuldig weyst / der wurdt sich mein schreyben nicht bekümmeren lassen.

Zusatz der Zweitausgabe: *Der Kampff des Roraffen* [...] *mit dem Hanen*

*Am Ende der Zweitausgabe druckt Dasypodius einen gereimten Text ab, den er auf dem Titelblatt als ›altes Lied‹ bezeichnet (Abdruck bei Wendling 1873/74). Vor 200 Jahren entstanden, sei es auf dem (alten) Uhrwerk selbst angebracht gewesen – eine Ursprungsfiktion, die bestimmte Gegebenheiten des Münsters und seiner Uhr mit lokalen Traditionen verbindet: nämlich den auf der alten Dreikönigsuhr befindlichen und auch in die neue Uhr übernommenen mechanischen Hahn mit einer (heute) am Bogen unterhalb der Orgel auf einer Konsole stehenden Figur. Kleinwüchsig, mit struppigem (Echt-)Haar und Bart, gebogener Nase, gerunzelter Stirn und grotesker Mimik sowie einer rot-weißen Narrenkappe auf dem Kopf, stellt diese 175 cm hohe Holzstatue den sogenannten Roraffen dar (vgl. Schneegans 1852, Winckelmann 1907 und 1909, jetzt vor allem Hassemer 2010; Dengler 2011, 99–103). Seine Existenz bezeugt schon der Humanist Peter Schott, wenn er in einem Brief aus den 1480er Jahren an den Nuntius Emerich Kemel von dem »bäuerlichen Bild« (»rusticanam imaginem«) spricht, hinter dem sich bei der Pfingstmesse »irgendein Windbeutel« (»nebulo quispiam«) verberge, um die feierlichen Lobgesänge durch weltliche, spöttische Lieder zu stören (Cowie/Cowie 1963, Nr. 187, 205–207, hier 206). Mit dem Neubau der Orgel 1489 scheint auch die Figur neugestaltet worden zu sein. Ihre Funktion als tolerierte, ja kalkulierte Störung der klerikalen Ordnung wurde beibehalten. Zwar polemisierte Geiler von Kaysersberg 1500 im 16. seiner 21 an den Straßburger Stadtrat gerichteten Reformvorschläge vehement gegen die mit dem Roraffen verbundene Praxis (*Älteste Schriften, *ed. Dacheux, 33–35; Cowie/Cowie 1961; Israel 1997, 232–234; Voltmer 2005, 509ff.). Doch belegen Rechnungen, dass das Münsterstift selbst Personen dafür bezahlte, den Roraffen zu ›spielen‹, also den kontrastiven ›Störgesang‹ vorzubringen (Winckelmann 1907, 264).*

Dieser ›Roraffe‹ (von ›röhren‹; ›brüllen‹, ›schreien‹) wurde auch ›Bretstelmann‹ genannt: Er hielt wohl, wie die Handgeste zeigt, ursprünglich eine Breze in der Hand und wurde mit dem Brezenverkauf in Verbindung gebracht. Er war durch Drähte und Seilzüge mit der Orgel verbunden, sodass er von dort aus bedient werden konnte (Reinhardt 1935, 42). Von einem Baldachin überwölbt und auf einer Konsole stehend, die von zwei männlichen Kleinfiguren getragen wird, war der Roraffe im Sinne gotischer Sakralstatuen gestaltet und brachte so die Spannung zwischen Überirdischem und Irdischem zum Ausdruck. Diese Spannung wird im Lied durch andere Spannungen angereichert: Die spielerische Konkurrenz zwischen Roraffe und Hahn betrifft nicht nur die Beziehung verschiedener Obrigkeiten zueinander – hier die geistliche, manifest in der Dreikönigsuhr, dort die weltliche, die den Roraffen als städtisches Sinnbild begreift. Sie betrifft auch die Frage des Alters und die nach der Wirkung: Zwei künstliche Automaten konkurrieren hier miteinander um die macht- und effektvollere Hervorbringung bzw. Verstärkung von Tönen. Die Entscheidung wird der Stadt selbst in Gestalt ihrer nächtlichen Wachmannschaft überlassen. An der Stadt ist es auch, das geht aus Dasypodius' Schriften hervor, zu entscheiden, wie sie die Leistung der Neugestaltung der Uhr honoriert – insofern ist der Gedanke, Dasypodius selbst könnte der Verfasser des Gedichts sein (Hassemer 2010, 425), nicht ganz abwegig, doch lässt er sich stilistisch nicht erhärten, auch wäre zu erwarten, dass

Roraffe (Detail); Archives Dernières Nouvelles d'Alsace

Dasypodius, sollte er der Verfasser sein, spezifischere Elemente der Automaten erwähnt hätte. Dafür, dass die Entstehung des Gedichts wesentlich vor das Jahr 1580 zurückreicht, gibt es keine Anhaltspunkte. Einige Jahre später, 1592, werden in zwei Flugschriften »dem Roraffen als treuem Vertreter der bürgerlichen Interessen allerlei politische Erörterungen in den Mund« gelegt (Winckelmann 1907, 287). Im Jahr 1622 erscheint, ohne Bezugnahme auf Straßburg, eine satirische Schrift Aigentliche Beschreibung / Und Gründliche Anzaig / der Rohraffen Qualiteten *(VD 17 12:640763H).*

[57] Der Kampff des Roraffen vnder der Orglen in Münster zu Straßburg / mit dem Hanen vor 200. Jharen beschriben daselbst / auff dem Vhrwerck.

ABer můß ich lachen
Sich hant erhebt wilde sachen
Die mag ich wol jehen
Von dingen die sindt geschehen /
Die glichent wol einem narren spiel
Darumb můß ich ervaren vil /
Sich hant erhebt wilde spann /
Die treffent ein sitt den Roraffen ahn /
Die ander seitt den gulden Han
Den do kehnt frawen vndt man /
Der zu Straßburg in der Statt
Vff dem vhrle in dem Münster staht
Der Roraffe meint han ich vernummen /
Wie er nit also har süg kommen
Das man jm solte schmocheit thun /
Er ist gemüget yber das hun
Do handt vil leüt vß gerett /
Vnd handt zwen mit ein ander gewett /
Es werd nit do bey blyben /
Einer würt den andern vertryben /
Den Roraffen duncket in seinem můth
Der Han süg nit jhe und süg nit gůtt
Die Leüth also zu thǒrren /
[58] Daran wil sich der Han nit keren
Er strüsset sich vast und ist gahr stoltz /
Hoch enbar strack do als ein boltz
Stet er und kreget zu allen stunden /
Vnd samelt vor jm gar vil der kunden
Die jhn zu wunder ahn gaffen /
Des ist jm von dem Roraffen
Ein brieff alsus geschrieben /
Jch hab spricht er mein zit alsus vertriben /
Das mir by mynen leben
Nyman kynen jntrag hat gegeben
Dan du allein du Vrloß Han /
Von dir ich es nit gelyden kan /
Ich wil anders darzu erdencken /

Ich sol frylich das dir nit schencken
Das du mir sollichen jntrag düst /
Es kumpt darzu hoff ich du müst
Mit andern Hüneren vff der erden
Snachelen by den ackerpferden /
Vnd din weid anders suchen /
Darzu will ich ohn alles flůchen
Wils Gott bringen ob ich mag /
Du kreygest in dem Münster nimer kein tag.
Wer bistu antwurt der Han
Nit wol ich dich gemercken kan /
Mit wortten stellest du dich vppetlich /
Loß mich genesen das büt ich dich
Wie ich sol haben das wesen myn /
[59] Do gebürt dir nit zu tragen jhn /
Dan zwor eß goht dich nütz ahn /
Wiltu du machst wol ruwe han /
Her vff als ich han gehort /
Sint diß des Roraffen wort.
Wor vmb solt eß mich nit an gon
Jch můß doch hie zu dienste ston
Zu Pfingsten messen aller welt
Jn Stetten und land on alles gelt /
Vnd diß han ich lang zyt getryben /
Von aller welt byn ich blyben
Vngehündert dan allein von dir /
Es mügt mich billichen, das glaub mir
Do sprach der Han du bist hǒne
Du vnd ich das sint vnser zwene
Kündest du als ich kan kreygen /
So mǒchstu dich wol hohe weygen
Was meinstu das wüst ich gern
Wiltu kriegenß nit enbern /
Jch soll dir darzu helffen bald
Affen louffent gern zu wald /
Do herest du hien e dan har
Du hest kein rüw du kemest dan dar /
In kirchen sol kein Affe sein /
Vil baß enbiertt man din dan myn
Ob du echt so wyse bist /

Daß du weist was warheit ist.
Der Roraffe bald hin wider sprach
[60] So hübsch ich nie kynen gesah
Jch truwet jm geben wort vmb wort /
Du geborest recht alß hastu nie gehort
Von mir singen oder sagen /
Du bist villeiht von jungen tagen
Das du mich nit kennest recht
Weistu du nit das ich bin ein knecht
Der Statt von Straßburg bin eracht /
Jch hab manigen thoren gemacht
Von Burgeren vnnd auch von Buren
Jo yemmer mů̊ß ich do von truren
Solstu mir einen jntrag thun /
Du bist noch nit ein jårig hun /
Vnd nymst dich hőffelichs kreygend an /
Jch sag dir du vrles Han /
Jch kan und mag dir das nit gestatten /
Mů̊ß ich ziehen oder rattzen /
Darzu jehestu du singest besser dan ich /
Entwichestu nit balde sicherlich
Es mőcht dir woll werden leit /
Hie mit so süg Dir genů̊g geseit.
Der Han ward von zorn grim
Von luttem kreigen ließ er ein stim /
Lügent zu dem grossen toren
Wie kan er so hőffelichen geboren /
Sprach der Han mich wundert ser
Hastu behalt semliche ere /
Das du wol kanst narren machen /
[61] Das mocht ich sicher wol gelachen /
Hett ich anders nit zu schaffen
Man schiltet dich billich den Roraffen
Hab ruw lieber vnd lo dervon
Du lost mich wol bey dir in dem Münster ston /
Bystu der von Straßburg knecht /
So bin ich stolz und kobelecht /
Den drigen Künigen sol ich dienen /
Vnd darzu manigen machen gienen /
Das jm offen blibt ston das mul

Nit wen / das ich süg so ful /
So man narren machen sol /
So kan ichs baß dan du oder als wol /
Das weiß nun wol jederman
Der sicherlich mirs het gesehen an /
Siest du Han vf meinen eytt
Loß dirs nun genůg sin geseit.
So sprach der Roraffe widerumb do
Min můt würt mir nyemer fro /
Solt ich in dem Münster wissen dich
Vrlop wolt e nemmen ich
Von mynem dienst gegen der Statt /
Die mich so lang gezogen hat /
E ich dich by mir woltte dulden /
Wiltu nit anders du macht beschulden
Vmb mich das beste das ist der todt
Das tro̊st ich dich symer botz kott.
Was darffstu schweren sprach der Han
[62] Wenig gib ich vmb dinen span
Wiltu über ein mit mir kriegen
Ich můß villicht nab zu dir fliegen
Vnd dich baß vnd recht beschouwen /
Du machest mich zornig mit dine*m* trauwe*n* /
Das ich zu dir flüg in kürzer frist
E du von leder zucken bist /
So wil ich by rechtem namen
Dir din augen vß küppen und kramen /
Das du wenest blint wesen /
Villicht lost du mich dan genesen
Do diese rede also lüttbrecht ward
Hie vmb vnd in diser art
Do fürent zu ettliche lütt
Vnd johent zwor eß zimet nüt /
Das man schwig zu disen spennen /
Man sol gedencken das sie dennen
Vnd bald ab werdent getragen /
Vnd spricht man also ho̊r ich sagen
Das man fryden wol müg hoffen
Das man zwysten jn wol mag machen
Die das getruwent der sind vil /

Vnd darzu ist gesetz ein ziel
Man jecht man hebent bede gelossen
Als vff den Scharwechter genossen
Der do gegen der pfalzen stott
Als man die o̊berstroß vß goht
Der soll die sachen vß sprechen /
[63] Spot in der nacht zu den zehen
Die durch den Scharwacht geschiecht
Vnd wie sie durch jn werden geriecht
By dem sollent sü es blyben lon
Vntz aber schinnt ein nuwer Mon
Ist dis nit wor so hat herr Voltz
Den man nent den bloch holtz
Min gespott das weiß ich wol
Den man für den erkennen sol
Der des sin truw an eines diebes statt
Offentlich dar vmb gegeben hatt.

Konrad Dasypodius: *Horologii astronomici [...] descriptio* (1580)

übers. von LAURA VELTE

Im gleichen Jahr wie die zweite Ausgabe seiner deutschen Schrift über die Straßburger Uhr brachte Dasypodius auch eine kürzere lateinische Fassung heraus. Ihr stellte er eine längere Abhandlung, betitelt Heron mechanicus, *voran, die sich vor allem anhand griechischer Autoren mit den Vorzügen der schon in der Antike zu hoher Blüte gelangten mechanischen Künste beschäftigt (vgl. Schmidt 1898; Dengler 2011, 192–201). Der Titel bezieht sich auf den berühmten griechischen Mathematiker und Ingenieur Heron von Alexandria, der zahlreiche Automaten und unter anderem auch eine Wasseruhr konstruiert hatte. Gewidmet ist Dasypodius' Schrift dem souveränen Herzog von Bouillon und Fürst von Sedan Guillaume Robert de La Marck (1563–88), der 1577 am Gymnasium Johann Sturms in Straßburg studiert hatte. An den ersten Teil schließt sich direkt (»Tempus nunc est ut ad rem ipsam accedam«) der zweite an, in dem Dasypodius, zwischen Demut und Selbstlob schwankend und nicht ohne Schwerfälligkeit im Ausdruck, Entstehung, Form und Funktion der Straßburger Uhr beschreibt. Das letzte, mehr oder weniger selbstständige Viertel der 17 Blätter umfassenden Schrift ist wie in der deutschen* Außlegung *der Auflistung und Abbildung der Sonnen- und Mondfinsternisse für die Jahre 1573 bis 1605 gewidmet – eine Wiedergabe dessen, was sich auf den Eklipsetafeln im unteren Teil der Uhr findet (im Folgenden nicht übersetzt). Ganz am Ende steht das Gedicht von Paulus Schede Melissus, das auch in die deutsche Zweitausgabe Aufnahme fand (s. oben S. 259f.).*

Ausgabe: Cunradi Dasypodii Heron Mechanicus Seu De Mechanicis artibus, atque disciplinis. Eiusdem Horologii astronomici, Argentorati in summo Templo erecti, descriptio. Straßburg: Nicolaus Wyriot 1580.

4°, 42 Bll., a⁴, A–I⁴, K²

VD 16 D 233; benutztes Exemplar: München, Bayerische Staatsbibliothek, 4° Math. a. 79

Faks. und engl. Übers.: Conrad Dasypodius: Heron mechanicus [...]. Translated by Bernard Aratowsky. With an introduction and commentary by Günther Oestmann. Augsburg 2008.

CVNRADI DASYPODII
Heron Mechanicus:
Seu
De Mechanicis artibus, atq; disciplinis.
Eiusdem
Horologij astronomici, Argentorati in summo Templo erecti, descriptio.

ARGENT. Excudebat Nicolaus VVyriot, 1580.

München, Bayerische Staatsbibliothek, 4 Math.a. 79 (Titelbl.)

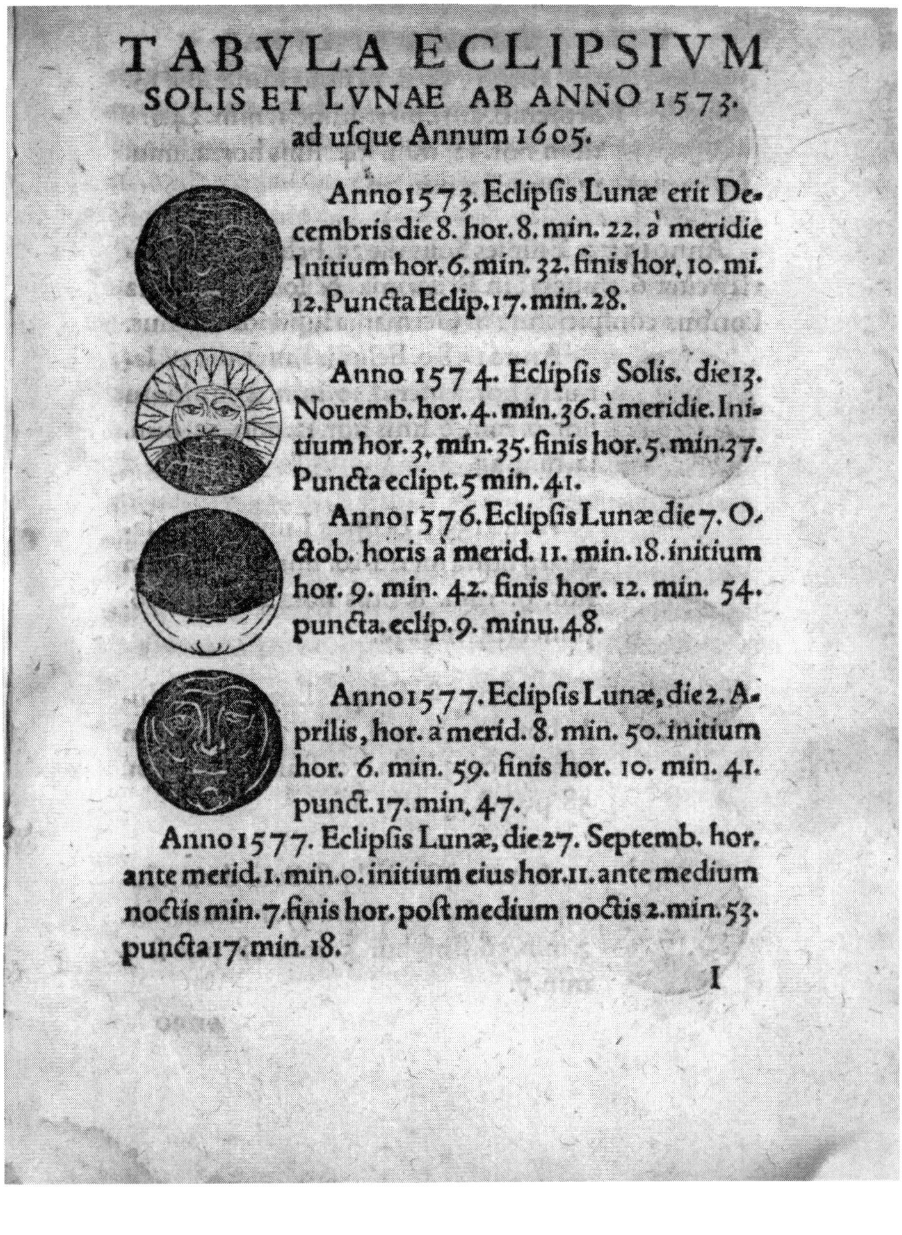

TABVLA ECLIPSIVM SOLIS ET LVNAE AB ANNO 1573. ad usque Annum 1605.

Anno 1573. Eclipsis Lunæ erit Decembris die 8. hor. 8. min. 22. à meridie Initium hor. 6. min. 32. finis hor. 10. mi. 12. Puncta Eclip. 17. min. 28.

Anno 1574. Eclipsis Solis. die 13. Nouemb. hor. 4. min. 36. à meridie. Initium hor. 3. min. 35. finis hor. 5. min. 37. Puncta eclipt. 5 min. 41.

Anno 1576. Eclipsis Lunæ die 7. Octob. horis à merid. 11. min. 18. initium hor. 9. min. 42. finis hor. 12. min. 54. puncta. eclip. 9. minu. 48.

Anno 1577. Eclipsis Lunæ, die 2. Aprilis, hor. à merid. 8. min. 50. initium hor. 6. min. 59. finis hor. 10. min. 41. punct. 17. min. 47.

Anno 1577. Eclipsis Lunæ, die 27. Septemb. hor. ante merid. 1. min. 0. initium eius hor. 11. ante medium noctis min. 7. finis hor. post medium noctis 2. min. 53. puncta 17. min. 18.

I

München, Bayerische Staatsbibliothek, 4 Math.a. 79 (fol. I jr)

CVNRADI DASYPODII HOROLOGII ASTRONOMICI IN *summo Templo Argentinæ erecti descriptio.*

De Gnomonica, & varijs Horologiorum generibus, & inuentionibus.

CAPVT I.

GNomonicem ſcientiam Proclus, facit eam Aſtronomiæ partem: per quam, ex uario gnomonis poſitu: & ex umbrarum rationibus: motum Solis & Lunæ, atq; etiam dierum & noctium longitudines, umbrarum incrementa & decrementa: anni tempora quoque ut menſes, dies, horas, horarumque momenta inueſtigamus. Vnde etiam à temporis dimenſione, ratione, proportione, eiuſque intuitione: eiuſmodi machinæ, ad temporis inquiſitionem inuentæ, & factæ ὡροσκόπια appellantur.

Sunt autem talia horoſcopeia, uaria ac multiplicia: quibus alij alijs inuentis organis, horas & tempora per Solis radios, per umbras gnomonum monſtrant. Vt Beroſus Chaldæus hemicyclium excauatum inuenit: Ariſtarchus Samius, Scaphen, & diſcum: D. Auguſtus obeliſco in Campo Martio, addidit mirabilem ad depręhendendas Solis umbras, dierumque ac

F

[F j']

Beschreibung der Astronomischen Uhr des Konrad Dasypodius, errichtet in der Hauptkirche Straßburgs

I. Über die Gnomonik und über verschiedene Uhrenarten und -erfindungen

Proclus macht die gnomonische Wissenschaft zu einem Teil der Astronomie: Mit ihrer Hilfe erforschen wir aus der wechselnden Stellung des Zeigers und den Berechnungen des Schattens die Bewegung der Sonne und des Mondes und auch die Längen der Tage und Nächte, die Zunahmen und Abnahmen der Schatten und auch die Zeitabschnitte des Jahres wie die Monate, Tage, Stunden und die Minuten der Stunden. Daher, von der Vermessung, der Berechnung und Einteilung der Zeit wie ihrer Beobachtung her, werden solche Apparate, die zur Untersuchung der Zeit erfunden und hergestellt worden sind, auch ὡροσκόπεια genannt.

Es gibt aber verschiedene und vielfältige Sonnenuhren, durch deren Sonnenstrahlen und Zeigerschatten manche Leute die Stunden und Zeitabschnitte anzeigten, indem sie entsprechende Werkzeuge erfunden haben. Zum Beispiel hat der Chaldäer Berosus die ausgehöhlte halbkreisförmige Sonnenuhr (*hemicyclium*) erfunden, Aristarchus von Samos die rund ausgehöhlte Sonnenuhr (*scaphe*) und die Scheibe (*discus*). Der göttliche Augustus fügte mit dem Obelisken auf dem Marsfeld eine erstaunliche gnomonische Einrichtung hinzu, um die Sonnenschatten sowie die Länge der Tage und

noctium magnitudines, gnomonicam rationem. M. Manilius Astronomus apici eius auratam pilam postea addidit: cuius uertice, umbra, colligeretur in semetipsam alia atque alia incrementa iaculantem apice.

Itaque à multis multa inuenta sunt horologia, ex naturalibus formis, atque etiam artificialibus figuris: quae tamen omnia eò inseruiunt ut ex Solis altitudine: gnomonis ad umbram proportione: circumferentiarum & angulorum ratione: tempora, temporumque distinctiones eliciantur: & ad propositas quascunque formas accomodentur.

Ita enim Anaximenes Milesius: uel ut Laertius vult Anaximander Milesius, primus inuenit *Scioteria*: ità L. Papyrius Cursor, Romae Solarij horologij usum primus instituit. Ita Scipio Nasica primus aqua diuisit 24. horas. Ita Ctesibius Ascraeus Alexandriae natus, primus inuenit hydrologia. Sũt etiam Clepsydrae horariae à Galeno descriptae. Sabianus Summus Pontifex, Phoca imperante, horas diei, tintinnabulorum sono distinxit. Boetius Seuerinus summus philosophus, primus dicitur inuenisse horologia: quibus hodie utimur. quae haud dubie antiquioribus plane fuerunt incognita: cum nulla horum ullibi mentio fiat. rationẽ in quã machinandi & fabricandi horologium, rotis dentatis distinctum, & ponderibus libratum: ad temporis discretionem, & ad motuum

coele-

[F j^v]
Nächte einzufangen. Der Astronom Marcus Manilius fügte an dessen Spitze später eine goldene Kugel hinzu, in deren Gipfel sich der Schatten in sich selbst zusammenziehen sollte, während sie [*sc.* die Kugel] von der Spitze bald diese, bald jene zunehmenden Schatten warf. Und so sind viele Sonnenuhren von vielen Menschen erfunden worden – aus natürlichen Formen und auch in künstlichen Gebilden. Sie alle dienen jedoch dazu, dass aus der Höhe der Sonne, aus dem Verhältnis des Zeigers zum Schatten, aus der Berechnung der Umkreise und der Winkel die Zeitpunkte und die Unterscheidungen der Zeitpunkte gewonnen und an alle angeführten Formen angepasst werden.
So erfand Anaximenes von Milet – oder wie Laertius meint: Anaximander von Milet – als Erster die Sonnenuhren (*scioteria*) und so führte Lucius Papyrius Cursor in Rom als Erster den Gebrauch einer Sonnenuhr ein. So unterschied Scipio Nasica als Erster die 24 Stunden mit Wasser. So erfand der askräische Ktesibius, geboren in Alexandria, als Erster die Wasseruhren (*hydrologia*). Auch von Galen werden Wasseruhren (*clepsydrae horariae*) beschrieben. Der große Papst Sabianus unterschied auf Befehl des Phocas die Stunden des Tages durch Glockenläuten. Der große Philosoph Boethius soll als Erster die Uhren erfunden habe, die wir heutzutage benutzen. Diese waren, da es nirgends eine Erwähnung der Uhren gibt, den Menschen der Antike zweifellos völlig unbekannt. Es wurde eine Methode für die Konstruktion und den Bau einer Uhr entwickelt, die mit Zahnrädern ausgestattet und durch Gewichte ausbalanciert ist, um die Zeit zu unterscheiden und die

cœlestium representationẽ inuẽtum & excogitatum.

Quod quidem artificij genus, eousq; excreuit au-ctumq; est: ut non solum in templis, & ædificijs pu-blicis, in palatijs, atq; curijs, sed & in priuatorum ho-minum ædibus: talia fiant: cuiuscunq; magnitudinis: imo portatilia, etiam minime quantitatis horologia: rotarum dentatarum: atq; librationum offitio, horas motusque Solis & Lunæ monstrantia.

Tanto studio certatim, & magni Principes, & uiri literati: interse de nouis horoscopiorum inuentio-nibus contenderunt: ut uix omnia quis enumerare possit ipsorum certamina: non solum in ijs horosco-pijs, quæ in superficiebus describuntur planis: sed eti-am in alijs, per singulares quasdam formas, machinas-que factis. ut sunt hydrologia, ut sunt arenaria, ut sunt ponderibus librata, ut sunt scioterica, ut sunt portati-lia, & similia alia, uarijs formis facta horologia. quæ omnia prolixe explicare, & in longũ diducere: mei pro positi non est. sed animus mihi fuit: tantum hoc in loco ostendere: temporis descriptionẽ, omnibus sæculis, di-ligenter fuisse obseruatam: atq; magno studio, cura, & sollicitudine eorum factam esse distinctionem. Plenam enim huius doctrinę expositionem, tum tradam: cum libros Mechanicos meos, in lucem dabo: & Ioannis Hommelij doctissimi Mathematici, Gnomonica, eru-ditione singulari, & acumine plena, imprimi curabo.

F ij

[F ii^r]

himmlischen Bewegungen darzustellen.

Diese Art des Handwerks entwickelte sich in der Tat so weit und wurde so vermehrt, dass solche [*sc.* Uhren] nicht nur in den Kirchen und öffentlichen Gebäuden, in den Palästen und Höfen, sondern auch in den Häusern von Privatpersonen entstehen, in jeder Größe, sogar tragbare und auch ganz kleine Uhren, welche die Stunden und Bewegungen von Sonne und Mond durch die Tätigkeit von Zahnrädern und Gegengewichten anzeigen.

Mit so großem Drang wetteiferten große Fürsten sowie gebildete Männer miteinander um neue Erfindungen von Uhren, so dass kaum jemand alle ihre Wettkämpfe aufzählen kann, nicht nur in Bezug auf Uhren, die auf flachen Oberflächen angeordnet werden, sondern auch in Bezug auf andere, die mit Hilfe besonderer Formen und Maschinen hergestellt wurden, wie zum Beispiel Wasseruhren, Sanduhren, mit Gewichten ausbalancierte Uhren, Sonnenuhren, tragbare und ähnliche in verschiedenen Formen gefertigte Uhren. Diese alle ausführlich zu beschreiben und in Länge zu erörtern, ist nicht meine Absicht. Mein Vorsatz war vielmehr, hier nur zu zeigen, dass zu allen Zeiten sorgfältig auf die Einteilung der Zeit geachtet und die Unterscheidung ihrer Bestandteile mit großem Eifer, Aufmerksamkeit und ängstlicher Sorgfalt vorgenommen wurde. Eine ausführliche Darlegung dieser Wissenschaft werde ich nämlich dann liefern, wenn ich meine Bücher über die Mechanik herausgebe. Und ich werde dafür sorgen, dass die Gnomonica von Johannes Hommelius gedruckt wird, einem sehr gelehrten Mathematiker, außergewöhnlich gebildet und reich an Scharfsinn.

Nunc uero noſtrum Horologium Aſtronomicum Argentoratenſe deſcribam: cuius inuentionem primam, tum ſuſcepi: quando Ampliſſ: Reipub: noſtræ Senatus, de reſtauratione antiqui Horologij, in Cathedrali templo, ante 200. annos extructi, decretum fecit.

De Horologij Aſtronomici Argentoratenſis inuentione.

CAPVT II.

AMpliſſimus Senatus Reipub. Argentoratenſis Anno 1571. decreuit: ut in locum ueteris horologij, uetuſtate iam conſumpti: aliud ſingulari arte, & induſtria elaboratum, ad templi Cathedralis (cuius ubiq; gẽtium celebratur nomen) magnificentiam ornandam: ad Senatus populiq; Argentinenſis honorem, gloriam, & dignitatem amplificandam: erigeretur. ac mihi CVNRADO DASYPODIO Academiæ noſtrę ordinario Mathematωn profeſſori, hoc impoſuerunt & mandarunt negotium: ut ſollicite cogitarem: de tam magnifico, & ſplendido, ac artificioſo opere, in eum quem iam dixi finem extruendo: modulumque imprimis AEdilibus, & officinatoribus proponerem: iuxta quem machina talis affabre ab opificibus formaretur, & extrueretur.

Spatio

[F ii^v]

Nun werde ich aber unsere Straßburger Astronomische Uhr beschreiben, deren erste Erfindung ich in Angriff nahm, als der Stadtrat unserer hochangesehenen Reichsstadt den Beschluss über den Wiederaufbau der alten, vor 200 Jahren in der Kathedrale errichteten Uhr fasste.

II. Über die Erfindung der Straßburger Astronomischen Uhr

Der hochverehrte Stadtrat der Freien Reichsstadt Straßburg verfügte im Jahre 1571, dass anstelle der alten, vom Alter bereits verschlissenen Uhr eine andere errichtet werden sollte, ausgeführt mit hervorragender Kunstfertigkeit und mit Fleiß, um die Pracht der Kathedralkirche (deren Name überall in der Welt bekannt ist) zu schmücken und die Ehre, den Ruhm und die Würde des Rats und des Volkes von Straßburg zu vergrößern. Und mir, Konrad Dasypodius, ordentlicher Professor der Mathematik unserer Akademie, haben sie die Aufgabe auferlegt und anvertraut, dass ich gewissenhaft über die Errichtung eines so prächtigen, herrlichen und kunstfertigen Werkes zu dem von mir genannten Zweck nachdenken und vor allem den Ratsmitgliedern und Werkmeistern ein Modell vorlegen sollte, nach dem eine solche Maschine von den Arbeitern kunstvoll gestaltet und gebaut werden sollte.

Spatio itaque aliquot dierum ſumpto: ichnographicam, & orthographicam, totius, quæ nunc oculis conſpicitur machinæ, delineationem: AEdilibus obtuli: oblata placuit: literatis atq; in mathematicis ſtudijs exercitatis doctoribus monſtrata: nihil ei quod à me inuentione prima, ordinatum & diſpoſitum fuit: addēdum, uel demendum eſſe iudicatum eſt. tandem officinatores conducti: opus bonis auſpicijs eodem anno, menſe Iunio, cæptum, & inchoatum: triennio poſt anno 1574. eodem menſe ad Feſtum Iohannis Baptiſtæ abſolutum fuit.

Sciebam ſane ad magnificentiam operis non defuturos ſumptus: uidebam quoq; officinatores ſubtiles & peritos artifices, ac induſtrios operarios, in promptu eſſe: ſed quia totum in eiuſmodi operibus negotium: conſiſtit in eo, qui formam, qui uenuſtatem, qui magnificentiam & ſplendorem operi dat: multum ſollicitus & anxius fui: quam potiſſimum eligerem formam: qua ratione & proportione, omnia & ſingula ordinarem & diſponerem: ut tam in uniuerſo opere conuenientia & concinnitas: quam in partibus apta & erudita, conſpiceretur diſtributio: ut nequid in eo eſſet uituperatione aut reprehenſione dignum: non vulgi, ſed eruditorum iuditio.

Etſi uero Mechanici logici, ac multo minus probati Architecti, nomen mihi arrogem: tamen munus il-

[F iii^r]
Und so legte ich, nachdem einige Tage verstrichen waren, den Ratsmitgliedern einen Grundriss und Aufriss der gesamten Maschine vor, die jetzt zu sehen ist. Die vorgelegte Darstellung gefiel ihnen. Nachdem sie den Gelehrten und den mathematisch ausgebildeten Doktoren gezeigt worden war, beschloss man, dass nichts zu dem, was ich im ersten Schritt entworfen und angeordnet hatte, hinzugefügt oder von ihm entfernt werden musste. Schließlich wurden die Werkmeister angestellt. Das Werk wurde noch im selben Jahr, im Monat Juni, unter guten Vorzeichen begonnen und in Angriff genommen; drei Jahre später, im Jahr 1574, im selben Monat, am Fest Johannes des Täufers, wurde es vollendet. Natürlich wusste ich, dass die Mittel für die Pracht des Werkes nicht fehlen würden; auch sah ich, dass gründliche Werkmeister, erfahrene Handwerker und fleißige Arbeiter verfügbar waren. Aber weil in solchen Werken die ganze Arbeit auf dem beruht, der dem Werk Form, Schönheit, Pracht und Glanz verleiht, war ich sehr beunruhigt und ängstlich, welche Form ich hauptsächlich wählen, in welcher Weise und in welchem Verhältnis ich alle und die einzelnen Dinge anordnen und einrichten sollte, so dass im gesamten Werk Harmonie und Ausgewogenheit herrschte, und wie man die angemessene und kenntnisreiche Einteilung in den Teilen erkennen würde, damit nicht irgendetwas darin tadels- oder rügenswert wäre – nicht dem Urteil der gemeinen Leute nach, sondern der Gelehrten. Obwohl ich wahrhaftig nicht den Titel eines theoretischen Mechanikers für mich beanspruche und noch weniger den eines renommierten Architekten, sah ich, dass dies trotzdem meine Pflicht war,

lud, cum mihi iniunctum eſſet: ac omnia ordinanda à
me diſponendaq; eſſe uidebam: officinatoribus quoq;
operas eſſe diſtribuendas: graue id mihi atq; durum
erat: qui ingenij mei tenuitatem, & in his ſtudijs me-
diocritatem, agnoſcebam: ſed quia ſtudio Ampliſs.
mei magiſtratus obſequi, & patriæ gratificari malui:
quam ſi id non feciſſem: uideri labores detrectare: &
ocium atq; deſidiam ſectari: aggreſſus ſum opꝰ ipſum:
& pro uiribus meis, omnia quæ ad ſplendorem, ma-
gnificentiam, uenuſtatem atq; commoditatem operis
ſpectare uidebantur: priori meo adieci modulo: uſus
in eiuſmodi conſultatione conſilio, opera, & auxilio,
AEdilium, & M. Dauidis Vvolckenſtein mathema
tici collegæ mei, quem mihi Auguſta, anno altero poſt
inchoatum opus accerſiui: Thobiæ Stimmeri pictoris,
cuius magna eſt, in ea arte ſolertia, & induſtria: ut anti-
quis nonnullis facile comparari poſſit pictoribus. po-
ſtea uſus ſum opera manuali fabrorũ ferrariorũ, Iſaaci,
& Ioſiæ Habrecht, & ſtatuariorum, aliorumque opifi-
cum, & officinatorum

Atq; ſic cõmuni & conſentienti conſilio, AE dilium
ſeu Dominorũ pręfectorum, mei collegę, & pictoris:
atq; opera manuali officinatorũ: opus hoc mechanicũ,
triennio ad finem perduximus. in quo periodos corpo
rũ cœleſtiũ repræſentamus: temporũ (qui motus men
ſura ſunt) deſcriptiones deſignamus ita tamen hæc o-

mnia

[F iii^v]

da sie mir auferlegt worden war, und dass ich alle Dinge anordnen und einteilen und den Werkmeistern auch die Tätigkeiten auferlegen musste. Das war schwer und mühsam für mich, der ich die Dürftigkeit meines Talents und die Mittelmäßigkeit in diesen Bestrebungen erkannte. Aber weil ich lieber dem Bestreben meines hochverehrten Magistrats gehorchen und mich dem Vaterland gefällig erweisen wollte, als (wenn ich es nicht unternommen hätte) für einen gehalten zu werden, der Mühen scheut und Muße und Untätigkeit sucht, nahm ich das Werk selbst in Angriff und fügte unter Maßgabe meiner Kräfte alles zu meinem früheren Modell hinzu, was auf Glanz, Pracht, Schönheit und Zweckmäßigkeit des Werkes zu zielen schien. Dafür brauchte ich den Rat und die Unterstützung des Stadtrats und des Herrn David Wolkenstein, meines Kollegen der Mathematik, den ich im August, im zweiten Jahr der Arbeiten, zu mir rief, außerdem von Tobias Stimmer, dem Maler, dessen Geschicklichkeit und Fleiß in dieser Kunst so groß sind, dass er leicht mit einigen alten Malern verglichen werden kann. Später brauchte ich die Handarbeit der Schmiede Isaak und Josias Habrecht sowie der Bildhauer und anderer Handwerker und Werkmeister.

Mit einem derart gemeinschaftlichen und übereinstimmenden Plan der Mitglieder des Stadtrats, meines Kollegen, des Malers und der Handwerker haben wir dieses mechanische Werk in einem Zeitraum von drei Jahren vollendet. Darin zeigen wir die Bahnen der Himmelskörper und kennzeichnen die Einteilungen der Zeit (für die die Bewegungen der Himmelskörper das Maß bilden).

mnia ordinata,diſpoſita,& diſtributa ſunt: ut nihil ui-
deatur (meo quidẽ iuditio,& abſq; iactantię ſuſpitio-
ne,) neglectũ eſſe, quod uel ad neceſſitatẽ, & commo-
ditatẽ operis : uel uenuſtatẽ, ornatum,& ſplendorem
atq; admi ationem eius pertinere quis iudicare poſſit.
Sciebã enim hoc eſſe Mechanici logici,(qui formã ope-
ri dat:)offitiũ: ſciebam etiam me multos habiturum li-
teratos & illiteratos, peritos & imperitos, amicos ac
beneuolos, inuidos & maleuolos meorũ laborũ,meæ-
que induſtrię & primę inuentionis iudices.ideoq; ma
iori cura & ſollicitudine,laboribꝰ etiam maioribꝰ in id
incũbendũ mihi eſſe intelligebã : ut pro tenuitate mei
ingenij: & magnitudine dignitateq; operis: ac hominũ
bonis prauiſque iuditijs : Mechanici logici, & probi
architecti quoad uires meæ ſe extendebant imitarer
ueſtigia.

Horologiũ itaq; hoc Aſtronomicũ in hanc quam ha-
bet formã redegimꝰ: & in eo æternitatẽ,ſęculũ, perio-
dos planetarũ,Solis,& Lunę annuas, & mẽſtruas con-
uerſiones,ſeptimanarũ,dierum,horarũ,partium hora-
riarũ, ac minutorũ diſtinctiones: hec inquam omnia,
conſpicienda exhibemus: adiecimus etiam ornatus,&
ſplendoris, atque admirationis gratia,uaria machina-
menta,pneumatica,ſphæropoëtica, automatopoetica,
ex hiſtorijs, atque pœtarum fabulis, ſacris & propha-
nis ſcriptis quoque, omnia: in quibus temporis aliqua
eſt, aut eſſe poteſt deſcriptio. eaque oſtendimus
tabulis,

[F iv^{r}]
Gleichwohl wurden alle diese Dinge so angeordnet, arrangiert und verteilt, dass (gewiss meinem Urteil nach und ohne den Verdacht der Prahlerei) nichts vernachlässigt worden zu sein scheint, weder das, was zur Funktionsweise und Zweckmäßigkeit des Werkes beiträgt, noch zur Schönheit, Zierde, Pracht und Bewunderung, soweit es jemand beurteilen kann. Denn ich wusste, dass dies die Pflicht eines theoretischen Mechanikers war, der dem Werk die Form verleiht. Ich wusste, dass ich viele gelehrte und ungelehrte, erfahrene und unerfahrene, freundliche wie wohlwollende, neidische wie böswillige Kritiker meiner Arbeit, meines Fleißes und meines ersten Entwurfs haben würde. Daher verstand ich, dass ich mich dem Werk mit größerer Sorgfalt und Genauigkeit und auch mit größeren Anstrengungen widmen musste, so dass ich den Spuren des theoretischen Mechanikers und des tüchtigen Architekten im Verhältnis zur Dürftigkeit meines Talents, zur Größe und Würde des Werks und zu den guten und schlechten Bewertungen der Menschen nachfolgte, soweit meine Kräfte reichten.

Und so habe ich diese Astronomische Uhr in die Form gebracht, die sie heute hat. Auf ihr zeigen wir die Ewigkeit, das Jahrhundert, die Bahnen der Planeten, die jährlichen und monatlichen Umdrehungen der Sonne und des Mondes, die Unterscheidungen von Wochen, Tagen, Stunden, Stundenteilen und Minuten: Alle diese Dinge, sage ich, zeigen wir zum Betrachten. Um der Zierde, Pracht und Bewunderung willen haben wir auch verschiedene Mechanismen hinzugefügt, pneumatische, sphaeropoetische und automatische, auch alle Stellen aus den Geschichtswerken und den Erzählungen der Dichter sowie aus den heiligen und profanen Schriften, in denen es irgendeine Beschreibung der Zeit gibt oder geben kann.

tabulis, picturis, ſtatuis, & alijs his ſimilibus operibus. Quæ qualia ſint, particulatim exponam: & notis quibuſdam, ſeu numeris, ſingula ut in diagrammate libello præfixo patet: deſignabo.

De Globo Cœleſti.

CAPVT III.

N. 1.

MVlta & uaria ſunt aſtronomorum, quibus ad motus, diſtantias, & apparentias, Cœleſtium corporum utuntur inueſtigandas, inſtrumenta. Sunt enim Aſtrolabia, ſunt Regulę, ſunt Radij, ſunt Quadrantes, ſunt Dioptræ, ſunt Torqueta: ſunt Coſmolabia, ſunt Globi: ſunt & alia quorum in obſeruationibus apparentiarum: maximus eſt uſus.

Ex omnibus tamen iam enumeratis, & ſimilibus aſtronomicis inſtrumentis: nullum eſt, quod & forma ipſa, & uſu, ſit his quotidianis apparẽtiarum ueris, & certis obſeruationibus accomodatius: quam Globus Aſtronomicus, hoc eſt corpus ſolidum, rotundũ, ad cœli formam efformatum: in quo omnes ſtellarum fixarum diſtantiæ, declinationes, longitudines, latitudines, magnitudines, ipſæ deniq; configuratio-

nes

[F iv^v]

Und wir zeigen sie auf Gemälden, Bildern, Statuen und auf anderen ihnen ähnlichen Werken. Wie diese beschaffen sind, werde ich nach und nach erklären und auch mit einigen Nummern auf die einzelnen Dinge verweisen, wie man sie auf dem Schaubild sieht, das vorne ins Büchlein geheftet ist.

III. Über den Himmelsglobus

Nr. 1

Vielfältig und verschiedenartig sind die Instrumente der Astronomen, die sie zum Erforschen der Bewegungen, Entfernungen und Erscheinungen der Himmelskörper verwenden. Es gibt Astrolabien, Lineale, Radien, Quadranten, Dioptrien, Torqueta, Kosmolabien, Globen und andere, die sehr häufig bei der Beobachtung von himmlischen Erscheinungen gebraucht werden.

Unter allen schon aufgezählten astronomischen und ähnlichen Instrumenten gibt es jedoch keines, das aufgrund seiner Form selbst und seines Gebrauchs für die täglichen wahren und sicheren Beobachtungen der Erscheinungen besser geeignet ist als der astronomische Globus. Dieser ist ein fester, runder Körper, gestaltet nach der Himmelsform, auf dem alle Entfernungen, Deklinationen, Längen- und Breitengrade, Größen und schließlich die genauen Anordnungen der Fixsterne zu sehen sind,

nes, conſpiciuntur : cum omnibus quos in ſphærica doctrina, delineare ſolent, primi motus circulis.

Necꝫ uideo an poſſit, in temporum diſtinctione: in motus primi inueſtigatione: in apparentiarum obſeruatione: cõmodius inſtrumentum inueniri: quam talis ſit, ad mundi formam formatus globus: præſertim ſi ſit iuſtæ magnitudinis: quam quidam ex antiquis & probatis ſcriptoribus, uolunt tantam eſſe debere : ut diameter eius ad minus trium ſit pedum : quanta noſtri Globi, qui ante machinam conſpicitur : magnitudo eſt. quem ita ad rotunditatem formauimus: & ad ἰσοῤῥοπείαν librauimus: ut cum 100. lib. pondus habeat: & diametrum trium pedum: atcꝫ ex materia ſingulari arte præparata, quæ uetuſtatem ferre poſſit confectus ſit: aptiſſimus omnibus & ſingulis, etiam acuratiſſimis eſſe poſſit obſeruationibus. non quidem ob hæc quæ nunc recenſui: ſed maxime quod à nobis, omnes ſtellarum declinationes, longitudines, latitudines, diligentiſſime examinatæ: & iuxta noſtrorũ temporum calculum inſcriptæ & deſignatæ ſint. quibus addidimus non ſolum uenuſtatis & ornatus : ſed & commoditatis gratia alia complura. Vt Cometæ qui anno 1572. apparuit: memoriacꝫ dignus eſt: uerum locum : ut circulos parallelos, ut climata, ut zonas, ut umbrarum diſignationes, ut uẽtorum qualitates, atcꝫ nomina: & alia huius generis, multa, quæ in ſphærica traduntur doctrina.

G

[G 3']
zusammen mit allen Kreisbahnen des Primum Mobile, die man in der sphärischen Lehre gewöhnlich abbildet.
Und ich weiß nicht, ob man ein geeigneteres Instrument zur Unterscheidung der Zeit, zur Erforschung der ersten Bewegung und zur Beobachtung der Erscheinungen finden könnte als es ein solcher Globus, gestaltet nach der Form des Weltalls, ist, zumal wenn er die richtige Größe hat. Einige unter den antiken und vortrefflichen Schriftstellern meinen, dass diese nämlich so groß sein muss, dass ihr Durchmesser wenigstens drei Fuß beträgt, so groß wie unser Globus, den man vor der Uhr sieht. Diesen haben wir so rund gemacht und ins Gleichgewicht (ἰσοῤῥοπέιαν) gebracht, dass, indem er ein Gewicht von 100 Pfund und einen Durchmesser von drei Fuß hat und aus einem mit einzigartiger Kunstfertigkeit bearbeiteten Material gefertigt ist, das ein hohes Alter mit sich bringen kann, am geeignetsten sein kann für alle und spezielle, auch äußerst genaue Beobachtungen. Und zwar nicht wegen der Dinge, die ich jetzt aufgezählt habe, sondern besonders, weil alle Deklinationen der Sterne, Längen- und Breitengrade sehr sorgfältig von uns untersucht und gemäß einer Berechnung unserer Zeit aufgeschrieben und bezeichnet worden sind. Zu diesen haben wir einige andere Dinge hinzugefügt, nicht nur um der Schönheit und Zierde, sondern auch um der Zweckmäßigkeit willen – wie den wahren Ort des Kometen, der im Jahr 1572 erschienen und der Erinnerung wert ist, wie die konzentrischen Kreise, wie die Gegenden, wie die Zonen, wie die Bestimmungen der Schatten, wie die Eigenschaften und Namen der Winde und viele andere Dinge dieser Art, die in der sphärischen Lehre überliefert werden.

DESCRIPTIO

Verum hæc omnia quaſi mortua, & inſtar alicuius picturæ eſſent: nec uſum aliquem haberent: niſi attribuiſſemus ei aliquem motum: eumq; cœlo (cuius imaginem repræſentat) conformem: ideoq; ei dedimus motum diurnum, ſeu motum primi mobilis: ad cuius imitationem hic globus 24. horis, ſuum perficit curſum. ſimul etiam in hoc globoſo corpore apparent, Solis & Lunæ periodi: quas faciunt medijs ſuis motibus, ſecundum longitudinem. Primum ergo automatum, & ſphæropoëticum opus eſt in hac machina hic Globus anſtronomicus.

De utilitate huius inſtrumenti ut multa uerba faciam: non exiſtimo neceſſarium eſſe: cum huius non ſit loci: nec ad talem quam habet maximam accomodari poſſit utilitatem. ſed præter motum diurnum quo ſtellas orientes & occidentes in eo conſpicimus: etiam Solis & Lunæ motus apparent. reliquas uero utilitates nemo niſi Aſtronomiæ peritus in eo obſeruabit. Et ſane multis annis eum mihi ad obſeruationes aſtronomicas reſeruaram: uerũ ad hoc noſtrum opus aſtronomicum ornandum: & ad Ampliſſ. Senatui gratificandum: uolenti & lubenti animo, eum huic horologio adiunxi: & ita collocaui, ut circumquaq; liber ſit: nec ulli alio cohæreat corpori: niſi quatenꝰ per laminã illam ſubtus latitantem: & rotas dentatas, in corpore

Pellicani

[G j^v]
Aber all diese Dinge wären gleichsam tot und bloße Bilder und hätten auch keinen Nutzen, wenn wir ihm [*sc.* dem Globus] nicht eine Bewegung verliehen hätten und zwar eine dem Himmel ähnliche (dessen Bild er darstellt); deshalb haben wir ihm eine tägliche Bewegung gegeben beziehungsweise die Bewegung des Primum Mobile, in dessen Nachahmung dieser Globus in 24 Stunden seinen Lauf vollendet. Zugleich erscheinen auf dem kugelförmigen Körper die Bahnen der Sonne und des Mondes, die sie mit ihren eigenen mittleren Bewegungen der Länge nach durchlaufen. Der astronomische Globus in dieser Maschine ist also in erster Linie ein automatisches und sphaeropoetisches Werk.

Ich glaube nicht, dass es nötig ist, viele Worte über den Nutzen dieses Instruments zu verlieren, weil dies nicht der geeignete Ort ist und weil es auch gar nicht so verwendet werden kann, wie es sein größter Nutzen eigentlich wäre. Jedenfalls erscheinen dort außer der täglichen Bewegung, durch die wir auf ihm die auf- und untergehenden Sterne sehen, auch die Bewegungen der Sonne und des Mondes. Die übrigen Verwendungszwecke kann niemand erkennen, der nicht in der Astronomie bewandert ist. In der Tat hatte ich ihn viele Jahre lang für astronomische Beobachtungen für mich behalten. Um aber unser astronomisches Werk zu schmücken und unserem hochverehrten Stadtrat zu willfahren, habe ich diesen [*sc.* Globus] gern und bereitwillig mit der astronomischen Uhr verbunden. Und ich habe ihn so platziert, dass er nach jeder Seite frei und nicht mit irgendeinem anderen Körper verbunden ist, außer insofern, als er durch die Platte, die sich darunter verbirgt und die die Zahnräder im Körper

Pellicani mouentem: reliquis machinæ partibus connectitur.

Pellicanum uero hunc adhibuimus, ut eſſet loco Atlantis: & ut æternitatis referret ſymbolum, aut etiã Redemptoris noſtri ac Saluatoris. Singula enim & omnia ita à nobis ordinata & diſpoſita ſunt: ut certam, & notatu dignam ſignificationem. & uel ex ſacris paginis, uel ex poëtarum fabulis, uel hiſtoriarum & annalium ſcriptis deſumptam habeant. Talia ſiquidem operis noſtri magnificentiam, uenuſtatem, & commoditatem commendant: & admirationem maiorem hominum tam peritorum, quam imperitorum animis imprimunt: denicꝫ noſtram inuentionem, diſpoſitionem, ac laborem ſplendidiorem reddunt.

Quod ſi quis quærat, quo artis genere hæc à nobis elaborata & facta ſint: cum mechanicas artes complures antea enumerarim. Scire conuenit duabus nos id effeciſſe artibus, ſphæropœëia & automatopoetica. quia in formando poliendo, delineandocꝫ globo, in ſtellarum longitudinibus, latitudinibus, & declinationibus, diſtantijs, atcꝫ magnitudinibus alijſcꝫ ex aſtronomia petitis, uſi ſumus ſphæropoetica, in motibus cœleſtibus fingendis & imitandis: ea arte, qua res facimus ſponte moueri, & automatopoëtica appellatur.

Archi-

[Gii^r]
des Pelikans bewegt, mit den übrigen Teilen der Maschine verbunden wird.

Diesen Pelikan haben wir verwendet, damit er an der Stelle von Atlas steht und ein Symbol für die Ewigkeit oder auch für unseren Erlöser und Heiland darbringt. Denn die Einzelheiten und alle Dinge sind von uns so angeordnet und eingerichtet worden, dass sie eine bestimmte und beachtenswerte Bedeutung haben, die entweder aus der Heiligen Schrift oder aus den Erzählungen der Dichter oder aus den Büchern der Geschichtsschreiber und Annalisten entnommen wurde, weil ja solche Dinge die Großartigkeit, die Schönheit und die Zweckmäßigkeit unseres Werks empfehlen und den Seelen der Sachkundigen wie der Laien umso größere Bewunderung einpflanzen. Schließlich machen sie unsere Erfindung, Anordnung und Mühe noch prächtiger.

Wenn aber jemand fragen sollte, mit welcher Art von Kunst diese Dinge von uns ausgearbeitet und hergestellt wurden, weil ich vorher einige mechanische Künste aufgezählt habe, ist es gut zu wissen, dass wir dies mit Hilfe von zwei Künsten vollbracht haben, der Sphaeropöeia und der Automatopoetica. Beim Gestalten, Glätten und Beschreiben des Globus, in den Längen- und Breitengraden und Deklinationen der Sterne, in den Entfernungen und in anderen Größen, die aus der Astronomie entnommen wurden, haben wir nämlich die Sphaeropoetica gebraucht, bei der Erschaffung und Nachahmung der Himmelsbewegungen dagegen jene Kunst, mit der man es zustande bringt, eine Sache aus eigenem Antrieb in Bewegung zu setzen, und die nennt man Automatopoetica.

DESCRIPTIO

Archimedes dicitur Cryſtallo, globum incluſiſſe: & in eo omnes cœli motus monſtraſſe: librum quoq; de ſphæropoëtica ſcripſiſſe: nos etſi ne minima quidem ex parte, uel eruditione, uel induſtria, cum Archimede conferri poſſimus: nec cryſtallo globum hunc incluſerimus: aut etiam omnes omnium ſtellarum motus oſtenderimus: ac longo interuallo ab Archimedeo opere, noſtrum poſt relinquatur: tamen ut interdum parua magnis rectiſſime conferuntur: nos pro noſtra tenuitate, quod potuimus præſtitimus: & quod antea ante nos (quod ſciamus) in tali opere nemo hoc tempore tentauit: primi facere: atq; globoſum corpus, decem ferè in ambitu pedum, ex uaria materia conſolidatum, ad cœli formam formare, & expolire: ſtellis ad diſpoſitionem ſtellarum diſtributis & configuratis, motum cœleſti motui ſimilem & proportionalem attribuere auſi fuimus: idq; non ſine magno, & aliquoties reiterato diligenti labore. & ſane hunc globum maioris facio: quam reliquas machinæ partes. non quod his uelim dignitatem, quam habent ademptam eſſe: ſed quod ſciam ex præcipuis totius operis partibus, hanc eſſe excellentiorem.

DE

[G ii^v]

Archimedes soll einen Globus in Kristall eingeschlossen und darauf alle Himmelsbewegungen dargestellt und auch ein Buch über Sphaeropoetica geschrieben haben. Wenngleich wir auch nicht im Geringsten mit Archimedes zu vergleichen sind, weder in puncto Gelehrsamkeit noch in puncto Fleiß, würden wir den Globus nicht in Kristall einschließen oder auch alle Bewegungen aller Sterne zeigen. Und bleibt unsere Arbeit auch weit hinter der von Archimedes zurück, so haben wir doch, gemessen an unserer Schlichtheit, alles geleistet, was wir konnten und was zuvor – vor unserer Zeit – auf diesem Gebiet niemand versucht hat, soweit ich weiß. So können zuweilen auch kleine mit großen Dingen sehr zu Recht verglichen werden. Als Erste haben wir es gewagt, einen kugelförmigen Körper von etwa zehn Fuß im Umfang anzufertigen, gefestigt aus verschiedenem Material, ihn nach der Gestalt des Himmels zu gestalten und mit Sternen auszuschmücken, verteilt und gleichförmig gemacht nach der Anordnung der Sterne, und ihm eine Bewegung zuzuweisen, ähnlich und verhältnismäßig zur himmlischen Bewegung. Das geschah nicht ohne große und sorgfältige Anstrengung, die mehrmals wiederholt wurde. Und gewiss achte ich den Globus mehr als die übrigen Teile der Maschine – nicht weil ich wollte, dass die Würde, die sie haben, geschmälert wird, sondern weil ich weiß, dass von den besonderen Teilen des ganzen Werks dieses das Beste ist.

De Tabulis Eclipſium & Rota 100. annorum atq; Planetarum hebdomadario circuitu.

N. 2.3.4.5.6.7.8.

CAPVT IIII.

IN inferiori Machinæ contignatione, tres conſpiciuntur diſtinctæ tabulæ, quarum duæ quidem laterales N. 2. & 3. in ſe Eclipſium Solis, & Lunæ diagrammata, ad 32. annos inſequentes continent: media uero N. 4. Calendarium perpetuum, præceſſiones æquinoctiorum, feſta mobilia, literam Dominicalem, annoſq; biſextiles, omnia inquam hæc ad annos 100. ſequentes calculata complectitur.

Hæ etiam uarij generis emblematibus, atq; picturis, ſunt exornatæ. nam in Eclipſium tabulis cum multa ſpatia, eſſent uacua: præter ipſarum Eclipſium diagrammata: illa opticis & geometricis ac aſtronomicis figuris: uarijs quoq; picturis, exornauimus: ut ob uarietatem picturarum grata eſſent aſpectui.

Ita etiam media tabula in quatuor angulis, quatuor Monarchiarum picturis: duabus etiam ſtatuis, exornata eſt. una enim Apollinis, telo ſingulos in calendario deſignatos dies currentes deſignat: altera Dianæ, ere-

G iij

[G iii^r]

IV. Über die Tafeln der Finsternisse, das Rad der 100 Jahre und den wöchentlichen Kreislauf der Planeten

Nr. 2, 3, 4, 5, 6, 7, 8

In der unteren Etage der Maschine sind drei verschiedene Tafeln zu sehen, von denen die beiden seitlichen (Nr. 2 und Nr. 3) Diagramme der Sonnen- und Mondfinsternisse für die nächsten 32 Jahre enthalten. Die mittlere aber (Nr. 4) umfasst einen ewigen Kalender, die Präzession der Äquinoktien, die beweglichen Feiertage, den Sonntagsbuchstaben und die Schaltjahre, all diese Dinge, wie gesagt, berechnet für die nächsten 100 Jahre.
Die Tafeln wurden mit Emblemen und Bildern verschiedener Art ausgeschmückt. Da es nämlich abgesehen von den Eklipsendiagrammen selbst noch viele freie Stellen gab, haben wir sie mit optischen, geometrischen und astronomischen Figuren sowie mit verschiedenen Malereien verziert, damit sie dem Anblick wegen der Vielfalt der Bilder erfreulich wären.
So wurde auch die mittlere Tafel in den vier Ecken mit Bildern der vier Königreiche geschmückt und auch mit zwei Standbildern. Das eine des Apollo deutet mit einem Pfeil auf die einzelnen angegebenen aktuellen Tage, das andere der Diana gerade gegenüber

gione diem currenti oppoſitum monſtrat: Denique cum in centro rotæ mediæ, regula quæ ſingula in rota 100. annorum deſcripta, indicaret: erigenda eſſet. eam fecimus latiorem: ornatuſq; gratia, Germaniæ, imprimis tamen Rheno adiacentium Prouinciarum, geographicam adiecimus diligentem deſcriptionem: nec non Topographiam Vrbis Argentoratenſis: tabellamq; in qua noſtra, qui machinam hanc abſoluimus nomina continentur.

Verum ut hæc melius percipiantur: Calendarium, feſtaq; mobilia, cæteraq; his adiuncta: cum tabulis Eclipſium: ſicuti hæc omnia per Aſtronomicum calculum ad Meridianum Argentoratenſem ſunt ex tabulis Prutenicis & Alphonſinis accommodata ſub finem ſubiungam.

Supra mediam 100. annorum rotam: apparent ſtatuæ ſeptem Planetarum, eleganter ſculptæ: quarum unaquæque ſuo unde hebdomadarum dies nomen habent, die prodit: ex eo ubi poſitæ ſunt loco: ut die Saturni, foris conſpicitur cæteris abſconditis Saturnus, die Solis, Sol: & ſic cæteri deinceps. per quæ automata, hebdomadarium tempus repræſentare uoluimus. & quia ibidem uacuus relinquebatur locus: picturis elegantibus illa expleuimus: in quibus, à mundi creatione, uſque ad eiuſdem conſummationem, præcipua religionis Chriſtianæ capita, depicta

ſunt

[G iii^{v}]

zeigt den Tag, der dem aktuellen korrespondiert. Schließlich, da im Zentrum des mittleren Rades ein Stab zu errichten war, der auf die einzelnen auf dem Rad der 100 Jahre dargestellten Punkte hinweisen sollte, haben wir es breiter gemacht. Und um der Zierde willen haben wir eine sorgfältige geographische Beschreibung Deutschlands, vor allem jedoch der Gegenden, die an den Rhein angrenzen, hinzugefügt, und natürlich auch eine Topographie der Stadt Straßburg sowie ein Täfelchen, auf dem unsere Namen enthalten sind, die wir diese Maschine vollendet haben.

Damit diese aber besser erfasst werden, werde ich am Ende [dieser Schrift] einen Kalender, bewegliche Feiertage und die übrigen Dinge, die damit verbunden sind, zusammen mit den Eklipsentafeln hinzufügen, so, wie sie alle durch eine astronomische Berechnung nach den Prutenischen und Alfonsinischen Tafeln erstellt worden sind.

Über dem Rad der 100 Jahre zeigen sich die fein geschnitzten Statuen der sieben Planeten, von denen jede einzelne von dem Ort, an dem sie aufgestellt wurde, an ihrem Tag hervorkommt, woher die Tage der Woche ihren Namen haben, das heißt am Samstag erblickt man Saturn, während die anderen verborgen bleiben, am Sontag die Sonne und so der Reihe nach die anderen. Durch diese Automaten wollten wir die Zeit der Woche vergegenwärtigen und weil ebenda eine freie Stelle zurückblieb, haben wir sie mit geschmackvollen Gemälden gefüllt. Auf diesen wurden die besonderen Abschnitte der christlichen Religion von der Schöpfung der Welt bis zu ihrer Vollendung dargestellt, ſunt: ut. Mundi creatio, peccatum originale, redemptio, reſurrectio, & extremum iuditium. In his enim conſumitur temporis uniuerſalis deſcriptio.

In medio harum picturarum, ſupra planetarum orbem, parua conſpicitur tabula N. 7. in qua horarum quartæ partes, & partium minuta monſtrantur, aſſidentibus duobus pueris: quorum alter ſceptro horas numerat: alter uero horologium arenarium, quod manu tenet: poſt tintinabulorum horariorum ſonitum: ſingulis uertit horis.

Hæc itaque omnia ex automatopoëticis, gnomonicis, & ſphæropoeticis deſumpta: ad exornandam noſtram machinam, à nobis adhibita ſunt. quæ non exiguam ſpectantibus & admirationem & delectationem mouent. & ne anguli, uacui relinquerentur: duo Leones N. 8. inſignia urbis tenentes eò poſiti fuerunt.

DE

[G iv^r]

wie zum Beispiel die Schöpfung der Welt, die Ursünde, die Erlösung, die Auferstehung und das Jüngste Gericht. In diesen [Gemälden] wird nämlich die gesamte Zeitordnung dargestellt.

In der Mitte dieser Bilder, über dem Kreis der Planeten, ist die kleine Tafel Nr. 7 zu sehen, auf der die Viertelstunden und Minuten präsentiert werden. Daneben sitzen zwei Knaben, von denen der eine mit einem Szepter die Stunden zählt, der andere aber dreht die Sanduhr, die er in der Hand hält, zu jeder Stunde nach dem Klang der Stundenglocken.

Und so wurde all dies aus den Automatopoeticis, Gnomonicis und Sphaeropoeticis entnommen und von uns verwendet, um unsere Maschine zu schmücken. Das erregt nicht wenig Bewunderung und Vergnügen bei den Betrachtern. Und damit die Ecken nicht leer blieben, wurden dort zwei Löwen platziert (Nr. 8), die die Insignien der Stadt halten.

DESCRIPTIO
De Astrolabio, & Illuminationibus Lunæ.

N. 9. & 10.

CAPVT V.

IN media autem totius operis contignatione: posuimus ASTROLABIVM: cum omnibus ijs, quæ ad astrolabij descriptionem pertinent: cui non Solis tantum atque Lunæ indices: sed & reliquorum Planetarum Saturni, Iouis, Martis, Veneris, & Mercurij applicauim9: qui singulis horarũ: momentis media planetarũ in zodiaco loca monstrant. neq; enim alios quam medios motus in tali opere comprehendere potuimus. In angulis, quatuor anni temporum, & quatuor ætatum picturæ, ornatus gratia positæ sunt N. 9. Eodem in loco supra Astrolabium Lunæ menstruæ illuminationes artificiosæ factæ conspiciuntur N. 10. quæ motui Lunæ, in Astrolabio apparenti correspondent. neq; uero latera huius tabulæ Lunaris illuminationis uacua sunt: sed ex una parte Ecclesiam triumphantem, ex altera Draconem, seu perditionis serpentẽ pinximus. Sic rursus in his duabus partibus Astrolabio, & tabula Lunari sphæropoëtica apparent.

Atq; hæc omnia commemoratione digna sunt: cum

[G iv^v]

V. Über das Astrolabium und die Mondphasen
Nr. 9, 10

In das mittlere Stockwerk des gesamten Werkes haben wir ein Astrolabium gesetzt zusammen mit all dem, was zur Anordnung eines Astrolabiums gehört. Nicht nur die Zeiger der Sonne und des Mondes haben wir da angebracht, sondern auch die der übrigen Planeten Saturn, Jupiter, Mars, Venus, Merkur, die in den einzelnen Momenten der Stunden die mittleren Positionen der Planeten im Tierkreis anzeigen. Andere als die mittleren Bewegungen konnten wir in diesem Werk nämlich nicht erfassen. In den Ecken wurden die Bilder der vier Jahreszeiten und der vier Zeitalter zur Ausschmückung aufgetragen (Nr. 9).

An der gleichen Stelle, über dem Astrolabium, sind die monatlichen Mondphasen zu sehen, die kunstvoll ausgeführt sind (Nr. 10). Sie entsprechen der Bewegung des Mondes, die sich auf dem Astrolabium zeigt. Und auch die Seiten dieses Gemäldes von der Lichtgestalt des Mondes sind nicht leer, sondern auf der einen Seite haben wir die triumphierende Kirche, auf der anderen Seite die Schlange beziehungsweise die Schlange des Verderbens gemalt. So erscheinen wieder Sphaeropoetica in diesen beiden Teilen, dem Astrolabium und dem Mondgemälde.

Und all diese Dinge sind der Erwähnung wert,

cum in omnibus totius operis partibus, eurythmia, & ſymmetria ſit. ac ſuperiora inferioribus, inferiora ſuperioribus congruant: concinnitas etiam & conuenientia in ſingulis conſpiciatur: ut unum abſq; altero quaſi eſſe non poſſe uideatur.

Nam AEternitas per Pellicanum, Sæculum per rotam 100. annorum, Annus, per Calendarium, anni tempora picturis, Menſes motu, & phaſibus Lunæ: Hebdomadæ planetarum ſtatuis, Horæ & dimidiæ horarum partes, limbo Aſtrolabij exteriore: partes horarum quartæ & minuta: parua tabella monſtrantur.

His tandem ne quid deeſſet ad uenuſtatem, ad delectationem, ad admirationem augendam. appoſita ſunt & automata, & ſphæropoëtica: additi etiam ſunt, qui medios planetarum motus oſtendant, indices: ac ne in Cœlo tantum uerſari, & terræ obliti uideremur: terrenum globum, cum omnibus prouincijs & regionibus diligenter deſcriptum: tanquam in Centro Aſtrolabij poſuimus: qui planetarum indices, ne excidant continet. ita uenuſtas, decus, magnificentia, & admiratio, uarijs picturis, ſtatuis, alijſq; emblematibus operi noſtro acceſſerunt.

H

[H j^r]

weil es in allen Teilen des ganzen Werkes Ebenmaß und Symmetrie gibt und die oberen den unteren Teilen entsprechen und die unteren den oberen. Ausgewogenheit und Harmonie sieht man in den einzelnen Teilen, so dass es scheint, als ob das eine ohne das andere nicht sein könnte.

Denn die Ewigkeit wird durch den Pelikan gezeigt, ein Jahrhundert durch das Rad der 100 Jahre, ein Jahr durch den Kalender, die Jahreszeiten durch Gemälde, die Monate durch die Bewegung und Phasen des Mondes, die Wochen durch die Statuen der Planeten, die Stunden und halben Stunden durch den äußeren Saum des Astrolabiums, die Viertelstunden und Minuten durch ein kleines Bildchen.

Damit es an nichts fehlte, um die Schönheit, das Vergnügen und die Bewunderung zu vergrößern, wurden schließlich Automata und Sphaeropoetica hinzugetan. Hinzugefügt wurden auch Zeiger, die die mittlere Bewegung der Planeten anzeigen. Und damit es nicht schien, dass wir nur im Himmel weilen und die Erde vergessen haben, haben wir einen Erdglobus gleichsam in die Mitte des Astrolabiums gestellt, auf dem alle Provinzen und Regionen sorgfältig eingezeichnet sind. Dieser enthält die Zeiger der Planeten, damit sie nicht vergessen werden. So wurden Eleganz, Schmuck, Herrlichkeit und Bewunderung durch die verschiedenen Bilder, Statuen und anderen eingelegten Arbeiten vermehrt.

DESCRIPTIO

De Quatuor ætatum, Saluatoris & Mortis statuis, horas sonitu Campanarum significantibus.

N. 11. 12.

CAPVT VI.

QVoniam uero operum Mechanicorum magnificentia, parergis (ad rē tamen pertinentibus, non autem ab opere alienis) plurimum augetur: idcirco has quatuor ætatū statuas, ex automatopoeticis, nostræ machinæ adiunximus. Etsi enim tempora, & dies, ac dierum partes, satis in cæteris Horologij partibus mõstrentur: tamen necessum nobis uidebatur esse: hæc oblectamenti, & admirationis gratia addere: non tamen absq; singulari quadam significatione.

Nam quartas horarum singulæ ætates N. 11. sono tintinnabulorum, puer quidem uno, adolescens duobus, uir tribus, quartam & ultimam horæ partem, senex quatuor tactibus indicant. tandem prodit mortis statua, N. 12 horam ipsam suo quoq; tintinnabulo pulsans. Saluatoris deniq; statua, singulis ætatum statuis egredientibus obuiat: ad redemptionis significationē. mortis uero (tanquam extrema uitæ linea) extremum [illegible] tintinnabulo sonitum.

De

[H j^v]

VI. Über die Statuen der vier Zeitalter, des Erlösers und des Todes, welche die Stunden durch den Klang der Glocken anzeigen

Nr. 11, 12

Weil nun die Pracht mechanischer Werke durch Beiwerke (die indes zum Gegenstand gehören und dem Werk nicht fremd sind) am meisten gesteigert wird, haben wir die Statuen der vier Zeitalter gemäß den Automatopoeticis mit unserer Maschine verbunden. Denn auch wenn die Jahreszeiten, die Tage und Tagesteile auf anderen Teilen der Uhr ausreichend dargestellt werden, schien es uns dennoch nötig, sie der Unterhaltung und Bewunderung zuliebe hinzuzufügen – nicht jedoch ohne eine besondere Bedeutung.

Denn die einzelnen Teile der Stunden geben durch den Klang der Glocken die vier Lebensalter an (Nr. 11) – der Knabe nämlich mit einem Schlag, der Jüngling mit zwei, der Mann mit drei, der Greis mit vier Schlägen den vierten und letzten Teil der Stunde. Zuletzt tritt die Statue des Todes hervor (Nr. 12) und schlägt die Stunde selbst auch mit ihrer eigenen Glocke. Schließlich tritt die Statue des Erlösers den einzelnen vorrückenden Statuen der Zeitalter entgegen, um die Erlösung anzudeuten. Die Statue des Todes aber gibt mit ihrer eigenen Glocke den letzten Ton von sich (gleichsam das Ende des Lebens).

De Pſalmodijs in ſummitate Machinæ: pulſu tintinnabulorum factis: N. 13. & Galli gallinacei cantu N. 14.

CAPVT VII.

PNeumatica hæc, atque automatopoetica, magnam habent apud vulgus hominũ admirationem: quando uel harmonias, ſine hominis alicuius opera: uel galli gallinacei cantum audiunt, quæ ſane ad operis conſumationem potius: quam ad neceſſitatem ſpectare uidentur: ſed Architecti eſt, non ſolum eurithmiam & ſymmetriam in ſingulis obſeruare partibus: uerum etiam decentem uenuſtatem: & conuenientem operi addere magnificentiam. Itaq; melodiarum aliquot pſalmorum concentus adhibitus eſt: Galli gallinacei uero cantus: admirationem noſtræ inuentionis & diſpoſitionis non ſolum auget: ſed uetuſtatis & artis quoq; conſiderationem habet. Siquidem ante 200. annos hic ipſe gallus gallinaceus affabre factus fuit: & ueteri horologio impoſitus, atq; eo tempore quo Paſſionem Chriſti in Eccleſia chriſtiana ſolitum fuerat commemorare: hic ſuo cantu abnegationis Petri, homines commonefecit.

Itaq; repurgato & ex repurgato hoc gallo: & organis in uentre ipſius incluſis pneumaticis in integrum

H ij

[H ii^r]

VII. Über die Psalmengesänge auf dem höchsten Teil der Maschine, die durch Glockenschlag (Nr. 13) und durch das Krähen des Haushahns (Nr. 14) hervorgebracht werden

Nr. 11, 12

Diese Pneumatica und Automatopoetica, die ganz offensichtlich eher der Vollendung des Werkes als seiner Funktionsweise dienen, erregen große Bewunderung bei der Allgemeinheit der Menschen, wenn sie die Harmonien oder das Krähen des Haushahns ohne das Zutun irgendeines Menschen hören. Aber es ist die Pflicht des Architekten, nicht nur auf Ebenmaß und Symmetrie in den einzelnen Teilen zu achten, sondern dem Werk auch angemessene Schönheit und passende Pracht zu verleihen. Deshalb wurde der Zusammenklang einiger Psalmengesängen hinzugefügt und das Krähen des Haushahns. Nicht nur steigert es die Bewunderung für unsere Erfindung und Anordnung, es nimmt auch Rücksicht auf Eleganz und Kunst. Da dieser Haushahn selbst vor 200 Jahren kunstvoll angefertigt und auf die alte Uhr gesetzt worden war, und zwar zu der Zeit, in der man üblicherweise in der christlichen Kirche der Passion Christi gedenkt [der Osterzeit], erinnerte er die Menschen durch sein Krähen an die Verleugnung Petri.
Nachdem der Hahn also wieder gereinigt worden war und nach der Reinigung auch die pneumatischen Werkzeuge, die in seinem Bauch eingeschlossen waren, in ihren vorigen Zustand

restitutis: ob has quas dixi causas: dignum iudicauim⁹: qui nostro etiam operi adhiberetur: atque supremo capsulæ ponderibus destinatæ, loco imponeretur.

In eadem etiam Vraniæ, Colossi, & doctiss. uiri Nicolai Copernici picturas N. 15. 16. 17. & ex altera parte trium Parcarum N. 18. 19. 20. adiunximus: nequid uacui relinqueretur: & tempori, plena quoad fieri poterat: esset descriptio: atq; memorabilium rerum & personarum recordatio.

Hæc omnia & singula, si quis acuratius consideret: haud dubie nos in inueniendis, ordinandis, disponendis, distribuendisq; omnibus & singulis, magno studio, opera, & diligentia incubuisse: facile intelliget, multumq; in erudiendis indoctis officinatoribus: atque literarum imperitis opificibus desudasse, animaduertet. Non quod quicquam cuiusquam laudi detractum uelim: sed quisque in sua arte & suo opificio excellens quidem fuit: attamen omnes, rerum astronomicarum, historiarum, fabularum, artium quoq; reliquarum, ex quibus automata, gnomonica, pneumatica, sphærica, desumpta, fuerunt: ignari erant.

De ijs quæ extra templum conspiciuntur, & ad huius horologij descriptionem, etiam pertinent.

CA.

[H ii^v]

versetzt worden waren, hielten wir ihn aus den Gründen, die ich genannt habe, für würdig, dass er auch an unserem Werk angebracht und zwar auf der höchsten Stelle des mit Gewichten verbundenen Türmchens aufgestellt wurde.

Auf demselben haben wir auch Gemälde der Urania, eines Kolosses und des sehr gelehrten Manns Kopernikus (Nr. 15, 16, 17) hinzugefügt und auf der anderen Seite die Gemälde der drei Parzen (Nr. 18, 19, 20), damit nichts an leerem Raum zurückblieb und es für alle Zeit eine so weit als möglich vollständige Darstellung und Erinnerung denkwürdiger Taten und Personen gab.

Wenn jemand das Ganze und die einzelnen Teile sehr genau betrachten sollte, wird er leicht erkennen, dass wir uns zweifellos mit großem Eifer, Mühe und Sorgfalt für das Erfinden, Ordnen, Arrangieren und Verteilen des Ganzen sowie der einzelnen Teile eingesetzt haben. Und er wird bemerken, dass wir bei der Unterweisung der ungelehrten Werkmeister und schriftunkundigen Handwerker viel geschwitzt haben. Nicht, weil ich wollte, dass irgendetwas von irgendjemandes Ruhm weggenommen wird, sondern weil jeder einzelne zwar in seiner Kunst und seiner Arbeit hervorragend war, aber doch alle unwissend waren in den Sachgebieten der Astronomie, der Geschichtsschreibung, der Dichtung wie auch der übrigen Künste, aus denen die Automata, Gnomonica, Pneumatica und Sphaerica entnommen worden waren.

VIII. Über die Dinge, die außerhalb der Kirche zu sehen sind und sich auch auf die Beschreibung dieser Uhr beziehen

CAPVT VIII.

QVoniam omnia nunc (ut arbitror) recenſui: quæ ad horologij noſtri deſcriptionem pertinent: præterire nolui ea, quæ extra uiſuntur: & ex parte, ponderibus Machinæ interioris reguntur: cuiuſmodi eſt horologiũ in quo duodecim zodiaci ſigna inciſa lapidi apparent: & duo indices Solis, atq; Lunę poſiti: motus luminarium indicant: quo in ſigno ſingulis menſibus ſit Sol: & Luna. ſimul etiam illuminationes Lunæ, alio quam in ipſo opere, ſed conſimili modo demonſtrantur.

Deniq; in ſummitate parietis, tria diſtincta Solaria horologia, conſpiciuntur depicta: in quibus præter horas vulgares, etiam inæquales, ab ortu in occaſum, & ab occaſu in ortum numeratæ: cum cœli domicilijs & circulis uerticalibus, alijſq; ſimilibus acurate à nobis delineatis cernuntur oculis.

Finem nunc his imponam: & obnixe omnes rogabo: ut tenuem hanc Machinæ noſtræ expoſitionem, boni conſulant: & ſincere cum de nobis, tum & opere noſtro iudicent: ſine inuidia, odio, aut maleuolentia, aut alio prauo iuditio: labores penſitent noſtros, in me quod eſt: quicquid Patriæ, quicquid Reipub. lite-

H iij

[H iii^r]
Da ich nun, wie ich glaube, alles aufgezählt habe, was zur Beschreibung unserer Uhr gehört, wollte ich die Dinge nicht übergehen, die außen zu sehen sind und die teilweise von Gewichten im Inneren der Maschine gesteuert werden. Von dieser Art ist die Uhr, auf der die zwölf Zeichen des Tierkreises in Stein geschnitten zu sehen sind. Die zwei dort angebrachten Zeiger der Sonne und des Mondes zeigen die Bewegungen der Gestirne an, in welchem Zeichen sich Sonne und Mond in den einzelnen Monaten befinden. Zugleich werden auch die Mondphasen an anderer Stelle als im Werk selbst, aber auf sehr ähnliche Weise gezeigt.

An der höchsten Stelle der Wand sind schließlich drei unterschiedliche Sonnenuhren zu sehen, die hier hingemalt wurden. Auf ihnen wurden außer den gewöhnlichen Stunden auch die ungleichen Stunden von Sonnenaufgang bis Sonnenuntergang und von Sonnenuntergang bis Sonnenaufgang angeführt. Zusammen mit den Himmelsstätten, den überirdischen Kreisbahnen und anderen ähnlichen Dingen, die von uns ausführlich skizziert wurden, lassen sie sich mit den Augen erkennen. Ich werde damit aber nun aufhören und bitte alle inständig, dass sie diese schlichte Darlegung unserer Maschine gutheißen und aufrichtig sowohl über uns als auch ganz besonders unser Werk urteilen; ohne Neid, Feindseligkeit, Missgunst oder irgendein anderes unrechtes Urteil sollen sie unsere Mühen genau erwägen. Was mich anbelangt, was auch immer ich für mein Land, die Gelehrtenrepublik

rariæ, aliisque uiris bonis: meis offitiis prodesse possum: in id incumbam sedulo.

Philo Architectus, armentarium Athenis extruxit: tanta arte, tanta uenustate, tanta elegantia, ac magnificentia: ut omnes excellentissimi & probatissimi Architecti, sagacitatem, ingenium, atque solertiam admirarentur: multisque laudibus machinamenta illa celebrarent. postea uero populo Atheniensi (cuius ut Cicero inquit semper fuit prudens syncerumque iuditium: nihil ut posset, nisi incorruptum audire & elegans.) suarum machinationum rationes ita reddidit: ut populus disertissimus, dubitaret: machinationes ne illas, quas mira arte & industria affabre fecerat: plus admiraretur & commendaret: an uero Architecti eloquentiam inuentis elaboratisque anteferret machinis.

Magnum sane hoc fuit, & rarum. nam qui in utroque dicendi agendique genere, se excellentem præstiterit: necesse est eum ex maxime raro hominum genere esse. Paucissimis hoc contingit, in fabricandis quidem machinis bellicis, aliisque artibus mechanicis multi excellunt: plurimi etiam, multum sine fabricatione, & machinatione: eloquentia possunt: sunt etiam qui si incidant in homines artis alicuius imperitos: recte opus perfecisse uideantur: si ad artis peritos uenerint: causa cadent. denique ii qui excellenter perfecerunt opus aliquod: si inuidorum aut maleuolorum iuditium incidant:

[H iii^v]
und andere gute Menschen durch meine Dienste nützen kann, eifrig werde ich mich darauf verlegen! Der Baumeister Philo errichtete in Athen ein (Flotten-)Arsenal mit so großem Geschick, so großer Eleganz, so großer Feinheit und Pracht, dass alle äußerst vortrefflichen und anerkannten Baumeister über seine Klugheit, sein Talent und seine Findigkeit staunten und die Konstruktion mit viel Lob priesen. Später aber legte er dem athenischen Volk (dessen Urteil, wie Cicero sagt, immer klug und ungetrübt war, so dass es nichts als das Reine und Geschmackvolle vernehmen konnte) die Prinzipien seiner mechanischen Vorrichtungen auf solche Weise dar, dass die redegewandtesten Leute zweifelten, ob sie eher die mechanischen Vorrichtungen, die er mit wundersamem Geschick und Fleiß kunstvoll hergestellt hatte, bewundern und preisen oder aber die Beredsamkeit des Baumeisters den erfundenen Maschinen vorziehen sollten.

Das war in der Tat eine große und seltene Leistung. Denn notwendig gehört derjenige, der sich in beiden Bereichen, dem Sprechen und Handeln, vorzüglich erwiesen hat, zu einem äußerst seltenen Menschentyp. Das gelingt nur sehr wenigen. Gewiss zeichnen sich viele im Bau von Kriegsmaschinen oder in anderen mechanischen Künsten aus. Sehr viele erreichen auch ohne künstliche und listige Mittel viel in der Beredsamkeit. Es gibt auch Leute, die, gegenüber Menschen, die in einer Kunst ungeschickt sind, ihr Werk scheinbar gut vollbracht haben, dann aber zu Recht scheitern werden bei den in der Kunst Erfahrenen. Und schließlich werden diejenigen, die ein Werk vorzüglich vollbracht haben, so sie dem Urteil neidischer und böswilliger Menschen anheimfallen, cidant: nullo erunt loco: ut probi sint & periti architecti atq; mechanici. Tum ergo omnia se recte habent: si tales operis iudices fuerint: quales Athenienses: quorum non solum prudens, & sincerum, in ijs quæ fiebant, queue agebantur: sed & in orationibus discernendis salubre: iuditium fuit.

Equidem scio hanc nostram horologiorum machinam: quæ qualisue sit: cū Atheniensium armamentario ullis nominibus, conferri non posse: multo minus tenuē hanc meam & exilē operis nostri descriptionem: cū Philonis ornata & perpolita oratione. ueruntamē si Atticos habuerim⁹ Iudices, hoc est synceros, prudentes, & intelligentes: si doctos, & in puluere mathematico exercitatos: si beneuolos, & artiū atq; disciplinarū studiosos: non dubito, quin nostros labores, nostra studia, nostros conatus nostramq; tenuitatē sponte, absq; mea hac descriptione ineleganti, sint cōmendaturi: & quo habentur loco, ea quæ arte, ingenio, ac solertia fiunt: etiam hæc nostra sint habituri.

Cęterorū nihil facio iuditia qui dū uel non intelligūt has artes & disciplinas: temere iuditium ferre de his nostris machinis uolunt: uel odio & maleuolentia excitati: laudem quæ nobis merito debetur: suo prauo, & affectibus corrupto iuditio detrahere student. Primā toti⁹ operis, inuentionem quia mea est, nemo sibi arroget

get

[H iv^v]

kein Ansehen haben, selbst wenn sie tüchtige und erfahrene Baumeister und Mechaniker sind. Alles steht also dann gut, wenn es solche Kritiker eines Werkes gibt wie die Athener, deren Urteil nicht nur klug und ungetrübt war in den Dingen, die geschahen oder gemacht wurden, sondern die auch ein gesundes Urteil für die Redekunst besaßen.

Ich weiß wohl, dass unsere Uhrenmaschine, so wie sie ist, in keinem ihrer Teile mit dem Arsenal der Athener verglichen werden kann – um so weniger diese dürftige und kümmerliche Beschreibung unseres Werks mit der geschmückten und gehörig gefeilten Rede des Philo. Gleichwohl, wenn wir Athener als Kritiker haben sollten, also aufrichtige, kluge und intelligente Kritiker, wenn wir gelehrte und im mathematischen Glasstaub geübte Kritiker haben sollten, wenn wir wohlwollende und den Künsten wie Wissenschaften ergebene Kritiker haben sollten, dann zweifle ich nicht daran, dass sie unsere Mühen, unsere Bestrebungen, unsere Versuche und unsere Schlichtheit – meine unfeine Beschreibung ausgenommen – von selbst loben werden und dass unsere Werke so geschätzt sein werden, wie alle Dinge geschätzt werden, die mit Kunstfertigkeit, Talent und Geschick entstehen.

Ich mache mir nichts aus den Urteilen anderer, die, während sie entweder diese Künste und Wissenschaften nicht verstehen, planlos ein Urteil über unsere Maschinen fällen wollen, oder, von Feindseligkeit und Bosheit erregt, danach streben, das Lob, das uns mit Recht gebührt, durch ihr verkehrtes und aufgrund ihrer Begierden verdorbenes Urteil zu schmälern. Niemand soll den ersten Entwurf des ganzen Werks für sich in Anspruch nehmen, weil er von mir ist,

get: nec primam totius operis præcipuarum partium diſpoſitionem: quæ etiam mea eſt: cætera uero quæ uenuſtatis, commoditatis, ac magnificentię gratia addita ſunt: quæue labore, ſtudio, cura, ac ſollicitudine, in extruendo, expoliendoue opere, facta ſunt: & mea, & collegę mei, & Thobię Stimmeri ſunt: qui omnia quę à Triumuiris AEdilibus approbata fuerunt: officinatoribus, & manuarijs opificibus propoſuimus.

Hæc prioribus ideo adiunxi: quod ſciam, plures eſſe: qui non Attico, ſed corrupto iuditio, de toto noſtro opere, nec non de nobis ipſis, quorum conſilio, ingenio, opera, atq; ſtudio hoc opus inuentum, factum, perfectumque eſt, iudicent, idq; faciunt aut imperitia adducti: aut mala de nobis perſuaſione, quam ex inuidis, malitioſis, & ambitioſis hominibus habent, impulſi: aut maleuolentia erga nos affecti. Quibus certe nulla eſt habenda fides: cum ipſorum prauum & corruptum ſit iuditium. Iudicent qui ſinceri, boni, æqui, & periti ſunt diſciplinarum & artium mechanicarum: ac talium uirorū iuditio omnes acquieſcent.

FINIS

[H iv^v]

und auch nicht die erste Anordnung der besonderen Teile des ganzen Werks, weil sie auch von mir ist. Die übrigen Dinge aber, die der Schönheit, Zweckmäßigkeit und Pracht wegen hinzugefügt wurden und die beim Errichten und Ausschmücken des Werks mit Mühe, Eifer, Aufmerksamkeit und ängstlicher Sorgfalt ausgeführt wurden, sind sowohl von mir als auch von meinem Kollegen Tobias Stimmer, die wir den Werkmeistern und Handwerkern vorgelegt haben, was alles vom Stadtrat genehmigt worden war.

Deswegen habe ich diese Worte dem Vorigen hinzugefügt, weil ich weiß, dass es einige geben wird, die nicht mit attischem, sondern mit verdorbenem Urteil über unser ganzes Werk wie über uns selbst urteilen werden, durch deren Planung, Begabung, Mühe und Fleiß dieses Werk erfunden, zustande gebracht und vollendet wurde. Und dies tun sie entweder veranlasst durch Unerfahrenheit oder getrieben von einer schlechten Meinung über uns, die sie von missgünstigen, boshaften und ehrgeizigen Menschen haben, oder sie sind uns gegenüber neidvoll gesinnt. Ihnen darf man keinerlei Glauben schenken, weil ihr Urteil verkehrt und verdorben ist. Es sollen diejenigen urteilen, die aufrichtig, gut, unparteiisch und in den mechanischen Wissenschaften und Künsten bewandert sind, und alle sollen dem Urteil solcher Menschen beipflichten.

ENDE